JN234270

レーザ加工技術

Laser Processing Technology

監修：川澄博通

シーエムシー

普及版への序

　1960年にレーザが発明されて以来、レーザ加工は信頼できる有効な生産手段として様々な分野において利用されるようになってきた。

　レーザによる材料の加工の特徴としては，高品質，高効率で経済性に優れた加工法であるばかりでなく，非接触加工であるため加工体からの反力を受けない柔軟性に富んだ加工手段であり，エレクトロニクス分野における微細加工はもとより新しい材料の創製など，今後もますます発展していくものと考えられる。

　本書は次の点に留意して企画・編集し，より実際的で役立つことをめざした。

　第一に，各種加工に用いられるそれぞれのレーザ発振器の概要とレーザ加工の実際を中心にまとめた。

　第二に，できるだけ多くの分野におけるレーザ利用の現状を浮き彫りにするため，応用中心に掘り下げた。

　第三に，レーザを用いた材料創製を行う際に，重要と考えられるメンテナンス技術および計測技術をも取り上げた。

　光時代に果たすレーザの役割は，今後ますます増大し多様化する。各種レーザの研究開発に携わる方はもちろん，新素材・新材料開発を重要なターゲットと考え，レーザ利用に関心をもつすべての方々にとって本書が今後の研究開発の一助となれば幸甚である。

　なお，本書は1989年に『最先端レーザ加工技術』として発行したものですが，このたび普及版を発行するに当たり，内容は何ら手を加えていないこと，執筆者の所属はことわりのないかぎり，1989年5月現在のものであることをご了承願いたい。

2001年1月

シーエムシー編集部

―――― 執筆者一覧（執筆順）――――

川澄博通	中央大学　理工学部　精密機械工学科
永井治彦	三菱電機㈱　中央研究所　ビーム物理研究部　（現・先端技術総合研究所　生産システム本部）
末永直行	㈱東芝　電子応用装置部
橋浦雅義	㈱日立製作所　国分工場　（現・電気システム事業部　環境管理センター）
川崎昌博	北海道大学　応用電気研究所　（現・京都大学大学院　工学部　分子工学科）
平本誠剛	三菱電機㈱　生産技術研究所　加工技術部　（現・技術研究所　企画グループ）
松縄　朗	大阪大学　溶接工学研究所　（現・接合科学研究所）
奥富　衛	電子技術総合研究所　光技術部　光機能研究室
田畑　仁	川崎重工業㈱　技術研究所　（現・大阪大学　産業科学研究所）
川合知二	大阪大学　産業科学研究所
林　成行	東北大学　金属材料研究所　（現・山形大学　工学部　共通講座）
矢部　明	化学技術研究所　精密化学部　反応場設計課　（現・物質工学技術研究所　COE特別研究室）
末永徳博	日本赤外線工業㈱　代表取締役
金岡　優	三菱電機㈱　名古屋製作所　レーザ製造部
数藤和義	宮地レーザシステム㈱　技術部　開発課
鈴木正根	富士写真光機㈱　光学研究室

〔所属は1989年5月時点。（　）内は2000年12月現在〕

目　　次

第1章　レーザ加工の基礎事項（総論）　　川澄博通

1　はじめに……………………………… 3
2　レーザ光の発生方法………………… 3
3　レーザ光の種類……………………… 6
4　レーザ発振器の構造………………… 8
　4.1　CO_2レーザ発振器………………… 9
　4.2　YAGレーザ発振器………………… 9
5　レーザ加工の種類…………………… 9
6　レーザ熱加工の原理および特長……… 10
7　レーザ光化学加工…………………… 11
8　レーザ加工用光学系………………… 14
9　モードパターンおよびスポットサイズ…… 15
10　レーザ関連の基本測定……………… 16
11　レーザ加工の使われている分野……… 18

第2章　加工用レーザ発振器

1　CO_2レーザ………………永井治彦　23
　1.1　はじめに……………………………… 23
　1.2　エネルギー準位…………………… 23
　1.3　発振器の形式……………………… 24
　　1.3.1　基本構造……………………… 24
　　1.3.2　高速ガス循環方式…………… 25
　1.4　放電励起…………………………… 26
　　1.4.1　放電方式……………………… 26
　　1.4.2　混合ガス……………………… 29
　　1.4.3　電源回路……………………… 29
　1.5　共振器とモード…………………… 29
　　1.5.1　安定形共振器………………… 31
　　1.5.2　不安定形共振器……………… 32
　　1.5.3　偏光…………………………… 34
　1.6　出力形態…………………………… 35
2　固体レーザ（YAGレーザ，アレキサンドライトレーザ）………末永直行　36
　2.1　はじめに…………………………… 36
　2.2　固体レーザの種類………………… 36
　2.3　固体レーザの構造と特性………… 37
　　2.3.1　YAGレーザの構造と特性…… 37
　　2.3.2　アレキサンドライトレーザの構造と特性……………………… 39
　　2.3.3　大出力YAGレーザの構造と特性…………………………… 42

第3章 高エネルギービーム加工

1 レーザによる材料の表面改質技術
　　　　　　　　……橘浦雅義… 49
　1.1 レーザによる表面改質技術の特
　　　徴………………………………… 49
　1.2 レーザによる表面改質の分類…… 50
　1.3 レーザ加工の基礎現象…………… 50
　1.4 レーザ照射条件…………………… 52
　1.5 表面改質用レーザビーム照射法… 53
　1.6 表面反射防止法…………………… 56
　1.7 付加加工材の供給方法…………… 56
　1.8 加工事例…………………………… 57
　　1.8.1 表面焼入れ…………………… 57
　　1.8.2 付加加工……………………… 59
　　1.8.3 その他事例…………………… 59
　1.9 おわりに…………………………… 60
2 有機金属化合物のレーザ光分解
　　　　　　　　……川崎昌博… 62
　2.1 有機金属化合物とCVD ………… 62
　2.2 有機金属化合物の光分解………… 62
　2.3 有機金属化合物の多光子分解…… 67
　2.4 有機金属化合物の基板上でのレ
　　　ーザ光分解………………………… 71
3 溶接………………………平本誠剛… 75
　3.1 溶接機構の特徴…………………… 75
　3.2 溶け込みに及ぼす溶接パラメータ
　　　の影響……………………………… 76
　3.3 プラズマの抑制…………………… 80
　3.4 継手条件…………………………… 81
　3.5 ルートポロシティー……………… 82
　3.6 応用例……………………………… 83

4 レーザ加熱蒸発による超微粒子の製
　　造…………………………松縄 朗… 87
　4.1 はじめに…………………………… 87
　4.2 熱源としてのレーザビームの特
　　　徴…………………………………… 88
　4.3 レーザ照射時の蒸発現象………… 89
　4.4 レーザ加熱蒸発法における超微
　　　粒子生成過程……………………… 91
　4.5 レーザ加熱蒸発法による超微粒
　　　子生成の特徴……………………… 95
　4.6 おわりに…………………………… 97
5 レーザによるセラミックスの合成
　　　　　　　　……奥富 衛… 100
　5.1 はじめに…………………………… 100
　5.2 レーザ焼結法による高強度，高
　　　靱性，耐熱性セラミックスの合
　　　成…………………………………… 100
　　5.2.1 PSZ－HfO$_2$系……………… 100
　　5.2.2 非熱平衡状態下におけるAl$_2$O$_3$
　　　　　－WO$_3$系の合成……………… 103
　　5.2.3 球状セラミック粒子の作製… 105
　5.3 超電導性酸化物セラミックスの
　　　表面改質と超電導特性…………… 108
　　5.3.1 酸化物超電導体における通
　　　　　電電流分布…………………… 108
　　5.3.2 酸化物超電導体の表面再結
　　　　　晶化……………………………… 108
　　5.3.3 特性評価……………………… 113
　　5.3.4 特異現象……………………… 115
　5.4 おわりに…………………………… 116

6 レーザデポジション法による酸化物高温超伝導薄膜の形成
　……田畑　仁，川合知二…118
6.1 はじめに………………………118
6.2 レーザ法による薄膜形成の原理，方法，装置…………………118
6.3 他の成膜法との比較……………121
6.4 膜形成プロセスによる分類と実例……………………………122
　6.4.1 ポストアニール法（Post-annealing method）…122
　6.4.2 アスデポジション法（As-deposition method）…123
　6.4.3 積み上げ法（Successive deposition method）………127
6.5 今後の展望……………………130
7 レーザによる単結晶の育成　林 成行…131
7.1 はじめに………………………131
7.2 結晶育成装置・育成法…………131
7.3 試料径，溶融帯の長さ・形状……133
7.4 種々の単結晶…………………134
　7.4.1 揮発性物質……………………135
　7.4.2 分解溶融する物質……………135
　7.4.3 ファセットをもつ物質………136
　7.4.4 金属性物質（CoとFe）………136
　7.4.5 その他の物質…………………137
7.5 おわりに………………………139

第4章　レーザ化学加工・生物加工

1 レーザ光化学反応による有機合成
　……矢部　明…143
1.1 はじめに………………………143
1.2 レーザ光化学反応の基礎………143
1.3 赤外レーザによる有機合成……147
　1.3.1 パルス熱分解反応……………147
　1.3.2 選択的熱反応…………………148
1.4 紫外レーザによる有機合成……149
　1.4.1 光誘起連鎖反応………………149
　1.4.2 光触媒反応……………………152
　1.4.3 光重合反応（ポリマー合成）…153
　1.4.4 波長依存性光反応……………154
　1.4.5 低温光反応……………………156
　1.4.6 レーザ特異的反応……………157
　1.4.7 新たなレーザ化学の手法……158
1.5 今後の課題……………………159
2 レーザの医療応用の概要　末永徳博…162
2.1 はじめに………………………162
2.2 レーザメスのしくみ……………164
　2.2.1 CO_2レーザメス………………164
　2.2.2 CO_2レーザ光と生体作用……165
　2.2.3 CO_2レーザメスの応用………166
2.3 Nd-YAGレーザコアギュレーター…170
　2.3.1 Nd-YAGレーザ光の生体作用…………………………170
　2.3.2 Nd-YAGレーザコアギュレーターの応用………………171
　2.3.3 レーザによる光線力学的治療……………………………172
2.4 その他のレーザ治療器…………174

2.4.1 フラッシュダイレーザによる赤アザの治療………… 174
2.4.2 レーザ血管形成術………… 174
2.5 ソフトレーザによる疼痛の治療… 175
2.5.1 ソフトレーザの種類………… 175
2.5.2 ソフトレーザの禁忌事項…… 176
2.5.3 レーザサーミア……………… 176

第5章 レーザ加工周辺技術

1 CO_2レーザのメンテナンス技術
　　　　　　………金岡　優… 181
1.1 はじめに……………………………… 181
1.2 切断品質に影響を及ぼす要因…… 181
　1.2.1 機械精度…………………… 183
　1.2.2 ビーム品質………………… 183
　1.2.3 出力安定度………………… 188
　1.2.4 光学部品…………………… 188
　1.2.5 加工条件…………………… 190
1.3 おわりに……………………………… 195
2 YAGレーザのメンテナンス技術
　　　　　　………数藤和義… 196
2.1 YAG（イットリウム，アルミニウム，ガーネット）レーザ……… 196
2.2 ユーザーメンテナンスとメーカーメンテナンスの区分けとその方法……………………………… 196
2.2.1 ユーザーメンテナンス……… 196
2.2.2 メーカーメンテナンス……… 202
2.3 加工ソフトとメンテナンス……… 207
2.4 おわりに……………………………… 209
3 ホログラフィーによる三次元変形測定………………鈴木正根… 210
3.1 はじめに……………………………… 210
3.2 ホログラフィーの原理および測定手法……………………………… 211
　3.2.1 原理………………………… 211
　3.2.2 測定手法…………………… 213
3.3 ホログラフィー干渉計測装置…… 217
3.4 測定実例……………………………… 220
　3.4.1 形状測定例………………… 220
　3.4.2 変位測定例………………… 220
　3.4.3 振動測定例………………… 222
3.5 おわりに……………………………… 225

第6章 レーザ加工の将来　　川澄博通

1 はじめに……………………………… 229
2 レーザ発振器の発展……………… 233
3 レーザ加工技術の進歩…………… 240
4 加工装置の性能向上……………… 242
5 新しい加工分野への進出………… 244
6 おわりに……………………………… 247

第1章　レーザ加工の基礎事項（総論）

第1章　レーザ加工の基礎事項（総論）

川澄博通 *

1　はじめに[1]

　レーザという言葉は英語のLight Amplification by Stimulated Emission of Radiationの頭文字をとったもので，和訳すると，"誘導放射による光の増幅"という意味である。原子などが光を放射する仕方には，自然放射というのと誘導放射という二つの仕方があり，前者のほうはいままでの光の出方を指しているわけである。すなわち，一般の白熱電球やアーク灯など，従来の光源から出る光はあらゆる方向に分散し，その届く範囲全面を明るく照らす。プリズムなどで分散させてみると，7色の虹になることからわかるように，いろいろな波長（波の山と山の間隔）の光を含んでいる。

　これに対して一般のレーザ光は，2枚の平面鏡の間を2,000～3,000回往復して，誘導放射によって強められて出てくる指向性の鋭い，波の山と谷の位置がそろった同一波長の光である。

　したがって，スペクトル幅の非常に狭い純粋な光であり，この性質を用いたものがウラン濃縮や炭素およびケイ素などの同位元素の分離技術である。また，この光をレンズなどで集めると，これらの波が1カ所に集まり，強め合うので，非常にエネルギー密度の高い熱源になる。

　集光して直径0.2 mmの微小なスポットに絞ると，出力がkW級のレーザの場合，容易に1 cm^{2}当り 10^8 W ぐらいのエネルギー密度にまで高められる。この微小スポットの高エネルギー密度熱源を用いたものがレーザ熱加工であり，従来，加工が困難とされてきた超硬脆材料（超硬合金，ダイヤモンド，セラミックス）にも加工できる。これが今はやりのレーザ熱加工である。

2　レーザ光の発生方法[2]

　先に述べた誘導放射というのは原子によって電磁波（光子）が吸収される過程の逆である。量子力学に示されるように原子や分子の内部のエネルギーは連続的な値を取ることができずある定まったとびとびのエネルギー値しかとることができない。

　いま，ある原子のエネルギー準位が E_1 と E_2 にあるときの原子数密度をそれぞれ N_1, N_2 とすると，

　＊　Hiromichi Kawasumi　中央大学　理工学部　精密機械工学科

第1章　レーザ加工の基礎事項

外部より影響のない時は絶対温度 T のもとで平衡状態を保ち，つぎのボルツマンの式が成立する（図1.2.1）。

$$N_2 = N_1 \exp\left(-\frac{E_2 - E_1}{KT}\right) \quad (1)$$

ただし，K はボルツマン定数である。室温では N_2 は N_1 に比べてきわめて小さい。すなわちエネルギー準位の高いものほど密度が小さくなるわけである。いま原子に外部より加速された自由電子を衝突させたりあるいは準位差に相当する光エネルギーを吸収させて $E_2 - E_1$ に等しいエネルギーを与えてやるとその原子のエネル

$$\frac{N_2}{N_1} = e^{-\frac{E_2 - E_1}{KT}}$$

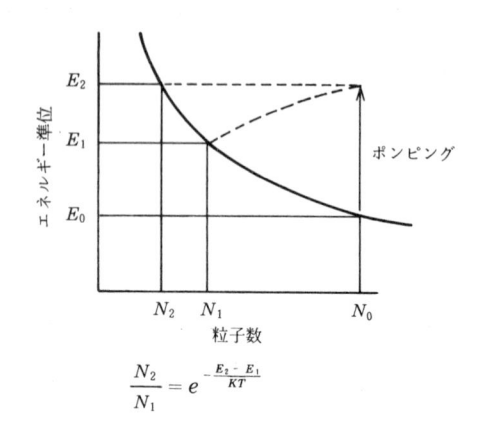

図 1.2.1　反転分布説明図

ギー準位が高くなる。これは水道の水などをポンプで押上げて高い場所のタンクに貯めるなどして高い位置エネルギーを与えるのと類似しているのでポンピングと呼ばれる。このようにすると，エネルギー準位の高い原子数密度 N_2 は N_1 より大きくすることができるが，式(1)からわかるように温度 T が負の状態になり，この状態を負温度状態または反転分布状態と呼ぶのである。これは不安定状態であるから $\nu = (E_2 - E_1)/h$ の条件（h はプランクの定数，ν は電磁波の振動数）を満たすような電磁波をあててやると，これに刺激されて最初にいくつかの原子が偶発的にエネルギー準位の低い E_1 に落ちる。

これに誘導されて一種の共鳴現象のように他の準安定状態にあった原子も同じ位相と振動数 ν の電磁波を放出して E_1 の準位に落ちる。この現象が誘導放出といわれるもので，レーザ発振の原理となるものである。このようなレーザ発振の仕方を4準位系の場合について説明する。4準位系というのは図1.2.2に示すようなポンピングする励起準位 E_4 までの間に E_2，E_3 の2つの準位のあるもので Nd^{3+} イオンレーザの場合には E_3 と E_2 の間で，また，CO_2 レーザでは E_4 と E_3 の間で誘導放射が起こりレーザ光が発生する。エキシマレーザでは E_1 と E_2 しかないので2準位系といわれる（ポンピングと発振とが時間的にずれている過渡的な動作では2準位系でも発振が起こるのである。ただし，この場合，上の準位に光子が滞留している時間が短いのでパルス発振しかできなくなる）。そしてレーザの発振効率 η とは励起入力対レーザ光出力，すなわち図1.2.2の左側の例では $(E_3 - E_2)/(E_4 - E_1)$，が大きい程非放射遷移による熱の蓄積が少なくてよいことになる。もっともこれは E_4 へのポンピングができてからのことである。E_4 へのポンピングはYAGレーザではクリプトン，アークランプによる光励起，CO_2 レーザでは放電励起が用いられている。

レーザ発振にはこの他に冷却のための大馬力の送風機等の運転電力とかその他があり現在最も効率の良いと言われているCO_2レーザでも全使用電力に対しては5〜6％くらいである（筆者のところにある英国BOC社製出力2kW CO_2レーザの場合全使用電力は45kWである。現在の製品は大部改良されてもっと良い効率のようである）。

光励起ができた後はなだれ現象によって起こる放射光を平行な2枚の平面反射鏡の間に閉じ込めると共振器の光軸方向に平行な光のみ多数回2枚の鏡の間を往復して増幅し、共振器中の損失を超えると外部へレーザ光として出てくるのである。CO_2レーザの場合には一方の平面鏡を部分透過鏡、他方を全反射鏡とした真空管中にCO_2, N_2, Heガスをつめ、放電によって励起している（図1.2.3）。

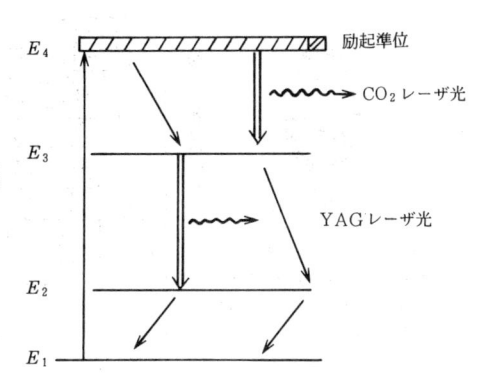

図1.2.2　4準位系のレーザ光放出準位間説明図
E_1, E_2, E_3, E_4 の4つの準位があるから4準位系という。ルビーレーザはE_1, E_2, E_3 の3準位系でレーザ光は$E_3 \rightarrow E_2$ 間で放出される。

また、Nd：YAGレーザの場合にはレーザ媒質であるNd：YAGレーザロッドの両端面を光学研摩して平行平面に仕上げ、その上に反射膜を蒸着して、平行平面共振器（ファブリペローの共振器とよばれる）を作り、これと光励起用の直線状のランプを楕円形鏡面円筒の両焦線の位置に配

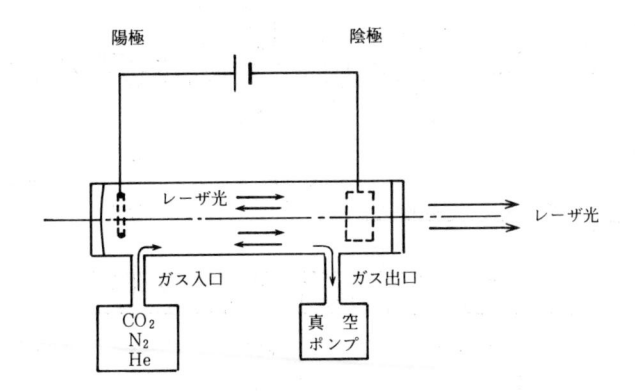

図1.2.3　CO_2ガスレーザの基本構造
（同軸型の中の低速軸流型発振器の構造）

第1章 レーザ加工の基礎事項

ランプ
YAGロッド
楕円形円筒反射鏡

ランプとYAGロッドとはそれぞれ楕円筒の焦線の位置にある。ランプから出る光は全部YAGロッドに集まる。

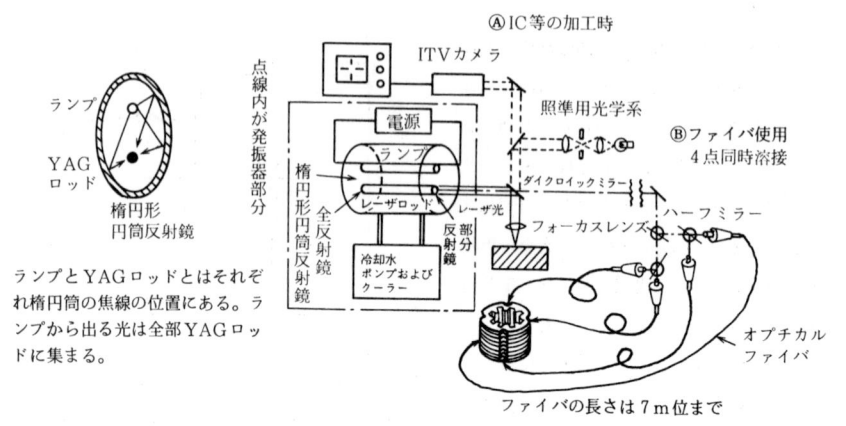

点線内が発振器部分

Ⓐ IC等の加工時
Ⓑ ファイバ使用4点同時溶接

ITVカメラ
電源
ランプ
レーザロッド
全反射鏡
楕円形円筒反射鏡
冷却水ポンプおよびクーラー
照準用光学系
ダイクロイックミラー
レーザ光
一部反射鏡
フォーカスレンズ
ハーフミラー
オプチカルファイバ
ファイバの長さは7m位まで

図1.2.4 YAGレーザ発振器と加工機の構造

置してポンピングを行う（図1.2.4）。YAGレーザの場合，負温度状態はフラッシュランプから放出される光をYAGロッドに集め吸収させることにより得ている。

以上，4準位系レーザの発振機構について述べたが，他の固体レーザでも同様である。

3 レーザ光の種類[3]

レーザ発振波長の各種電磁波において占める領域を示すと図1.3.1のとおりである。

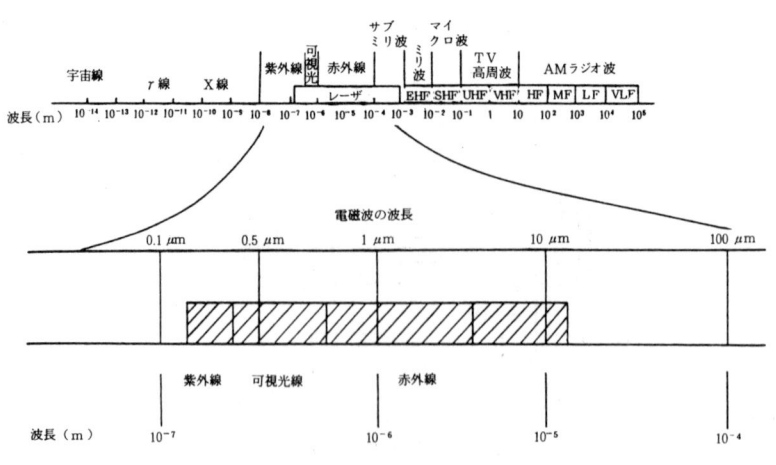

図1.3.1 レーザ光の発振波長領域

3 レーザ光の種類

また，レーザの種類は一般的にはつぎのように分類されている。すなわち，
(1) 気体レーザ
　　中性原子レーザ：He−Neレーザ 等
　　イオンレーザ：Ar^+, Kr^+レーザ 等
　　分子レーザ：CO_2レーザ 等
(2) 固体レーザ
　結晶固体レーザ：ルビーレーザ，アレクサンドライトレーザ
　　　　　　　　　Nd：YAGレーザ，Nd：GGG 等
　非結晶固体レーザ：Nd：ガラスレーザ
(3) 液体レーザ：有機液体レーザ，色素レーザ 等
(4) 半導体レーザ：GaAsレーザ 等

つぎにレーザ光の波長または周波数は自由電子レーザを除いては，レーザ媒質を構成する原子や分子のエネルギー準位間の遷移によって定まるものであるから，勝手な値ではなくそれぞれの場合に定まった値をもっている。レーザで発振できる波長はレーザの種類が豊富になるにつれて非常な数にのぼっている。その中で現在レーザ加工に用いられているレーザ発振器によって発生されている波長，レーザ媒質および出力は表1.3.1のようである。また発生するレーザ光線には図1.3.2に示すようなCW（連続発振），パルス発振およびQ−SW発振の3つの発振形態がある。

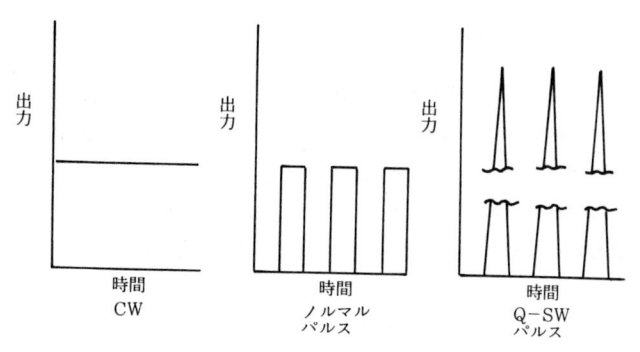

図 1.3.2　レーザ光の時間的モード

第1章 レーザ加工の基礎事項

表 1.3.1 加工用レーザの種類

レーザ名	波長 (μm)	発振型式	標準出力(W) または (J)	代表的加工例	備考
CO_2	10.6	CW	$\sim 2 \times 10^4$	熱処理, 溶接	光量子エネルギー
		パルス		切断, 穴あけ	0.12 eV
TEA CO_2	10.6	パルス	8×10 (J)	マーキング	
CO	5 μ 前後多数	CW	7000	切断, 穴あけ	
Ar^+	0.4880 0.5145 他	CW	20	半導体加工	
Nd:YAG	1.06 (SH 0.53 TH 0.355)	CW(Multi Mode) Q−SW(Multi Mode) Q−SW(TEM_{00} Mode) スラブ型	2300 150 30 830	溶接, 熱処理 溶接, 穴あけ トリミングマーキング 溶接	第2高調波 0.53 μ (14 W) 第3高調波 0.355 μ (1.2 W)
Nd:GLass	1.06	$\sim$ 7 パルス/秒	140	スポット溶接	
アレキサンドライト	0.70 $\sim$ 0.78	繰り返しパルス	150	穴あけ	
自由電子 (FEL)	9 $\sim$ 35 0.64 $\sim$ 0.655	CW	$\sim 6 \times 10^3$ 5×10^{-4}	SDI用	
銅蒸気	0.511 0.578	繰り返しパルス 6 kHz	$\sim$ 150	ウラン濃縮	
色素	0.19 $\sim$ 4.5	パルス	800 J (ピーク値)	ウラン濃縮, 分光分析, 医療	XeClエキシマ レーザ励起
エキシマ ArF	0.193	パルス	80	光化学反応	6.4 eV
エキシマ KrF	0.249	パルス	150	マーキング	5.0 eV
エキシマ XeCl	0.308	パルス	100	フォトエッチング	4.0 eV

表 1.3.1 の中で現在のところ,経済性および耐久性からみて生産ラインに導入できるのはCO_2レーザとYAGレーザだけである。この両者の差は前者が高効率と大出力(20 kW位)において優れ,後者は取り扱いの容易さ(光ファイバが使える),信頼性などで有利である。また両者の発振波長は前者の方が長く後者の方はその 1/10 である。最近発振波長が 4 $\sim$ 5 μ で光ファイバの作れる CO(一酸化炭素)レーザというのが開発されつつある。発振効率の高いレーザとして注目を集めている。

4 レーザ発振器の構造[4]

現在生産現場に使われているレーザ発振器は,CO_2レーザとYAGレーザ発振器である。

4 レーザ発振器の構造

4.1 CO₂レーザ発振器

CO₂レーザ発振器は2枚の反射鏡の間にCO₂ガスを活性物質として注入したものである。

CO₂レーザ発振器にはガスの流れる方向，放電方向，レーザ光の射出方向の相互の関係により3つの形式がある。3者共同一方向のものを同軸形，3者共お互いに直交するものを3軸直交形(図1.4.1)，前2者が同一方向で，第3者がこれらと直交するものを2軸直交形といっている。

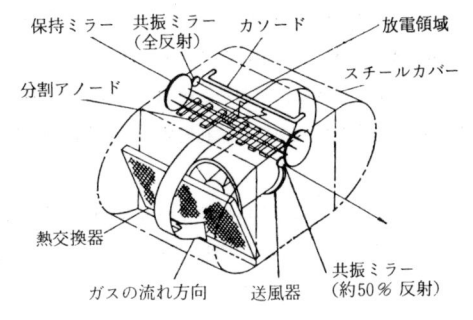

図1.4.1 三軸直交型CO₂レーザ発振器

一般には軸流形（同軸形）のものの方が，切断に一番良いといわれているガウスモードが得やすいが，大出力は得にくく，他の2者は大出力は出せるがガウスモードは得にくいという相反する特性を持っている。

CO₂レーザは波長が10.6μの赤外光なのでKClやZnSeといった特殊な光学結晶材料や，金コートした銅鏡といった特殊な材料を使わなくてはならず部品が高くなる。また，放電によってガスが劣化したりするので，ガスの交換，再生装置といったものがいる。

4.2 YAGレーザ発振器

YAGレーザの基本的な装置構成はすでに図1.2.4に示してある。連続励起には白熱電球またはKr放電灯が，パルス励起の装置にはXeまたはKrのフラッシュランプがポンピング源として用いられている。このレーザは波長が1.06μとCO₂レーザ光よりも短いので，一般のガラスレンズや光ファイバが用いられるので有利である。

5 レーザ加工の種類[5]

これらのレーザを利用したプロセシングはレーザ光のどの特長を利用しているかといった観点からみてみると大体次のようになるものと思われる（ただし，2つ以上の特長が組み合わさったものもあるが，それらは主な効果の方に入れることとした）。すなわち，

(A) レーザ光が集光系を用いることにより，高エネルギ密度の微小スポット（理論的には使用レーザ光の波長程度）になることを用いたレーザ熱加工（高温プロセス）

(B) レーザ光の優れた単色性を利用する分離精製加工

9

第1章　レーザ加工の基礎事項

(C)　紫外レーザ光の大きな光量子エネルギーを利用した有機化合物の光解離を利用した光化学加工（加熱しないので低温プロセスとなる）

(D)　レーザ光の高制御性と超短パルス発生能力を利用したマイクロレーザ化学加工

(E)　以上の特長を相互に利用するものと，他の化学反応等とを組み合わせて利用する複合加工とに分類されよう。

(A)の部類に入るものは次のもので大半はすでに実用化されている。

i)　除去加工（穴あけ，切断，トリミング，マーキング，ダイナミックバランシング等）

ii)　溶接

iii)　表面改質加工（表面硬化，表面合金化，クラッディング，アニーリング，ドーピング，グレージング，衝撃硬化等）

iv)　アルミの表面等へのセラミックス等の材料の溶射および蒸着による耐摩耗性増加

v)　高速回転素材へのレーザ照射溶融飛散法による金属微粒子の製造

vi)　セラミックスの単結晶育成

(B)に属するものとしては，

vii)　セラミックス素材の合成（Si_3N_4等の合成）

viii)　U^{235}やSi^{30}の濃縮等に利用されている分離精製法

(C)に属するものとしては，

ix)　有機金属化合物のパルス的供給およびレーザ光のパルス照射法による分解制御による単原子厚の薄膜製造[6]等

(D)を利用した加工はまだ実用化されていない。

(E)に属するものとしては，

x)　メッキ液のジェット噴流と同一方向にレーザ光を照射して行う複合メッキ法

xi)　KOH溶液中にAl_2O_3やSi等を浸漬しレーザ光を照射して穴あけ等を行う複合加工法等に分けられる。

一般的にいって高温プロセスは波長の長いCO_2レーザ等の振動励起によって，一方低温プロセスはエキシマレーザ等の短い波長の光の電子励起によって行われる。そしてレーザ熱加工のうち，i)，ii)，iii)等はすでに生産ラインで用いられ，レーザ加工の研究は熱加工プロセスから低温プロセスに移りつつあるように思われる。

6　レーザ熱加工の原理および特長[7]

レーザ照射された時の加工現象を考えてみるために，レーザ照射された時の表面温度をT_{SH}，

表面下の温度をT_{UH}とし，低いパワー密度でのそれをそれぞれT_{SL}，T_{UL}とする。

高いパワー密度の場合，材料内へ熱が充分に伝導しないうちに表面が蒸発するので，熱影響層は小さく，このような条件のもとで穴あけが進行する。低パワー密度の場合は，蒸発温度T_Vに達するには時間がかかり，表面温度T_{SL}が蒸発温度T_Vに達する前に，表面下温度T_{UL}は融解温度T_Mに達する。この時レーザ照射が終われば，ある深さの溶接が行われることになる。

したがって，パワー密度とパルス持続時間が重要な役割を果たすことがわかる（図1.6.1）。

この熱源は先にも述べたように，各種素材を非接触で瞬間的に溶融蒸発させて切断する。このため，力を加えると変形しやすい薄板やゴムなどにも精密切断加工でき，型を作るには不経済な多品種少量生産のプレス向き製品などは現在ではほとんどレーザで作られている。

レーザビームは焦点ズラシなどを行って，簡単にそのエネルギ密度を変えられるから，ビームの照射時間を送り速度を変えることなどによって変えると，同一機械で穴あけから切断，溶接，焼入れ，トリミングなど色々な加工にまで利用できる（図1.6.2）。

そのうえ，加工対象が実に幅広く適当な機械を選べば鋼材，チタン，ニッケルなどの金属をはじめ木材，強化プラスチックやダイヤモンド，セラミックスなどの超硬脆材料から，布，皮，ガラス，繊維，ゴムなどほとんどの材料が加工できる。またよい加工法のないニューセラミックスなどの新素材にも光がよく吸収され，仕上がり具合も良好である。

7 レーザ光化学加工

現在薄膜加工等に利用されているイオ

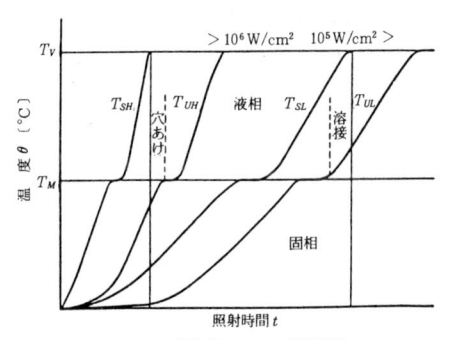

図1.6.1 加熱時間と加工現象
（レーザ照射された材料中の時間－温度曲線）

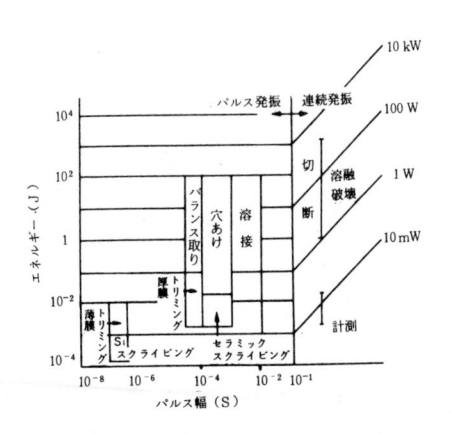

図1.6.2 エネルギーとパルス幅によるレーザ加工の分類

ンビームのような高エネルギー粒子の衝撃は、反応性を高めるが一方薄膜内部にイオン衝撃による欠陥[9]を生じさせている。ところで固体や分子を構成する化学結合は大体10eV程度の励起によって切断されたり電子励起を受ける（図1.7.1[10]）。したがってエキシマレーザ位のエネルギーを照射すれば化学反応性は充分に高められ、かつ以上のような照射欠陥の発生は少ないと考えられ、LSI加工等ではエキシマレーザ加工が注目されている。

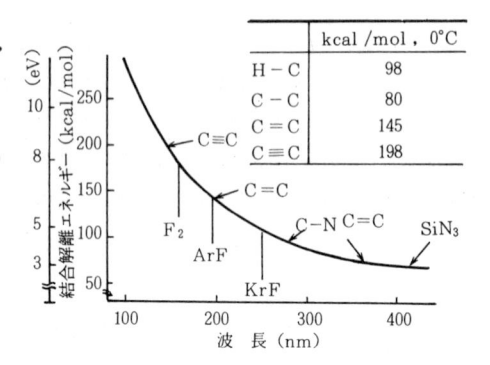

	kcal/mol, 0°C
H-C	98
C-C	80
C≡C	145
C≡C	198

図1.7.1　代表的分子の解離エネルギーと波長の関係
F_2 : 157nm, ArF : 193nm
KrF : 249nm, XeCl : 308nm

このレーザによる薄膜蒸着はレーザ光の2つの特長のいずれかを利用している。すなわち、レーザ光のコヒーレントなことと、スペクトルの純粋なことである。前者の特長によって、レーザ光は集光系によって波長の大きさにまでスポットは小さくできるし、他方レーザのスペクトル幅の狭いことは、希望する媒質の中で特殊な化学反応をスタートさせるための、よくエネルギーの大きさの揃った光子を提供するのである。

図1.7.2[11](a), (b)はレーザ薄膜加工に対する基本的な実験装置を示す。レーザからのビームは窓を通して反応塔の中に入りそのまま素材に衝突するか、素材表面のすぐそばを通り抜けるのである。そして、単一のあるいは数種類のガス（あるいは液体）が反応塔の中に注入され、素材の上を流される。

レーザ波長、ガス、素材を注意深く選択することによって、薄膜の蒸着やエッチングやドーピングをもっとも良い条件で加工できる。

レーザ光化学加工は、レーザ光がガス分子の中の化学結合を切断するのに十分なエネルギーの光子をもっていると起こり、分解した分子または原子の破片が表面と反応して行われる。

切断するべき化学結合のエネルギから、使用するレーザの波長は決定される。

そして、使用されるガスや素材がその波長を吸収すればこの加工は成功する。

今までに実験された素材と、析出膜材、使用波長の例は表1.7.1[12]のようである。

有機金属の分解によるW, Moといった普通では融点が高いために創製の困難な薄膜等が容易に得られていることがわかる。また複合材フィルムも作られている。その一例としてP. K. Boyer[13]らによって作られたSiO_2の場合、次のような反応が利用された。

$$SiH_4 + 2N_2O + \hbar\omega \longrightarrow SiO_2 + Product$$

この場合ArF(193nm)のレーザ光が照射され蒸着速度は3,000Å/minであったという。

7 レーザ光化学加工

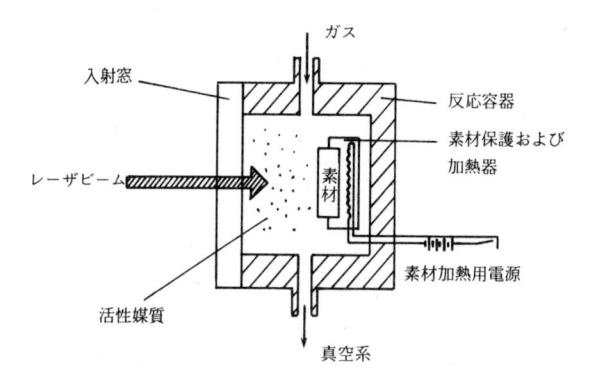

(a) ビーム垂直入射方式

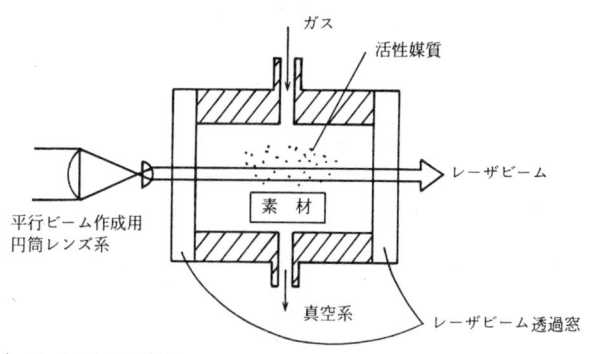

(b) ビーム平行通過方式

図1.7.2 レーザ補助材料加工の基本構造図
  (a) レーザビームが材料に垂直入射する方式
  (b) レーザビームが材料に平行に入射する方式

 この他に文献6に掲げたように理研の青柳らによってGaAsの単原子層制御結晶成長によって単原子厚の膜が作成されるに至っている。

表 1.7.1 レーザ光化学加工によって蒸着された単体および複合材料薄膜
(J.G. Eden)

母材因子	堆積物	使用レーザ波長 λ (nm)
SiH_4	Si	9,000 ~ 11,000
SiH_4 / NH_3	Si_3N_4	9,000 ~ 11,000
SiH_4 / C_2H_4	SiC	9,000 ~ 11,000
$Mo(CO)_6$	Mo	260 ~ 270
$Cr(CO)_6$	Cr	257
$W(CO)_6$	W	257
$Al(CH_3)_2$	Al	193, 257
$Ga(CH_3)_3$	Ga	257
$TiCl_4$	Ti	257
WF_6	W	193
$Al_2(CH_3)_6 / N_2O$	Al_2O_3	193
$In(CH_3)_3 / P(CH_3)_3$	InP	193

8 レーザ加工用光学系

レーザ加工をするためにはビームを集束する光学系を用いなくてはならない。集束には透過型と反射型がありいずれの型式も用いられている。Nd：YAGレーザ光の波長は 1.06 μm で近赤外光のためにカメラレンズ等に用いられていた光学材料の純度の高いものはそのまま用いられる利点がある。ところが CO_2 レーザ光は 10.6 μ の遠赤外光であるために透過型では吸収の少ない ZnSe、GaAs、KCl、Ge が用いられている。ただし、KCl は吸湿性のあること、Ge は熱吸収特性が昇温によって急激に増大するので大出力に用いるには注意する必要がある。

また反射型では鏡面加工された W、Mo、Cu および Au メッキされた Cu 鏡等が用いられている。Cu 鏡では冷却が容易であるので 20 kW 用の CO_2 レーザ加工機に用いられている。

表 1.8.1 CO_2 レーザ（波長 10.6 μ）用透過光学材料

材料	吸収係数 (1/cm)	熱伝導率 (J/S・cm・°C)	熱膨張係数(1/°C) × 10^{-6}	ヤング率 (psi) × 10^7	屈折率 n	比 熱 (J/cm³・°C)	破断強度 (psi) × 10^3	溶解度 (g/100g 20°C水)	硬 度 knoop (kg/cm²)
Ge	0.045	0.59	5.7	1.49	4.02	1.65	13.5	nil	692
GaAs	0.015	0.48	5.7	1.23	3.3	1.42	20.0	nil	750
ZnSe	0.005	0.18	8.5	1.03	2.405	1.87	7.5	nil	150
CdTe	0.006	0.06	5.9	0.53	2.67	1.23	4.5	nil	45
NaCl	0.005	0.065	4.4	0.58	1.46	1.84	0.35	36.0	18.2
KCl	0.003	0.065	3.6	0.43	1.49	1.36	0.33	34.35	9.3

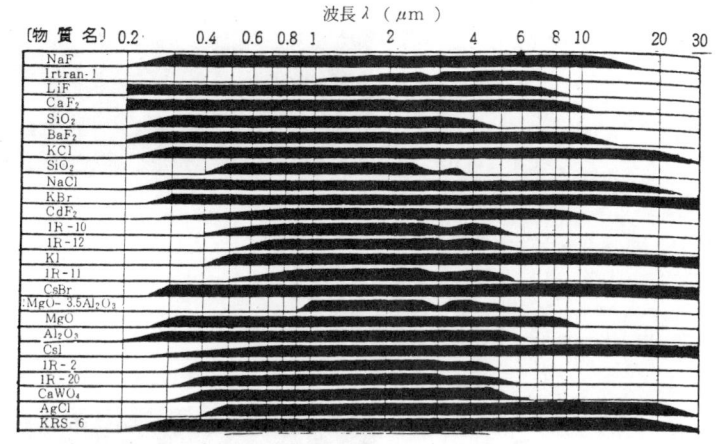

図1.8.1 各種光学材料の波長透過特性（主として0.4μ以下の紫外光用材料。黒い部分が透過領域）

一方エキシマレーザ光のような紫外光に対しては溶融石英，CaF_2等が用いられている。

これらの光学材料の特性は表1.8.1[14]，および図1.8.1[15]のようである。

そしてこれらの光学系を用いる場合，熱加工等では被加工材からの飛散物によってレンズ等が破損しないように防御ノズル（図1.8.2[16]）が取付けられている。最近のアルミ切断等では10気圧位の高圧ガスを用いるのでノズルをレンズ系用（低圧ガス部用）と高圧ガス部用と二重構造にしたものも現われてきている。

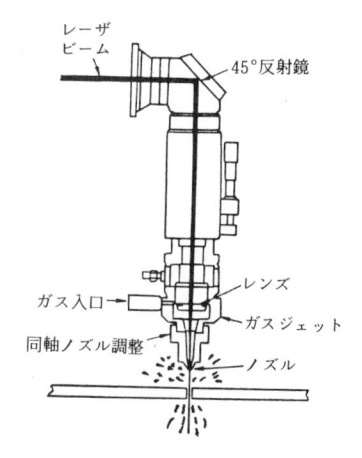

図1.8.2 照射光学系防御ノズル

9 モードパターンおよびスポットサイズ[17]

レーザビームの出力は共振器の構造および寸法関係から図1.9.1のようなエネルギー分布になっている。大出力CO_2レーザなどでは木材，アクリル板などにビームを照射して，あけられた穴の形を見てモードを調べることが行われている。

そして加工等では切断用にはTEM_{00}モードが，また熱処理等ではTEM_{mn}モードが用いられている。

TEM_{00}モードの時，振幅の大きさが$1/e$になる点での幅を$2W$としてWでスポットサイズと

いうものを定義している。

共振器内でビーム径が最小になる位置をビームウエストといいここでビームは平面波となる。

図1.9.2でビームウエスト半径がW_0のとき，ビームウエストからZ進んだ位置でのビーム半径Wとビームの曲率Rは次式で与えられる。

$$W^2 = W_0^2 \left[1 + \left(\frac{\lambda Z}{\pi W_0^2} \right)^2 \right] \quad (2)$$

$$R = Z \left[1 + \left(\frac{\pi W^2}{\lambda Z} \right)^2 \right] \quad (3)$$

$$\theta = \lambda / \pi W_0 \quad (4)$$

ただし，λは波長，図より$W(Z)$はZ軸に対して角θ傾いた漸近線をもつ双曲線であることがわかる。TEM_{00}モードの発振器から遠く離れたところにおけるスポット半径は$Z\theta$であり，共焦点系の反射鏡上のTEM_{00}モードのスポットサイズは次式の通りである。

$$W_S = \sqrt{\frac{b\lambda}{\pi}} \quad (5)$$

このビームを焦点距離fのレンズで結像させた時のスポットサイズr_0は次式で与えられる。

$$r_0 = \frac{f\lambda}{\pi W_0} \quad (6)$$

10 レーザ関連の基本測定

これには出力の測定とビーム径の測定がある。前者にはCW（連続波）と

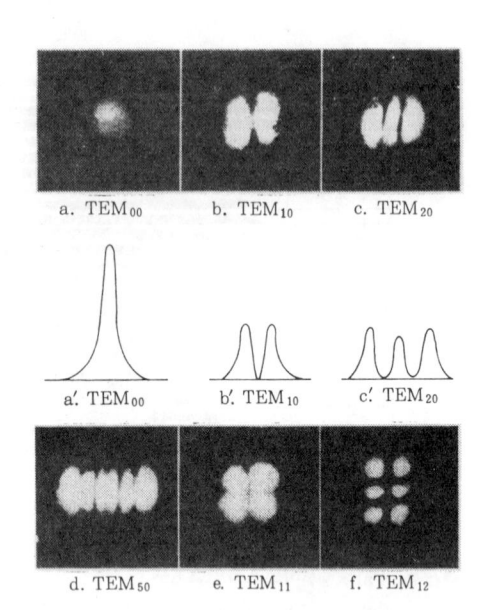

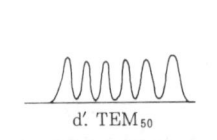

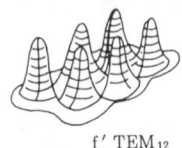

a. TEM_{00} b. TEM_{10} c. TEM_{20}

a'. TEM_{00} b'. TEM_{10} c'. TEM_{20}

d. TEM_{50} e. TEM_{11} f. TEM_{12}

d'. TEM_{50} f' TEM_{12}

g. TEM_{43} h. TEM_{35} i. TEM_{10}

i' TEM_{10}

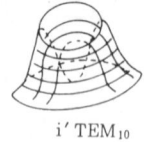

a-i．レーザビーム進行方向に垂直な断面におけるエネルギー分布
a'-d'　進行方向における強度分布断面図
f'とi'は鳥瞰図

図1.9.1　ビームモード

表1.11.1 レーザ加工が使われている分野

加工法 産業種別	除去加工	溶接加工	表面加工	備考および新加工
産業機械 工作機械および工具	・ダイヤモンドダイスの穴あけ		・テーブル摺動面の焼き入れ ・針布の歯の焼き入れ	・アクリル板等の重ね切断
電子工業 IC関係	・IC抵抗トリミング(米国1,000台以上) ・ICウェハーのスクライビング ・マーキング	・電子交換機のケースの溶接 ・リレーの溶接 ・リチウム電池等のケースの溶接 ・アルミ製筐体の溶接	・アニーリング ・3次元IC用表面再結晶化	・フォトマスクの白点修正 ・酸化アルミナセラミックス等へのレーザ複合化学加工 ・メッキ液による複合メッキ法 ・光照射による複合メッキ法 ・XeClレーザ光照射によるパターンエッチング
電気工業 家電および照明関連	・水銀灯用石英管の切断 ・冷蔵庫用複合材料ケースのバリ取り ・太陽電池のマスクパターニング			
精密機械 時計およびVTR	・ルビーの穴あけ ・時計用水晶振動子のトリミング(数千万個/年)	・電池ケースの溶接		・高速回転体のバランシング
輸送機械工業 ボデー関連 エンジン関連	・複合材料ボディ、バンパーのバリ取り ・プラスチックメーターパネルのバリ取り ・カムシャフトの穴あけ ・タービンブレードの冷却穴あけ(航空機)	・アンダボディーの溶接 ・戦車の廃熱回収器の薄板の溶接 ・モーターヨークの溶接トルク(2.8万個/日) ・トランスミッションクラッチ板(2.8万個/日) ・ディファレンシャルギアの溶接	・ステアリングギアハウジングの焼き入れ* (3万個/日) ・ピストンリング溝の焼き入れ ・カムの焼き入れ	*1kW級CO_2レーザ15台
金属鉄鋼関係	・ミラー鋼板の製造 ・ステンレス鋼の切断 ・アルミ合金の切断	・電磁鋼板の溶接	・電磁鋼板の鉄損改善	・超硬合金粉末製造 ・超電導線材製造
鉱業	・コンクリートの切断			・均一微粒子ファインセラミックス粉末製造
窯業	・ダイボードの溝切り ・ダンボフィルターの穴あけ (3×10^6個/分)†			†1kW CO_2レーザ50台
紙および木材産業	・アクリル看板の製造 ・エアロゾルバルブへの穴あけ(600個/分) ・農業灌漑用チューブの穴あけ(年間3億ドル以上)			
プラスチック		・ボールペンカートリッジの溶接		・Cu^+レーザによるU^{235}の濃縮 ・UVレーザ光による生物細胞切断 ・UVレーザ光による生物細胞核融合
その他	・スーツの裁断 ・壁紙の裁断 ・ミンクの毛糸の製造			

第1章　レーザ加工の基礎事項

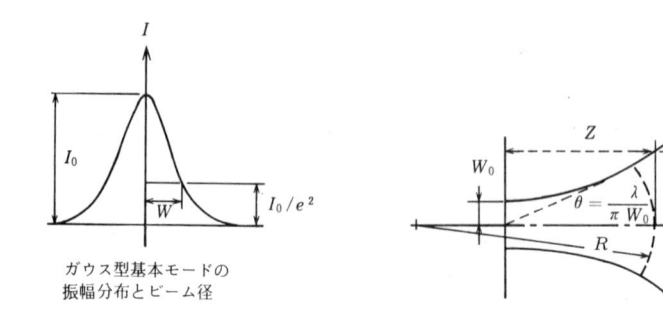

ガウス型基本モードの
振幅分布とビーム径

図1.9.2　共焦点型共振器によるガウス型ビームの振幅分布，ビーム系および拡がり型

パルス波の出力測定があるがCW出力測定用のカロリーメータ方式の構造を図1.10.1に示す。最近，遠藤ら[18]によって大出力用精密出力計が作られたがくわしくは参考文献を参照されたい。

11　レーザ加工の使われている分野

表1.11.1に示す領域で使われている。

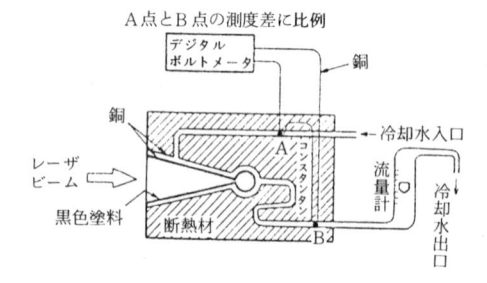

図1.10.1　カロリーメーター式出力計
（BOC社製）

文　献

1) 川澄博通：レーザ加工技術, 日刊工業新聞社（1985.1）およびレーザ協会編：レーザ応用技術ハンドブック, 朝倉書店（1984.3）参照のこと
2) 1）と同じ
3) 1）と同じ
4) 1）と同じ
5) 川澄博通, 機能材料, Vol.7, No.8（1987）6
6) 青柳克信, 精密工学会誌（1988.4）674
7) 1）と同じ
8) 東芝資料

文　献

9) 広瀬全孝, セラミックス超高温利用技術, シーエムシー, 95 (1985)
10) 村原正隆, オプトロニクス. 9 (1985)
11) J.G. Eden: *IEEE, Circuit and Devices Magazine,* (1986) 18
12) 11) と同じ
13) P.K. Boyer *et al.*: *Appl. Phys. Lett.,* Vol. 40, No. 8, (1982) 716
14) 1) と同じ
15) 光学技術ハンドブック: 朝倉書店 (1968. 2) 676., または光工学ハンドブック, 同 (1986)
16) 1) と同じ
17) 1) と同じ
18) 遠藤道幸, 本田辰篤：電学誌論文集C, Vol. 108, No. 8. (1988) 611

第2章　加工用レーザ発振器

第2章 加工用レーザ発振器

1 CO_2 レーザ

永井治彦 *

1.1 はじめに

CO_2 レーザは波長 10.6 μm の, 目に見えない赤外線レーザである。CO_2 レーザはレーザの中で最も大出力・高効率のレーザであり, 1964年, 米国のC.K.N. Patelにより発明された。

加工用に使用されている CO_2 レーザは, 連続発振 (Continuous Wave = CW) を基本として高繰り返しパルス化出力を備えたタイプと, 低繰り返しハイピークパルス発振のTEAレーザ (Transversely Excited Atmospheric Pressure Laser) とに大別される。いずれも放電励起によりレーザ発振が起こされており, 前者は切断, 穴あけ, 溶接, 表面処理などに, 後者はマーカーなどに実用化されているレーザである。

1.2 エネルギー準位

CO_2 は直線状の3原子分子であり, 振動に関して3つの自由度を持つ。すなわち, 図2.1.1に示すように, 対称伸縮振動モード (ν_1モード), 屈曲振動モード (ν_2モード), 非対称伸縮振動モード (ν_3モード) の3種の基本モードを持つ。CO_2 レーザ発振は, これらの基本モードに対応した振動エネルギー準位 ν_3 モードの ($00^0 1$) 準位と ν_1 モードの ($10^0 0$) 準位間の遷移を利用しており, 低いエネルギー状態にあるため, 発振波長が長い。これらの振動準位はさらに微細な回転準位に分かれているが, 通常波長 10.4 μm バンドの中のP(20)ブランチ (波長 10.6 μm) で発振することが多い。また, 共振器ミラーを変えることにより, ($00^0 1$) - ($02^2 0$) 準位間の 9.4 μm バンド線でも発振する。

CO_2 レーザの励起は, 通常 CO_2, N_2, He の3種類の混合ガス中でのグロー放電を利用する。N_2 はレーザ遷移の上準位 CO_2 ($00^0 1$) の分子数増大のために不可欠である。N_2 分子はほぼ等間隔に配列された, 寿命の長い (>ms) 振動準位 ($v = 0, 1, 2, 3, \cdots$) をもつ。しかも, $v = 1$ 準位は CO_2 ($00^0 1$) 準位に近接しているため, 基底状態の CO_2 との衝突により CO_2 を ($00^0 1$) 準位へ効率よく励起する。また $v = 2, 3, 4 \cdots$ 準位の N_2 は衝突によって1つ下の準位へ落ちることによ

---

* Haruhiko Nagai 三菱電機(株) 中央研究所 ビーム物理研究部

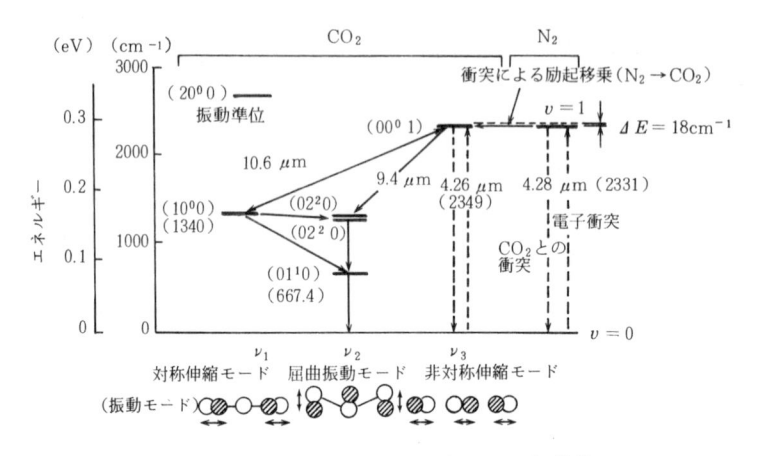

図2.1.1　CO_2レーザの振動エネルギー準位

り，基底状態のCO_2を$(00^0 1)$準位へ励起する。

　Heの効果は2つある。第1の効果は，ν_2モードの$(01^1 0)$準位にあるCO_2分子がHeとの衝突により基底状態に緩和されることである。$(01^1 0)$準位は低いエネルギー準位（$667 \text{cm}^{-1} \approx 960 \text{K}$）であるので，放電によるガス温度の上昇で基底状態のCO_2が容易にこの準位へ熱励起される。さらに，レーザ遷移の下準位$CO_2 (10^0 0)$には上準位$(00^0 1)$から誘導放出を経て滞留する分子が存在するが，これらの分子は$(02^0 0)$，$(01^1 0)$準位を経て基底状態へ緩和されなければならない。Heの添加は，発振のサイクルCO_2（基底状態）→ $CO_2 (00^0 1)$ → $CO_2 (10^0 0)$ → $CO_2 (02^0 0)$ → $CO_2 (01^1 1)$ → CO_2（基底状態）が滞ることなく，循環される結果，大出力・高効果率にきわめて有利である。

　第2は放電の安定化に対する効果である。放電がアークへ移行すると出力の低下や停止を招くが，Heの添加により，大きな放電電力の下でも一様に拡散したグロー放電を維持でき，出力の安定化に有効である。

1.3　発振器の形式

1.3.1　基本構造

　CO_2レーザの基本構造を図2.1.2に示す。これは外周を水冷された2重ガラス管構造のレーザで，放電管内の混合ガス（10〜20 Torr）を直流や交流のグロー状放電で励起し，ガスの循環と一部ガスの廃棄・補給を常時行う方式のものである。この構造のレーザでは，ガスの冷却が十分

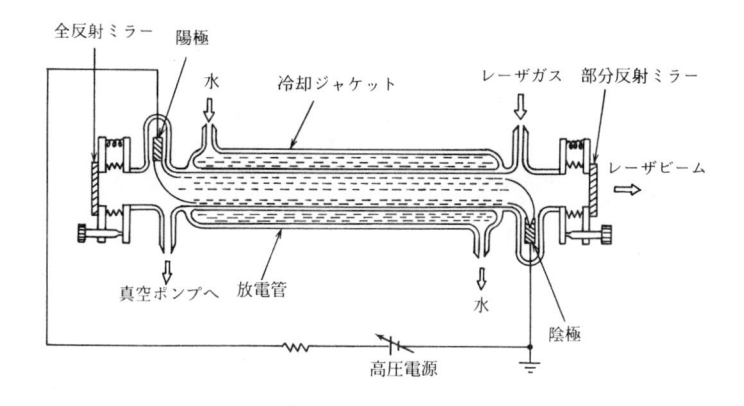

図 2.1.2　CO_2 レーザの基本構造

でないため，1.1.2項で述べたようにレーザ下準位に分子が滞留し，低い放電入力において出力の飽和が生じる。この結果，放電長1m当りCW 50〜70 Wのシングルモード出力しか得られず，装置の長大化を招く。

1.3.2　高速ガス循環方式

このような自己拡散による冷却方式では小形化に限界があるため，高速ガス循環方式のガス冷却法を採用したCO_2レーザが開発され，産業用レーザの主流になっている。この方式のレーザの構成を図2.1.3に示す。高速ガス循環方式CO_2レーザでは光軸に対して放電方向が平行であるか，あるいは直交するかにより，同軸形（図2.1.3(a)）と横励起形（図2.1.3(b), (c), (d)）とに分けられる。さらに横励起形は，ガス流と光軸あるいは放電が平行な2軸直交形と，これらの方向が直交する3軸直交形とに分けられる。また光軸に対してガス流の方向が平行であるか，あるいは直交するかにより軸流形と横流（cross flow）形とにも分けられる。

同軸形には，図2.1.2に示した低速軸流形と高速軸流形（図2.1.3(a)）があり，加工用の0.5〜3 kW級のCO_2レーザには，150〜200 m/s程度の放電部ガス流速を有する高速軸流形が多い。また，最近は，次の1.4.1項で述べる高周波放電を採用した横励起・高速軸流形の実用化が進んでいる。

横励起・横流形は比較的低いガス流速（30〜80 m/s）で，小形・大出力の装置を実現でき，5 kW以上の大出力機に適したタイプである。特に，3軸直交形は放電ギャップ長が短いので，小形・大出力化やガス封じ切り運転に有利な高ガス圧力動作（100〜200 Torr）が可能である。

第2章 加工用レーザ発振器

(a) 同軸形・高速軸流形

(b) 横励起形・高速軸流形

(c) 横励起形・横流（2軸直交）形

(d) 横励起形・横流（3軸直交）形

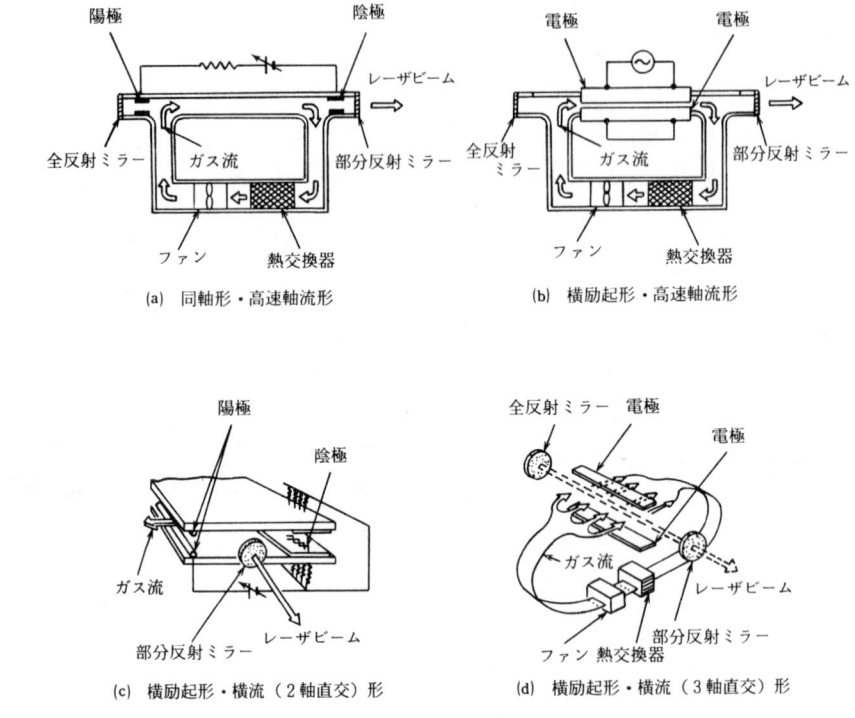

図2.1.3　高速ガス循環方式放電励起CO_2レーザ

このような高速ガス循環方式の開発により，単位放電長当りのレーザ出力は0.5〜10kWまで高められ，飛躍的な出力の増大がもたらされた。写真2.1.1は，通産省の大形プロジェクト『超高性能レーザ応用複合生産システム』で開発された最大出力CW 26.5kWのCO_2レーザで，横励起・横流（3軸直交）形の装置である。

1.4 放電励起

1.4.1 放電方式

CO_2レーザの出力は，発振線の上準位（$00^0 1$）と下準位（$10^0 0$）との間の分子数密度の差，すなわち反転分布数に比例するので，これを大きくすることが基本的に重要である。上準位あるいはN_2の振動準位への励起を効率よく行わせるためには，放電プラズマ中の電子エネルギー分

1　CO_2 レーザ

写真 2.1.1　20 kW 級 CO_2 レーザ
$\begin{pmatrix} \text{無声放電補助直流グロー放電励起} \\ \text{最大出力 26.5 kW, 発振効率 16.5\%} \end{pmatrix}$

布を最適にする必要がある。この最適電子エネルギー分布に近い分布を与える放電形態が直流のグロー放電，あるいは交流の無声放電（SD, Silent Discharge）や RF（Radio Frequency）放電であり，アーク放電はエネルギが高すぎて低いエネルギ準位の CO_2 レーザには適さない。

図 2.1.2，図 2.1.3 の構造に対応した各種の放電励起方式を図 2.1.4 に示す。直流グロー放電は低速軸流形や高速軸流形から横励起形まで幅広く採用されている。無声放電や RF は出力のパルス化などの制御性に優れ，電源をトランジスタ化すれば装置の小形化も図れる。無声放電を補助放電に利用した直流グロー放電励起方式は大断面・高ガス圧力の放電空間に有効であり，先に述べた 26.5 kW 機に採用されている方式である。

このような CW を主体としたレーザに対して，低繰り返しの TEA-CO_2 レーザ（通常 10 Hz 以下）は高速ガス流を使わない。TEA レーザの放電部の構成は横励起形であり，その全体構成を図 2.1.5 に示す。これはキャパシタに蓄積された電荷を，高速スイッチで主放電部へ短時間に供給し，1 気圧以上のガス中で高電力密度のグロー状パルス放電を起こすレーザである。安定なパルス放電をおこすために，主放電に先立って空間を電離させる予備電離技術が不可欠である。予備電離源としてはアーク状のスパーク放電が発生する紫外線，あるいはコロナ放電や電子ビームなどが利用されている。

第2章　加工用レーザ発振器

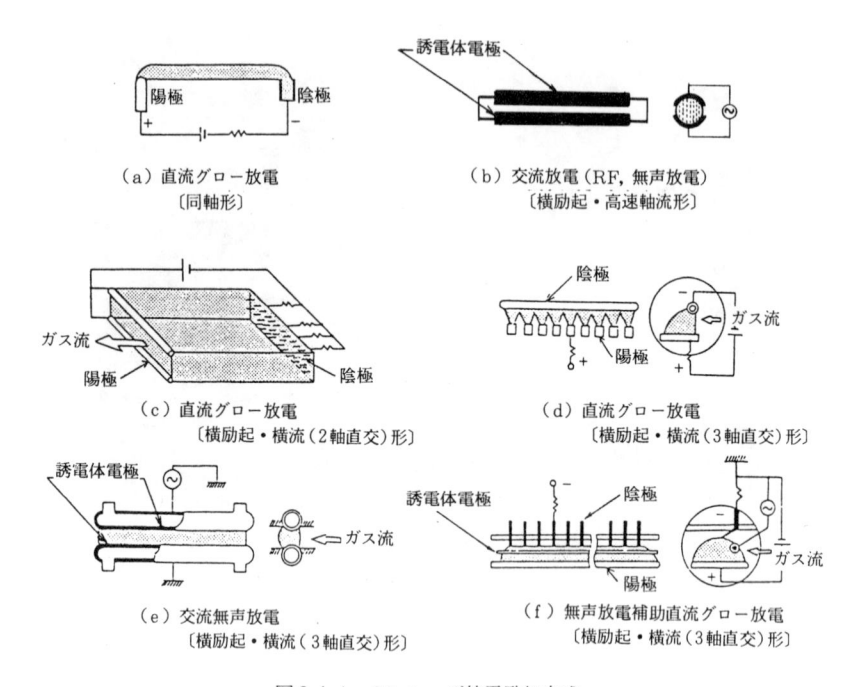

(a) 直流グロー放電
〔同軸形〕

(b) 交流放電（RF，無声放電）
〔横励起・高速軸流形〕

(c) 直流グロー放電
〔横励起・横流（2軸直交）形〕

(d) 直流グロー放電
〔横励起・横流（3軸直交）形〕

(e) 交流無声放電
〔横励起・横流（3軸直交）形〕

(f) 無声放電補助直流グロー放電
〔横励起・横流（3軸直交）形〕

図 2.1.4　CO_2 レーザ放電励起方式

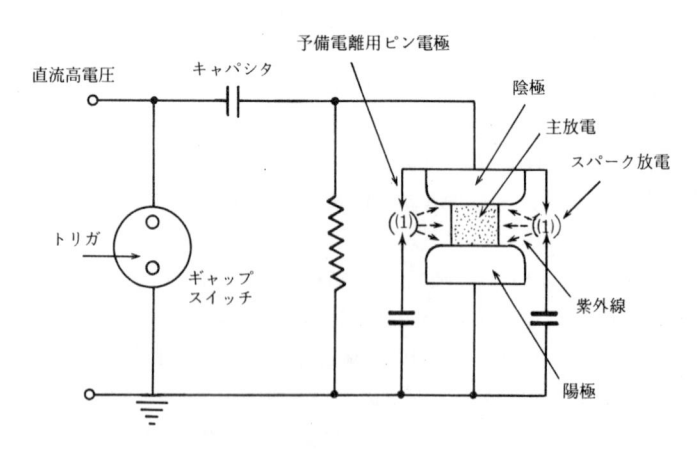

図 2.1.5　TEA－CO_2 レーザの構成
（光軸は紙面に垂直）

1.4.2 混合ガス

CWを基本とした加工用CO_2レーザは大部分20〜60Torrの低ガス圧力で動作される。一方、パルス発振のみのTEA-CO_2レーザは1気圧のガス圧力中での高密度放電を利用する。1.2項で述べたように、いずれも3種類の混合ガスを利用するが、ガス組成は少し異なる。TEAレーザでは、CO_2に対するN_2やHeの割合がCWを基本としたレーザに比べて少ない。これは、TEAレーザのパルス幅が1μs以下と短いため、$N_2(v=1)$からCO_2の上準位（00^01）へのエネルギ移行が時間的に追いつかなくなることに起因している。

以上の3種のガス以外にCOを加えた4種の混合ガスが使用される場合も多い。CO_2は次の反応式、

$$CO_2 + e = CO + (1/2)O_2$$

に従い、放電中の電子との衝突によりCOとO_2に解離される。O_2の発生はグロー放電の不安定を起こし、出力の減少を招く。これを抑制するためあらかじめ適量のCOを加え、O_2との再結合を促進させることにより、CO_2の解離を低い割合に抑えることができる。適量のCOの添加により、ガス封じ切り動作も可能である。

1.4.3 電源回路

電源は放電励起方式によって異なるが、直流放電励起用電源と交流放電励起用電源とに大別される。図2.1.6にこれらの電源方式の回路図を示す。

直流放電励起用電源回路ではサイリスタによる位相制御された交流電圧を昇圧し、整流・平滑する場合と、インバータ回路により高周波にした後昇圧し、整流・平滑する場合とがある。パルス化用の真空管は高圧側に放電部と直列に挿入され、これにより高電圧をオン・オフさせている。

交流放電励起用電源回路では電界効果トランジスタ（FET）などにより交流電圧を発生させ、昇圧した後放電部に印加する。また、図2.1.6(a)と同様の回路で高周波（RF）の真空管を用いるものもある。100Torr以下の低ガス圧力領域では、0.1MHz以上の高周波に対してレーザ出力は連続となり、10kHz以下の周波数に対してはパルス状となるため、これらの素子を制御することにより、レーザ出力のパルス化が図られている。

1.5 共振器とモード

加工用CO_2レーザに使用されている光共振器は、安定形共振器と不安定形共振器（リングモード共振器）とに分けられる。これらの共振器の構成とビーム特性の概念を図2.1.7に示す。安定形共振器から得られるシングルモードはガウス形の強度分布を持ち、出力は小さいものの、ビームの集光性が良いので、切断用に不可欠なモードである。また、安定形共振器でマルチモードを発生させると出力は大きくなるが、ビームの集光性は低下するので、集光性能に応じて溶接や表

第2章 加工用レーザ発振器

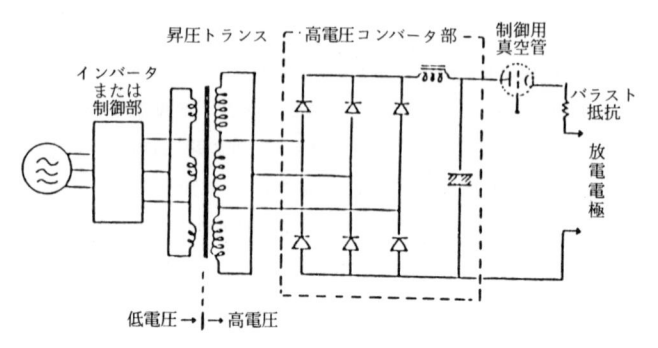

(a) 直流放電励起用電源

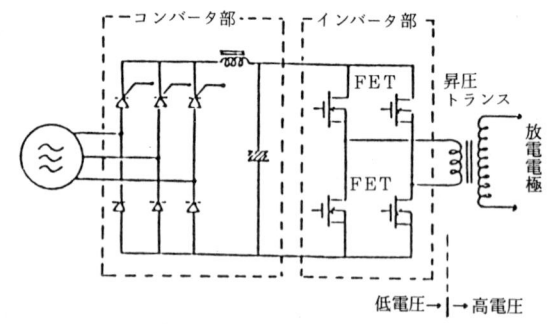

(b) 交流放電(SD)励起用電源

図2.1.6 加工用CO_2レーザの電源回路方式

(a) 安定形共振器(シングルモード)

(b) 安定形共振器(マルチモード)

(c) 不安定形共振器(リングモード)

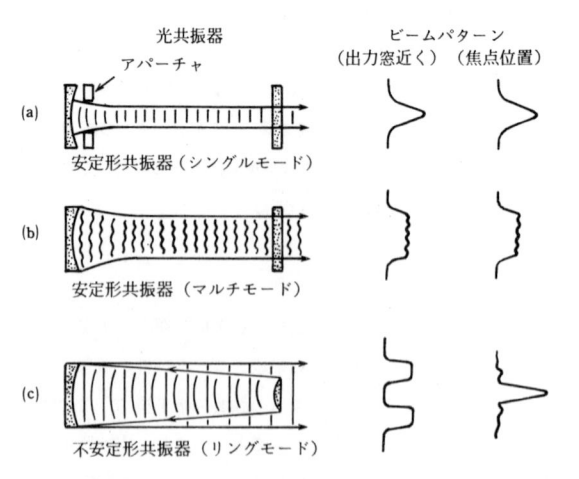

図2.1.7 CO_2レーザ用共振器とビーム特性

面改質などの応用に適用する必要がある。さらに，不安定形共振器から得られるリング状のモードは，大出力で集光性の良いモードではあるが，表面改質などの応用ではビーム強度分布の平坦化を図る必要がある。

通常，安定形共振器は 1〜5 kW の小・中出力機に，不安定形共振器は 5〜25 kW の大出力機に採用されている。

1.5.1 安定形共振器

安定形共振器形は，出力を取り出す部分反射ミラー（透過率 20〜80％）ともう一方の全反射ミラーとで構成される。この共振器は少なくとも一方のミラーを凹面にすることにより，回折による光損失を低く抑えた共振器である。安定形共振器の横モード（強度分布と位相を含む）は 2 枚のミラーの曲率半径とその間隔（共振器長）とで決定される。図 2.1.8 に示すように，同じ曲率半径 R からなる 2 枚のミラーで構成される安定形共振器の場合，ガウス形強度分布を有するシングルモード（厳密には基本モードあるいは TEM_{00} モード）のビームの半径は次式から計算される。

$$W_R = \left[\frac{R}{L}\right]^{1/2} \left[\frac{2R}{L} - 1\right]^{-1/4} W_d$$

$$W_0 = \left[\frac{2R}{L} - 1\right]^{1/4} W_d / \sqrt{2}$$

$$W_d = \left(\frac{\lambda L}{\pi}\right)$$

ここで，L は共振器長，λ は波長である。

シングルモード出力は，図 2.1.7(a) に示したように，共振器内に $(1.5〜1.7) W_R$ の半径のアパーチャを挿入して得られる。写真 2.1.2 にシングルモードビームの強度分布とアクリル板に照射して得られた透過断面を示す。

シングルモードの発散角（全頂角）θ_0 は次式で計算され，やはりミラーの曲率半径と共振器長

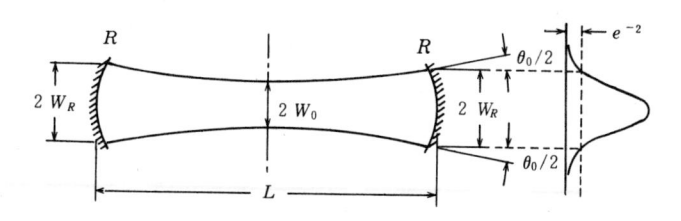

図 2.1.8 対称構成の安定形共振器
（シングルモード）

第2章　加工用レーザ発振器

（強度分布）　　　　　　　　（照射断面）

写真2.1.2　シングルモード（TEM$_{00}$モード）ビームパターン

とで決定される。

$$\theta_0 = \frac{2\lambda}{\pi W_0} = 1.27 \lambda / 2 W_0$$

一般に，横モードの次数が高くなるほど発散角は大きくなる。TEM$_{mn}$モードの発散角$\theta_{m,n}$は経験的に$\theta_{m,n} \approx \sqrt{m, n+1}\, \theta_0$と近似できる。

1.5.2　不安定形共振器

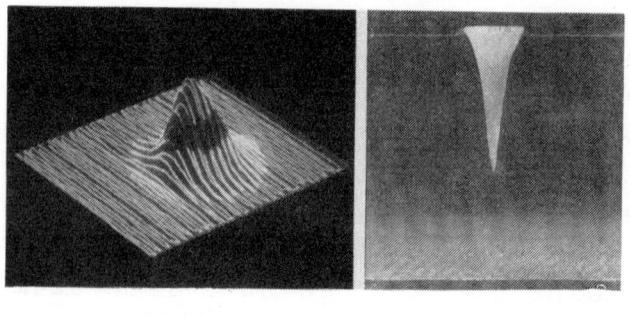

実際の不安定形共振器は，図2.1.9に示すように，2枚の全反射ミラーと出力取り出し用の穴あ

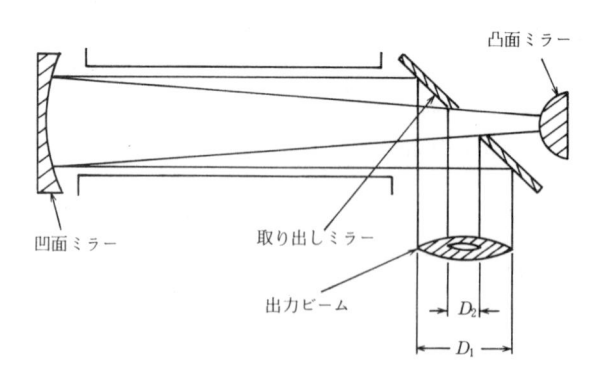

図2.1.9　不安定形共振器の構成
（リングモード）

き全反射ミラーとで構成される。この共振器は，一方の凸面ミラーによりビームを拡大し，他方の凹面ミラーにより等位相・平面波の平行ビームにするもので，45°の角度に配置された穴あき全反射ミラーからリング状強度分布の出力ビームを取出す方式の共振器である。この共振器は部分反射ミラーを使用する必要がないうえ，2枚のミラーの曲率半径を選定することによりモード体積を大きく設定することができるので，大出力取出し用に適した共振器である。写真 2.1.3 に，アクリル板に照射して得られたリングモードビームのパターンを示す。

写真 2.1.3　リングモードビームパターン
（写真 2.1.1 の 20 kW ビーム）

　不安定形共振器のビーム径と発散角は，得られるビームの外径 D_1 と内径 D_2 との比，すなわち拡大率 $M(=D_1/D_2)$ に依存する。図 2.1.9 に示した 2 枚のミラーの曲率半径は M をパラメータとして共振器長 L の関数として決定される。平面波で一様強度分布のリング状ビームの場合，遠視野におけるビームパターンは回折理論により図 2.1.10 のように計算される。なお，この遠視野のビームパターンはレンズなどで集束されたビームの焦点面におけるビームパターンと同一の形状であることが回折理論で証明されている。図より，M が小さくなるにつれ，エネルギの配分が中心より周辺のサイドロープへ移行することが分る。

　不安定形共振器の基本モード（平面波・一様強度分布のリング状ビーム）に対するビーム発散角 θ_R は次式で与えられる。

$$\theta_R = (2/\pi) K\lambda/D_1$$

ただし，K は拡大率 M，およびビーム径をどこで定義するかにより変わる定数である。たとえば，$M=1.5$ の時，図 2.1.10 の計算例の第 2 サイドパターンまで含めた点をビーム径と定義す

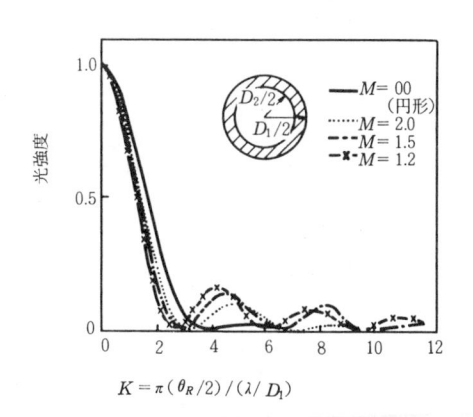

図 2.1.10　平面波・一様強度分布を有するリング状ビームの，遠視野（あるいは焦点面）における強度分布

ると，$\theta_R = 6.55\lambda/D_1$ で与えられ，ここまでに全体の 80％のエネルギを含む．$M = 2.0$ の時は第1サイドパターンまで 82％のエネルギを含み，$\theta_R = 4.75\lambda/D_1$ となる．なお，$M = \infty$ の時は 2.44 λ/D_1 となる．

1.5.3 偏　　光

　加工への応用，特に金属の切断にとって最も重要なことはビームの偏光状態である．直線偏光あるいは楕円偏光のビームの場合，偏光の方向とワーク（被加工物）の移動方向との関係により切断幅にバラツキがでて，良質の切断ができない．このため，図 2.1.11 に示すような方法で，円偏光ビームを得ることが不可欠である．これは 3 枚のミラーからなるレーザ共振器で直線偏光（s 偏光）を発生させ，それを 4 分の 1 波長の位相差を起こさせる全反射ミラーで円偏光ビームに変換させる方法である．レーザ共振器には 2 枚の全反射ミラーが使用されているが，中間の全反射ミラーの偏光特性を利用し，反射率の高い s 偏光のみを選択的に発振させている．

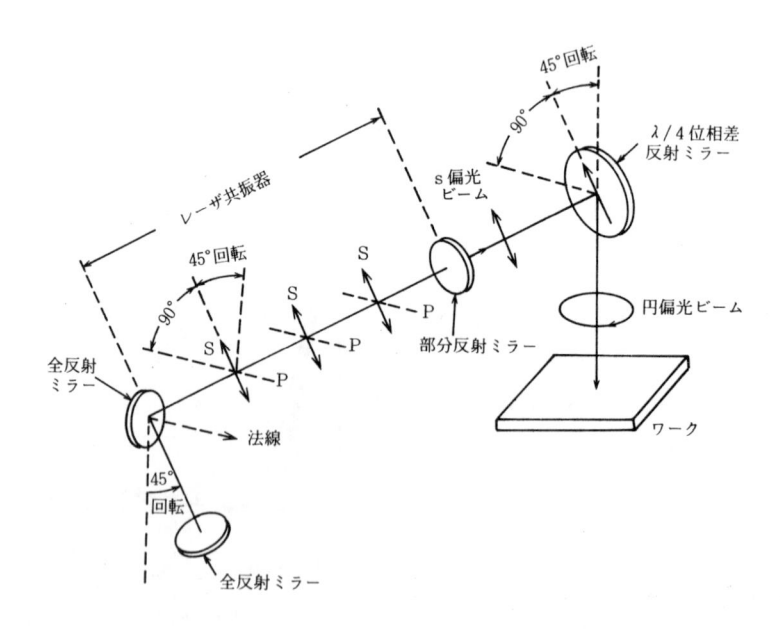

図 2.1.11　円偏光ビーム発生用の安定形共振器とビーム伝送光学系

1.6 出力形態

CWを基本とし，高繰返しパルス化出力を備えたCO_2レーザでは，最大繰返し周波数 1 〜 10 kHz，尖頭値 10 kW まで実用化されている．これらのパルス化は，真空管やトランジスタを使い，励起用放電の点灯と点滅により行われている．また，TEAレーザでは，キャパシタに蓄えられたエネルギをギャップスイッチやサイラトロンスイッチにより放電部へ繰り返し供給する方法が採られ，最大パルス幅 1 μs，尖頭値 1 〜 2 MWのハイピークパルスが得られている．

図2.1.12に，CWを基本とした代表的なパルス出力の形態を示す．図中(a)は連続出力をチョッピングし，パルス化を図った通常のパルスの例である．この場合，平均出力はCW時のパワーにデューティーを乗じた値となる．デューティーを変えることにより，出力エネルギを制御できる．

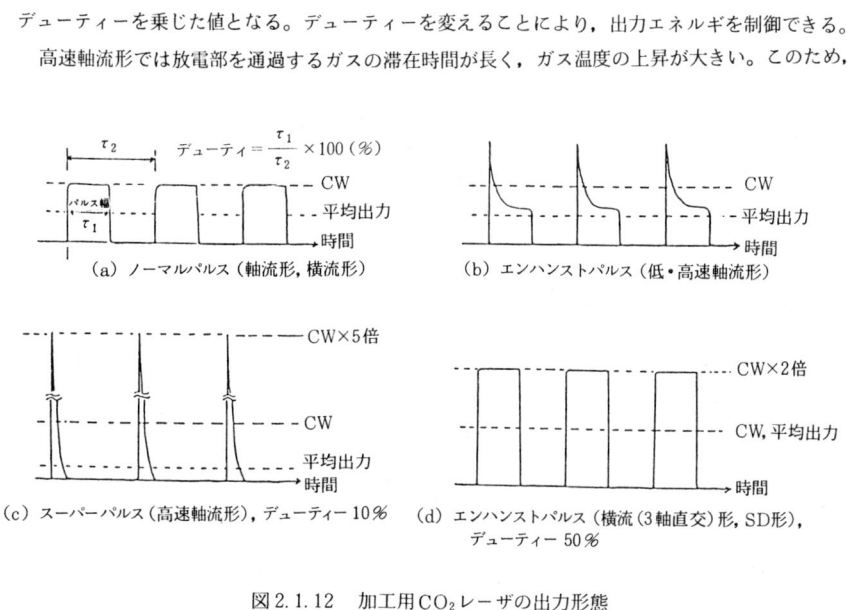

高速軸流形では放電部を通過するガスの滞在時間が長く，ガス温度の上昇が大きい．このため，

(a) ノーマルパルス（軸流形，横流形） デューティ $= \dfrac{\tau_1}{\tau_2} \times 100$ (%)

(b) エンハンストパルス（低・高速軸流形）

(c) スーパーパルス（高速軸流形），デューティー 10 %

(d) エンハンストパルス（横流(3軸直交)形，SD形），デューティー 50 %

図2.1.12 加工用CO_2レーザの出力形態

パルスのピーク値を長時間一定に保つことが難しく，図2.1.12の(b)あるいは(c)のように，エンハンストパルスあるいはスーパーパルスと呼ばれる幅の狭いパルス波形となる．

横励起・横流（3軸直交）形ではガス温度の上昇による出力の飽和がないので，図2.1.12(d)のように方形波状のパルスを発生することができ，(b)あるいは(c)に比べて高い平均出力（CWパワーレベル）までだせることが特徴である．

加工用としては，これらのパルスのデューティーや繰り返し周波数を選定することにより，入熱量の制御が自由になる結果，特に精密・微細な切断などにパルス出力は大きな威力を発揮する．

2 固体レーザ (YAGレーザ, アレキサンドライトレーザ)

末永直行*

2.1 はじめに

1960年レーザの発明とともに出現したルビーレーザをとり上げるまでもなく, レーザ発振器の開発は, 固体レーザから開発が始まった。1961年にはガラスレーザが, 続いて1964年にはNd:YAGレーザが相次いで登場してきた。

その後YAGレーザに続く新しい固体レーザの開発研究が行われているが, そのトップをきったのが1975年に登場したアレキサンドライトレーザで, 現在でも引き続き新しい発振媒体の開発研究が活発に行われている。レーザ発振器の中で実用化の面から見た場合, YAGレーザ発振器は非常に重要な位置を占めている。特に固体レーザの中では, 応用例の種類, 量, ともに独占的様相を示しているといっても過言ではない。新たに登場したアレキサンドライトレーザは, すぐれた特性を有するが総合的にはYAGレーザが応用性において大幅に上回っており, アレキサンドライトレーザがYAGレーザーの一部の用途分野を補間する形となっている。

本節では, YAGレーザ発振器を中心に, それにアレキサンドライトレーザを加え, その種類と特性, 構造, および応用などについて紹介する。

2.2 固体レーザの種類

固体レーザ発振器には, YAGレーザ, ルビーレーザ, ガラスレーザ, アレキサンドライトレーザの4種類が製品化されている。この中で, YAGレーザ発振器は, CW (連続), ノーマルパルス, Qスイッチパルスなどの各種の発振形態が可能で, しかも波長が1.06 μmであるため, 光学系の材料としてガラスが利用できるなど使いやすいという特長がある。

固体レーザのうち比較的早い時期に開発されたガラスレーザは現在一部の限られた用途に使用されている。ガラスは非晶質材料であるため, YAGなどの結晶材料に比べると熱伝導が悪いという欠点があるため, 冷却に難点がある。しかし反面大形化が容易で, パルスの繰り返しが遅いが大出力のパルス発振に使われる傾向にある。この結果, ガラスレーザは核融合のドライバとして数十~百kJの大形システムが建設されている。また, 工業用としても, 穴あけやスポット溶接などある程度限られた用途に使用されている例がある。

固体レーザのうち最も早く登場したルビーレーザは, 最初の10年間こそ脚光を浴びたものの, 変換効率, 繰り返し動作速度他の面でYAGレーザに地位を明け渡す結果となり現在はほとんど工業用には使用されていない状況である。

---

* Naoyuki Suenaga （株）東芝 電子応用装置部

2 固体レーザ（YAGレーザ，アレキサンドライトレーザ）

新固体レーザの中で最も早く製品化されたアレキサンドライトレーザは，ルビーレーザと同じCr^{3+}により赤色発振をし，4準位の高効率な発振が得られるという点では，固体レーザとして広く利用されているYAGレーザに匹敵する新しいレーザでありしかも700nmから820nmまで連続して波長選択ができることから幅広い応用が期待できる。アレキサンドライトレーザを金属加工に適用する場合，その発振波形から穴あけや除去加工に有利となっている。

アレキサンドライト以外に，Cr^{3+}イオンやTi^{3+}イオンを活性イオンとして含んでいる波長可変固体レーザも登場し，700〜1180nmまで波長可変域が拡大しつつある。しかし励起光源としてレーザ利用のものが多い。高効率化の研究ではNd^{3+}：Cr^{3+} GSGG（$Gd_3Sc_2Ga_3O_{12}$，Gd = ガドリニウム，Ga = ガリウム）のように，Cr^{3+}が広いスペクトルの励起光を吸収し，そのエネルギーを効率的にNd^{3+}の励起準位へ移行し，Nd^{3+}：YAGの2〜3倍の高効率化を報告した例もある。しかし，このレーザは熱レンズ効果が大きく，高平均出力には適していないようである。当分はNd：YAGの優位は揺るぎそうにない。

2.3 固体レーザの構造と特性

2.3.1 YAGレーザの構造と特性

YAGレーザ装置は大別して，YAGロッド，励起光源，レーザ共振器，の3つの部分で構成される。図2.2.1にYAGレーザの主要構成要素を示す。レーザ媒質としてのNd：YAG結晶の中心軸上に置かれ，円柱状のYAG結晶の中心軸の延長上の両側に，軸と直角に光の共振器を構成

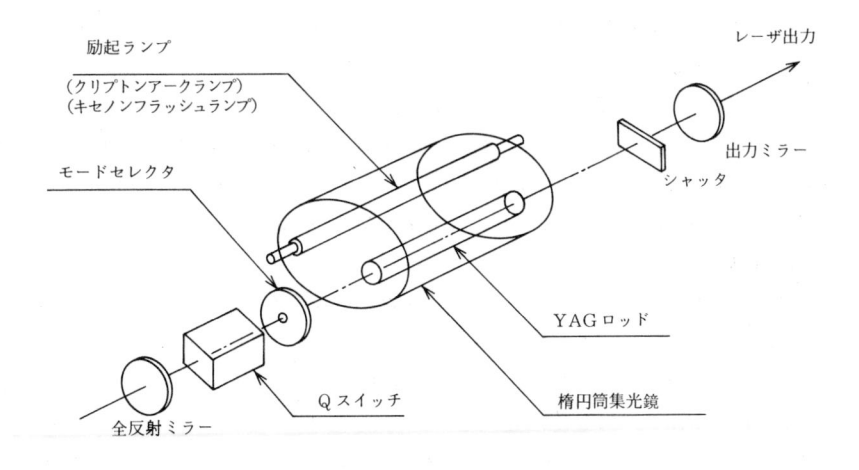

図2.2.1　YAGレーザの主要構成要素

するために2枚のミラーが配置される。一方のミラーはほとんどの光を反射し，他方はレーザ光を取り出すために一部の光を透過させるように設計されている。

　YAGロッドは励起ランプの光照射により必要なエネルギーを注入される。このとき，励起ランプのエネルギーを効率良くロッドに吸収させるために，ロッドとランプを囲んで集光用の楕円筒集光鏡が設けられている。YAGレーザの場合，励起ランプに注入されたエネルギーがレーザ光に変換される割合は，高々3～4％ぐらいである。そのため，ランプの点灯には相当に大きな電力が消費され，したがってレーザ電源はYAGレーザにとって重要な設備の一つに数えられる。またYAGロッドと励起ランプが収納されている容器の大きさに比べると，そこで消費される電力は非常に大きく，これの冷却は最も難しい技術の一つとされている。通常，YAGロッド，励起ランプおよび集光反射鏡を全て水の中に浸して冷却する方法が用いられている。図2.2.1には，その他にQスイッチ，モードセレクタ，ビームシャッタが示してある。モードセレクタはレーザ光の横方向モードを選択するためのものである。わかりやすくいえば，YAGロッドの口径よりも径の小さい穴をもつしゃへい板により，周辺の不要なモードの発振を抑えるためのものである。

　また，レーザ共振器の中にはシャッタが設けられる。これはレーザ発振の緊急しゃ断用の安全装置としての目的で設けられるもので，通常の動作をシャッタでON-OFFするような用いられ方は少ない。

　さて，YAGレーザは連続して発振出力が得られる唯一ともいえる固体レーザである。そのため幅広い分野で用途が開発されて来た。一方レーザ光を利用する立場から見ると，必ずしも連続的なレーザ出力が有効ではなく，むしろパルス的な出力の方が役に立つ場合の方が多い。そして時にはパルスの持続時間がナノ秒というような短いパルス幅の出力や，ピーク値が数十MWにも及ぶような高い電界強度の出力光が要求されることもある。

　実用的なYAGレーザを製作するに当っては，このようなレーザ出力の形態によって，種々の異なった技術が必要となってくる。したがって，レーザ出力の形態すなわち発振の波形による分類の仕方はYAGレーザの理解のために最も適当な方法と思われる。表2.2.1にYAGレーザを発振形態により5種類に分類し，それらの主な相違点を要約して示しておく。

(1) 連続波出力

　YAGレーザは，連続波出力は当初あまり利用されていなかった。後になって，はんだ付け用の光源として利用されるようになったほか，ハイパワー化に伴ってシーム溶接，切断，などに用いられている。通常YAGレーザで連続波動作という場合は，必ずしもレーザ出力が連続であることを指さず，励起ランプを連続的に点灯させること，すなわち，アークランプを用いることを意味する。例えば，A・OQスイッチ（音響光学素子＝Acousto Optical elementを超音波で変調する）を用い，数十kHzの繰り返しでパルス的発振出力を得る場合も連続波レーザと呼んでい

2 固体レーザ（YAGレーザ，アレキサンドライトレーザ）

表2.2.1　YAGレーザ発振形態による分類

項　目	連　続		パ　ル　ス		ジャイアント
	連続波	パルス波	高速繰り返し	低速繰り返し	パ　ル　ス
励起ランプ	アークランプ	アークランプ	フラッシュ・ランプ	フラッシュ・ランプ	フラッシュ・ランプ
Qスイッチ	—	A・O Qスイッチ			E・O Qスイッチ
パルス幅	—	100〜200 ns	0.1〜20 ms	0.1〜10 ms	10 40 ns
パルス繰り返し数	—	〜50 kHz	50〜300 pps	1〜50 pps	1〜50 pps
ピーク出力値	—	10〜20 kW	〜1 kW	10〜20 kW	数MW
平均出力値	〜2000 W	〜200 W	〜600 W	〜100 W	〜数W
主な用途	加工 はんだ付 溶　接 切　断	加工 トリミング マーキング	加工 シーム溶接 切　断	加工 スポット溶接 穴あけ マーキング	加工 リペア 計測

る。

(2) 通常（ノルマル）パルス

　このタイプはランプをパルス的に点灯し，ランプ点灯時間幅とランプ電流値を電気的に制御することにより，レーザ出力の波形を制御するものである。YAGレーザの用途のうちで最も重要なものは物質の加工である。この時，連続波出力の出力値では，金属などの加工においてはエネルギー密度が不足になりやすい。そのため短い時間の間にパルス的に集中されたレーザ光が用いられている。これは前に述べたA・OQスイッチによる連続波出力の変調も同じ理由である。ノルマルパルスの場合，パルス幅はおよそ0.1 msから20 msくらいのものである。パルスの繰り返しは100から速いものでは300パルス／秒（pps）の範囲にある。100 ppsもしくはそれ以上の速い速度でランプの点滅を繰り返すためには，ランプの放電の立ち上がり時間を速くし，また放電の消弧時間を短くする必要がある。そのために励起ランプ電源の回路的工夫や，ランプをあらかじめ（常時）最小電流で放電させておく，いわゆるシマーモード（simmer mode）によるランプの使用方法が開発された。シマーモードによるランプの動作は，放電の立ち上がり時間を短くするだけでなく，励起ランプの長寿命化にも有効との報告もなされている。

2.3.2　アレキサンドライトレーザの構造と特性

　アレキサンドライトは，ルビー同様，自然界で分光データが得られるものとして発見された宝石である。固体レーザの研究の歴史の中で，ホストタイプの固体レーザでしかも波長選択のできるレーザ用クリスタルが追求されてきたが，いずれもその発振条件の制約の故に実用レベルにまで至らなかった。このような流れの中で，1974年にアレキサンドライトによる室温でのレーザ発振が成功し，YAGレーザに次ぐ実用的な新固体レーザの登場となった。その後，701〜794 nmにわたる連続波長選択レーザ発振が行われた。その時の出力強度は，ノルマルパルスで波長750

nm，パルス幅200μsの時出力エネルギー500mJが得られている。また，同一のレーザにQスイッチを組み合わせて，パルス幅120nsで70mJのQスイッチパルス（ピークパワー0.58MW）が得られている。アレキサンドライトは，ライフタイムが260μsと長いので，チューナブルQスイッチモードの操作をフラッシュランプで比較的容易に行い得る。また，アレキサンドライトは，熱伝導率が優れている。さらに，アレキサンドライトはスレッショールドエネルギーが低いためレーザ発振を行いやすく，機械的強度や熱的性質もルビーに次いで優れている。

アレキサンドライトレーザの特長をまとめると以下のようになる。

① 700nmから818nmまで連続して波長選択が行える。
② スレッショールドエネルギーが低く，かつ高効率であるためYAGレーザに匹敵する実用パワーが得られる。
③ ノルマルパルス発振はスパイク状の発振波形のため，ピークパワーの高いレーザパルスが得られる。
④ Qスイッチを組み合わせてのジャイアントパルス発振動作を行える。
⑤ 熱伝導率がすぐれているので，平均パワーの大きいレーザ発振動作を行える。
⑥ レーザロッドの温度上昇に比例してレーザの利得が増大する。
⑦ レーザロッドをチョコラルスキー法によって成長させることができる。

アレキサンドライトレーザの発振装置構成を図2.2.2に示す。レーザロッドの最大寸法は直

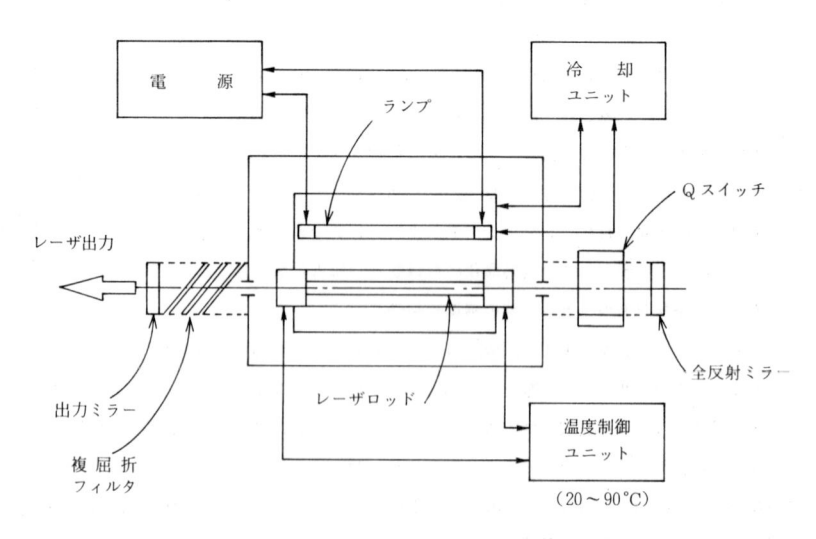

図2.2.2　アレキサンドライトレーザ発振装置構成

2 固体レーザ（YAGレーザ，アレキサンドライトレーザ）

径10×長さ125mmであり，Cr^{3+}は0.05〜0.3原子%含まれている。波長選択には複屈折フィルタが用いられる。水晶中で常光線と異常光線の屈折率が光軸に対する角度で変化する。このため，入射面に平行な方向に電界成分を持った直線偏光のP偏光として入射するビームに対し，通過後もその偏光特性を維持する波長が存在し，この波長に対して発振が最も起こりやすい。この結果，複屈折水晶板を回転させると，レーザ発振光の波長が変えられる。

波長可変域は，700〜820nmの基本波帯で平均出力40Wレベル，第2高調波で365〜388nmで数十mJのパルス出力レベルの2つである。ロッドの温度は高効率発振のため80〜90℃の温水流の中に浸し，透明仕切りパイプを通して室温冷却循環水の中に設置されたキセノン・フラッシュランプで励起する。Qスイッチ動作はYAGレーザに比べてエネルギー蓄積能力が大きいため，1J／パルスのQスイッチパルス出力が得られる。波長の選択なしでノルマルパルス動作を行わせた場合の平均出力は，100〜150Wが得られる。図2.2.3にアレキサンドライトレーザの入出力特性の一例を示す。繰り返し15ppsにおいて出力115W，効率3.3％が得られている。

アレキサンドライトレーザはノルマルパルス発振の状態でも加工応用に有効な実用性を有しているが，特長のところで述べたように，Qスイッチパルス動作やチューナブル動作に独特な有用性を秘めている。

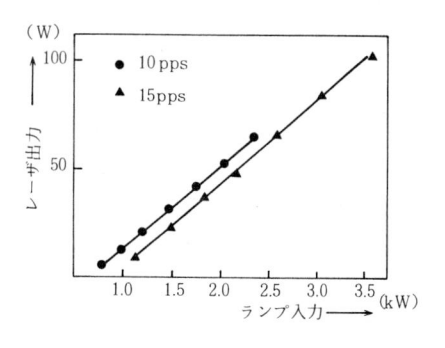

図2.2.3 アレキサンドライトレーザの入出力特性例

(1) Qスイッチ動作

アレキサンドライトレーザのレーザ利得は，著しく温度に依存している。Qスイッチパルス発振動作において，温度をパラメータとして入出力特性を調べた特性例を図2.2.4に示す。動作温度20℃，40℃，そして60℃にかけては，係数が2倍以上増加していることがわかる。

アレキサンドライトレーザのQスイッチ動作の性能は，Qスイッチ素子のコーティングや，素子自体の内部ロスによりかなり悪影

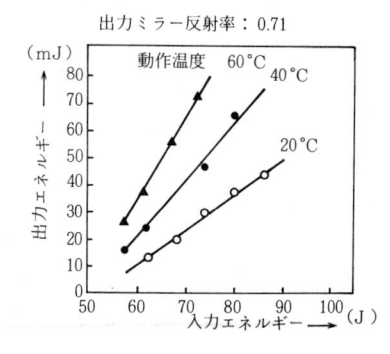

図2.2.4 ランプ入力エネルギーとQスイッチ出力エネルギー

響を受ける。最近のテスト例では，33 ns 以下のパルス幅で1パルス 500 mJ の Q スイッチパルスを繰り返し 5 pps で得ている例が報告されている。

(2) チューナブル動作

アレキサンドライトレーザのノルマル発振におけるチューナブル出力の温度特性例を図 2.2.5 に掲げる。730 nm から 790 nm まで，どの波長域でも温度変化とともに極めて直線的に出力が増加している。ただし，長波長域ほど出力の増加が短波長域に比較して大きい。

2.3.3 大出力 YAG レーザの構造と特性

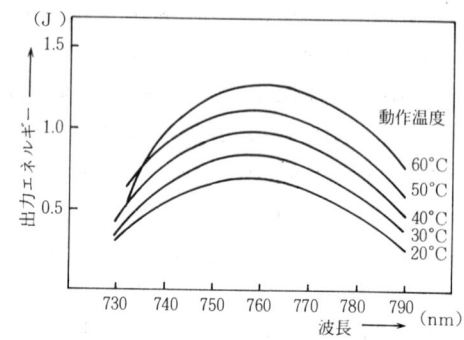

図 2.2.5　ノルマル発振でのチューナブル出力の温度特性例

近年，ミラー伝送系にかわって石英系光ファイバを用いたビーム伝送系が用いられるようになり，YAG レーザの加工システムが一段とフレキシビリティの高いシステムとして普及が進んでいる。石英系光ファイバは，YAG レーザに対する伝送損失が数 dB と非常に小さいため，数十 m の距離の伝送も容易であり，また光ファイバの可撓性によりビームの移動も容易である。このような状況下において，レーザの大出力化および光ファイバによる大出力伝送技術の開発が重要となっている。このようなニーズに対応していくために，レーザ発振器の大出力化が進められ，kW 級の出力規模のものが実用化されるまでに至っている。

従来，YAG レーザは，Nd：YAG 結晶の大形化に限界があり，平均出力 400 W クラスのものが最大であった。

YAG レーザの大出力化を図るために一つのレーザ共振器内にレーザヘッドを複数台直列に配置したタンデム形構造が発案され，この形態が大出力レーザの標準的な構造となっている。

(1) 連続波出力

CW・YAG レーザの大出力化を図るために，1つのレーザ共振器内に4個のレーザヘッドを直列に配置した4連のタンデム構造により，CW レーザ出力 1.4 kW，変調モードでのピーク最大出力 1.9 kW を得ている例がある。図 2.2.6 に前記の大出力 CW・YAG レーザの構成を示す。それぞれのヘッドには，直径 8 mm，長さ6インチ，のレーザロッドを組み込んでおり，励起ランプには励起有効長6インチのクリプトンアークランプを用いた。軸外光を除去する目的でアパーチャをレーザロッドホールダに設けかつ水冷している。レーザ電源はコンピュータで制御され，出力

2 固体レーザ（YAGレーザ，アレキサンドライトレーザ）

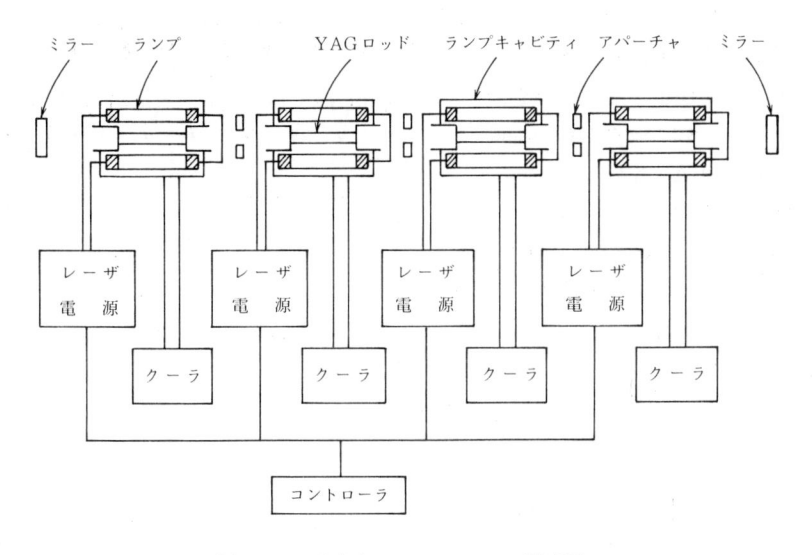

図2.2.6 大出力CW・YAGレーザ構成図

の変調，スローアップ，スローダウンが可能になっている。図2.2.7にこのレーザの発振入出力特性を示す。ランプ入力58kWの時，CWレーザ出力1.56kW（効率2.7％）を得た。ビーム広がり角は30mradであった。図2.2.8に平均ランプ入力48kW条件で±40％の変調を行った時のレーザ出力波形を示す。平均レーザ出力1.3kWで，ピーク出力は1.9kWを得た。この出力をコア径0.6mmの光ファイバを用いてレーザ出力1.2kW の伝送にも成功している。

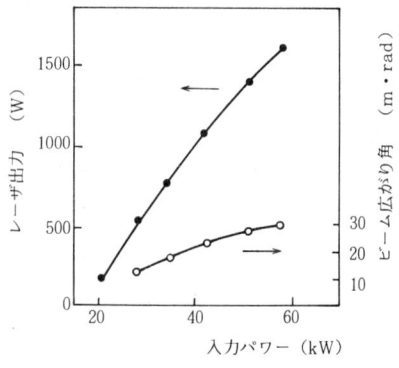

図2.2.7 大出力CW・YAGレーザ発振入出力特性

(2) 通常（ノルマル）パルス

ノルマルパルスの場合，連続波の場合に比べ高いピーク出力を有するため，直列にするレーザヘッドの段数については制約があり3段以内が実現可能と考えられる。典型的な大出力パルスYAGレーザの例として2つのレーザヘッドを共振器内にタンデム配置した平均パワー600Wのパルス YAG レーザがある。このレーザの発振出力光を光ファイバにより伝送した場合の特性を図2.2.9に示す。光ファイバとしては，パルス発振の高ピーク出力に対する耐久性を得るためにス

第2章　加工用レーザ発振器

テップインデックスタイプの光ファイバを使用している。最大伝送出力はコア径1.2mmの光ファイバを用いて540W，0.8mmを用いて400W，0.6mmを用いて270Wである。この上限値以上のレーザ出力を光ファイバに入力しようとする時，伝送損失は急増していくが，これは上限値以上の条件下では，光ファイバ入射端でのレーザビームの

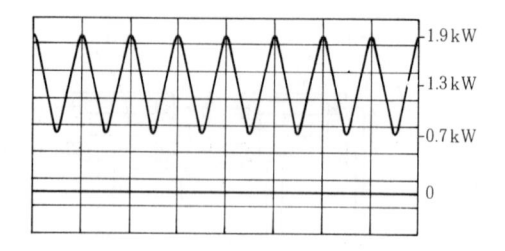

図2.2.8　大出力CW・YAGレーザの変調出力発振波形

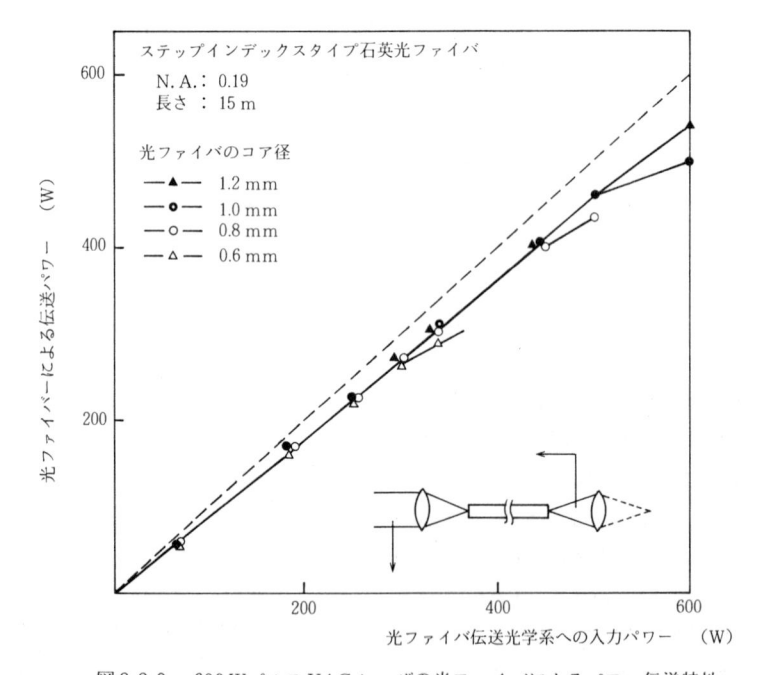

図2.2.9　600WパルスYAGレーザの光ファイバによるパワー伝送特性

スポット径がコア径よりも大きくなっていくためである。これは，ポンピング入力の増加に伴い熱的レンズ効果が増大しレーザ光の集光性が悪くなるという固体レーザの特性に起因するものである。

2 固体レーザ（YAGレーザ，アレキサンドライトレーザ）

文　　献

1) 石川, OHM, Vol. 70, No. 4, p. 22 (1983)
2) 藤森ほか, 東芝レビュー, Vol. 42, No. 10, p.769 (1987)
3) 石田ほか, 東芝レビュー, Vol. 36, No. 13, p.1179 (1981)
4) Walling J. C. et. al. *IEEE J. Quantum Electron*, QE-21, p. 1568 (1985)
5) レーザハンドブック, p. 223, オーム社, 1981
6) 石川ほか, 第48回応用物理学会学術講演会秋季, ZC-6/Ⅲ, (1987)
7) 石田ほか, 機械と工具, p. 29, 1985-10
8) 光部品・製品活用事典, p. 67, オプトロニクス社

第3章　高エネルギービーム加工

第3章　高エネルギービーム加工

1　レーザによる材料の表面改質技術

橋浦雅義[*]

1.1　レーザによる表面改質技術の特徴

　レーザビームは"コヒーレントな光"で，その集光光学系を工夫することによって，被加工物に照射するエネルギー密度を広範囲で自由に可変できる，という従来の熱源には見られない大きな特長を有している。

　熱加工分野では，加熱・溶融・蒸発・化学反応といった加工メカニズムすべてに利用できることから，最近，特に材料の表面改質分野への応用拡大が急速に行われるようになってきた。鋼の表面焼入れを例にとって，その特徴について述べると，表3.1.1[1)]のように表すことができる。

表3.1.1　レーザ加工の特徴

項目 対象加工	長　所	短　所
表面焼入れ加工	1) 熱伝導によって起こる自己冷却作用によって急冷が行われるので，水や油等の冷却手段を必要としないクリーンな焼入れができること。 2) 熱歪による変形量が少なく，後加工が省略または軽減できること。 3) 複雑形状・部品の局部焼入れが容易に行えること。 4) 硬化面積，深さ等が容易に制御できること。 5) 真空炉のような特別な付帯設備が不要であること。 6) 大気中で，ビーム伝送ができるので，光学系の工夫により，容易にマルチステーション化，タイムシェアリング化が図れること。 7) 短時間加工なので，生産ラインの中に容易に組み込むことができ，省力化・自動化が図れること。 8) 処理する基材の温度が極端に上がらないこと。	1) 金属表面での反射損失が大きいため，吸収剤を塗布する等の2次的手段が必要であること。 2) レーザ装置自体がまだ高価であること。 3) 熱源としては，最大10kW程度で，他の熱源に比べ，まだ小さく構造物の全体焼入れには不向きであること。 4) 局部順次加熱法であるため，始点，終点での入熱制御が必要となること。 5) レーザ発振器を含めた集光光学系の光軸調整に，熟練を必要とすること。

[*] Masayoshi Hashiura　㈱日立製作所　国分工場

実際に，生産ラインに導入するためには，表3.1.1に示す長短所を良く理解しておくことはもちろんであるが，レーザ表面改質でしかできない，付加価値の高い魅力を引き出せるように，被加工物の機能・構造・材質等設計段階から工夫改善する必要がある。単に，従来加工法の代替え的なものでは，投資効果およびその他の面からも，その導入効果はほとんど生まれてこないことを念頭に置く必要があろう。

1.2 レーザによる表面改質の分類

レーザによる表面改質技術を加工プロセスで見ると図3.1.1[2]のように分類することができる。

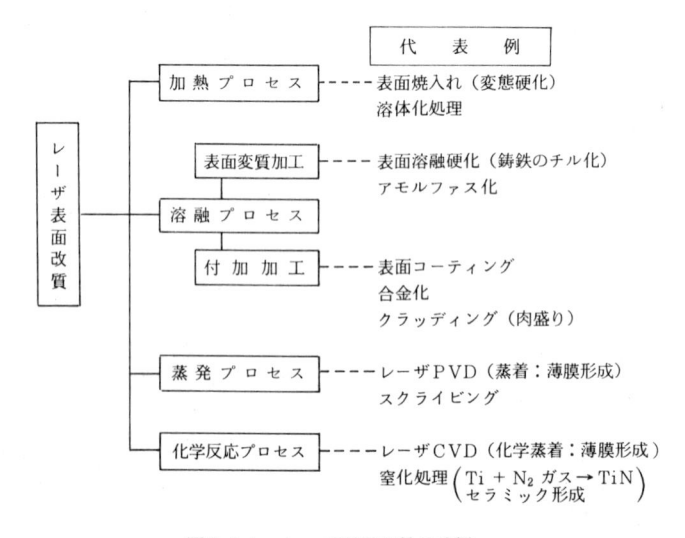

```
                            代  表  例
         ┌─ 加熱プロセス   ──── 表面焼入れ（変態硬化）
         │                     溶体化処理
         │
         │  表面変質加工  ──── 表面溶融硬化（鋳鉄のチル化）
レーザ    │                     アモルファス化
表面    ──┤  溶融プロセス
改質     │
         │  付加加工     ──── 表面コーティング
         │                     合金化
         │                     クラッディング（肉盛り）
         │
         ├─ 蒸発プロセス   ──── レーザPVD（蒸着：薄膜形成）
         │                     スクライビング
         │
         └─ 化学反応プロセス ── レーザCVD（化学蒸着：薄膜形成）
                               窒化処理 $\begin{pmatrix} Ti + N_2\text{ ガス} \rightarrow TiN \\ \text{セラミック形成} \end{pmatrix}$
```

図3.1.1　レーザ表面改質の分類

加熱プロセス，溶融プロセスにおける鋼の表面焼入れ，鋳鉄のチル化等は，早くからレーザの応用技術として検討され一部実用化されているが，最近では，溶融プロセスでの合金化，蒸発・化学反応プロセスでの薄膜形成技術等，レーザならではの，より付加価値の高い分野への実用化研究が積極的に行われるようになってきた。レーザ切断に代わり，今後の普及拡大の主流になるものと思われる。

1.3 レーザ加工の基礎現象

レーザによる熱加工プロセスを適正に制御するためには，レーザビームと物質間の相互作用，すなわち，図3.1.2[3]に示すようなレーザ照射部表面近傍の基礎現象を良く理解・把握しておく

1 レーザによる材料の表面改質技術

ことが重要で，最適加工条件を早期に確立するための決め手となる。

また，CO_2レーザを用いた場合の，金属材料表面温度と吸収率の関係を図3.1.3[3]に示すが，常温では90％以上反射してしまうため，特に，照射パワー密度が低い加熱プロセスでは黒化処理等の吸収率向上策を施すことが不可欠であることを忘れてはならない。

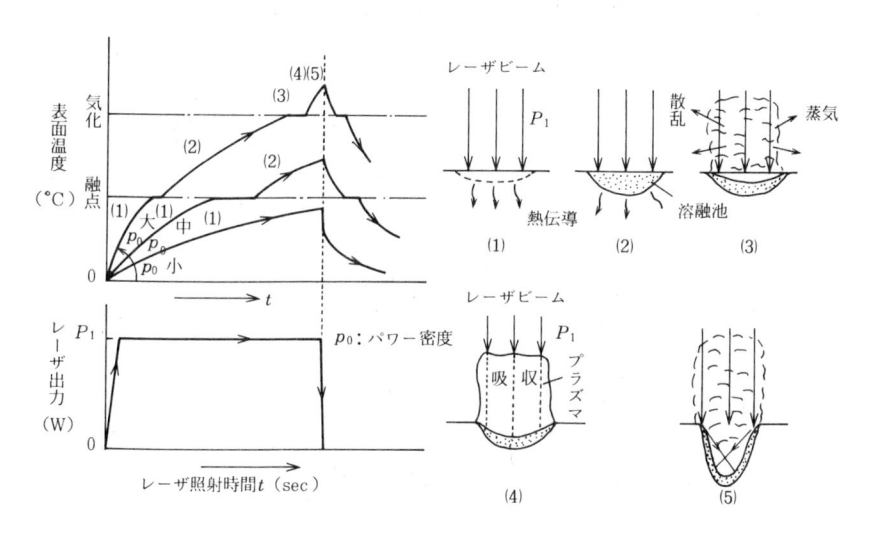

図3.1.2 レーザ照射時間と表面温度および表面近傍の現象概念図

いま，半無限板にビーム半径a_0で，ガウシアン分布のレーザビームを照射して，表面温度を融点まで加熱するものとすると，最低限必要なレーザ照射出力P_1は（1）[8]式で近似できる。

$$P_1 = \frac{2\sqrt{\pi} k\ a_0\ T_m}{\eta} \text{ (W)} \cdots\cdots (1)[8]$$

ここに，

k ： 熱伝導率（W/cm °K）

η ： ビーム吸収率（$\eta \leq 1$）

T_m ： 融点（°K）

a_0 ： 照射レーザビーム半径（cm）

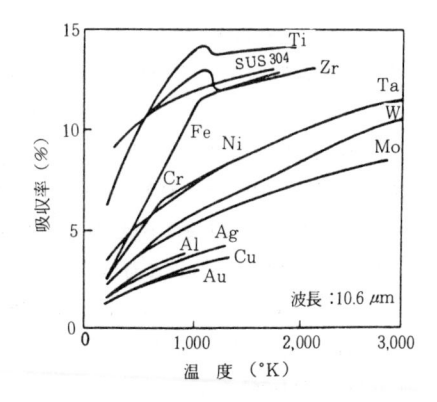

図3.1.3 金属材料の温度と吸収率の関係

鋼材を例にとると，(1)式は図3.1.4のように表すことができる。図3.1.4からも明らかなように，照射レーザビーム半径a_0の値，すなわち加熱範囲の値により変化するが，基本的にはレーザビームの吸収率ηを大幅にアップさせることが，最も重要なポイントであり，かつ表面改質の場合には数kW出力のレーザが必要となってくることが容易に類推できる。現在，CO_2レーザが表面改質用として最も多く使われている所以である。

$$P_1 = \frac{2\sqrt{\pi}\ k a_0\ T_m}{\eta}\ (W)$$

仮定条件
: 半無限板にガウシアン分布レーザビームを照射

ここで k：熱伝導率（0.48 W/cm°K）
T_m：融点（1813°K）

照射レーザビーム半径 $a_0 = 10$ mm（= 1 cm）
$a_0 = 5$ mm（= 0.5 cm）
$a_0 = 2.5$ mm（= 0.25 cm）

最小レーザ照射出力 P_1（kW）／吸収率 η（%）

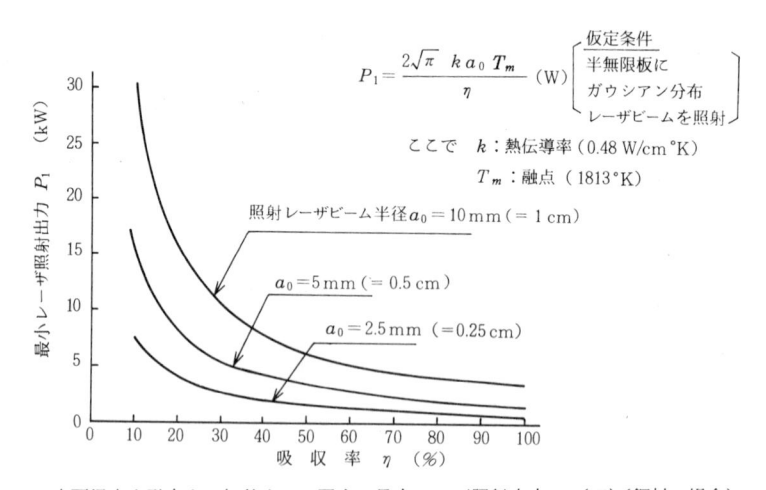

図3.1.4　表面温度を融点まで加熱するに要する最小レーザ照射出力P_1（W）（鋼材の場合）

1.4　レーザ照射条件

レーザ表面焼入れでの温度履歴例を図3.1.5[4]に示す。急速加熱・急冷（熱伝導による自己冷却）が行えるので図3.1.6[4]に示すような不完全焼入れ層のない良好な焼入れが可能で，かつ表面の熱歪が少ないので，後加工省略または軽減して使用する方法が一般に行われている。ただし，図3.1.7[5]に示すように，集光したレーザビームをスポット状に照射して加熱する方法であるため，局部的な焼入れには適するが，構造物全体同時焼入れについては，従来の高周波焼入れ法の方がはるかに生産効率の面でも有利であることを考慮に入れる必要がある。

レーザ加工は図3.1.7に示したように，レーザ照射出力P_1，照射ビーム面積A_0，移動速度v（または照射時間t）によって，ほぼ一義的に決まるといっても過言ではない。いま，幅b_0，奥行d_0（b_0に比べ小さいものとする）のレーザビームを照射するものとすると，

照射パワー密度 $p_0 = P_1/A_0 = P_1/b_0 d_0$（W/cm²） ……………… (2)

照射エネルギー密度 $E_0 = P_1/v b_0$（J/cm²） ……………… (3)

〔加熱点一定のとき，$E_0 = p_0 t$　（J/cm²）………(4)〕

ここに，

P_1：　レーザ照射出力　　　（W）
v　：　移動速度　　　　　　（cm/s）
b_0：　照射レーザビーム幅　（cm）
d_0：　　〃　　　奥行（cm）
t　：　レーザ照射時間　　　（s）

と定義すると，鋼材の場合，加工用途別レーザ照射条件は図3.1.8[4]のように表すことができる。図3.1.8は図3.1.2の現象をある程度定量的にまとめたもので，次のように利用すると便利である。例えば，ある一定点を$p_0 = 2000$(W/cm²)で焼入れしようとした場合，その必要な照射時間tは，図3.1.8のE_0値を（4）式に代入することにより，

$t = E_0 / p_0 = (500 \sim 5000)/2000$
$\quad = 0.25 \sim 2.5$ (s)

と簡単に求めることができる。同様に移動させる場合，$P_1 = 1,500$(W)，$b_0 = 1$(cm)とすると，速度vは，E_0値を(3)式に代入することにより

$v = P_1 / E_0 b_0 = 1,500/(500 \sim 5000) \times 1 = 0.3 \sim 3$(cm/s)

と求められ，実験確認範囲を大幅に限定できるので，現場的な加工条件算出法として便利である。

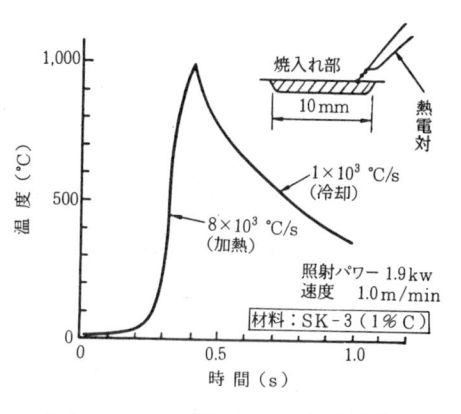

図3.1.5　レーザ焼入れによる温度履歴

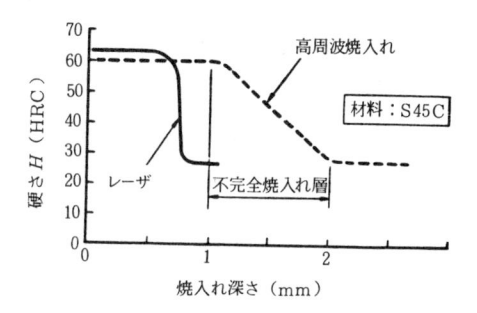

図3.1.6　高周波焼入れとの硬さ比較

1.5　表面改質用レーザビーム照射法

レーザ加工では，照射パワー密度p_0と照射エネルギー密度E_0でほぼ決まるが，表面改質の場合，特に加熱プロセス・溶融プロセスの場合には，p_0をレーザビーム照射面積全体に亘り，いかに均一にするかが決め手となる。

第3章 高エネルギービーム加工

レーザビーム
P_1 (W)

照射レーザビーム面積
$A_0 = d_0(b_0 - 0.215d_0)$ (cm²)
$\fallingdotseq d_0 b_0$ (cm²)
(d_0小のとき)

曲率 $r = d_0/2$ (cm)

移動速度 v

b_0 (cm)

d_0 (cm)

v (cm/s)

照射パワー密度 $p_0 = \dfrac{P_1}{A_0} \fallingdotseq \dfrac{P_1}{d_0 b_0}$ (W/cm²)

照射エネルギー密度 $E_0 = \dfrac{P_1}{b_0 v}$ (J/cm²)

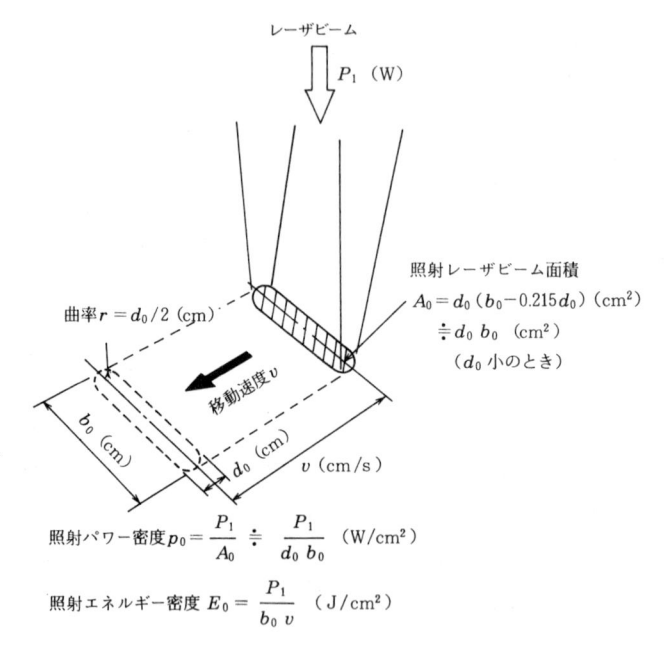

図 3.1.7　レーザビーム照射概念図

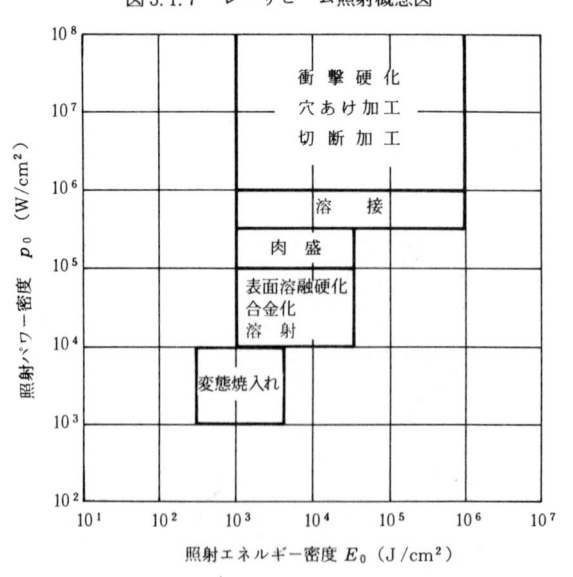

図 3.1.8　加工別レーザ照射条件（鋼材の場合）

1 レーザによる材料の表面改質技術

　CO₂レーザ発振器より発振されたレーザビームのパワー密度は平均的に見て，300～600W/cm²程度であるが，発振レーザビームのモードによって最大値と最小値の差が大幅に変動するため，その差によって生じる加工のバラツキを少なくするため，図3.1.9 [4), 8)]に示すような集光光学系が用いられている。それぞれ一長一短があるので，レーザ発振器のビームモードおよび加工

No.	方　　法	概　要	特　長
(1)	焦点はずし法 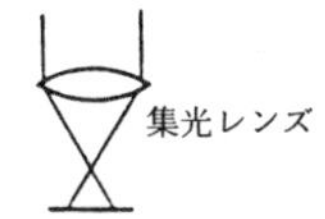　　集光レンズ	焦点を母材表面よりずらせてパワー密度を調整する。	(i) 他の加工と共用可能。 (ii) 線状焼入れに適す。 (iii) 焼入れ範囲調整容易。 (iv) 焼入れ断面が円弧状。 (v) 微細加工に適す。
(2)	シリンドリカルレンズ法 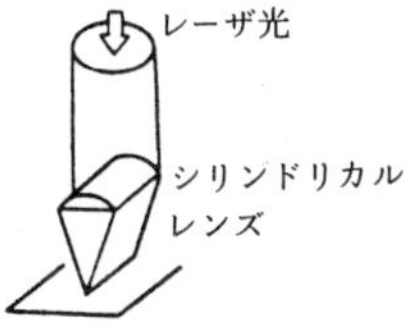　　レーザ光　シリンドリカルレンズ	ビームの一方向のみ集光させてパワー密度を調整する。	(i) 長方形ビームが簡単に得られる。 (ii) 小出力レーザに適す。 (iii) レンズ高価。
(3)	ビームオシレート法 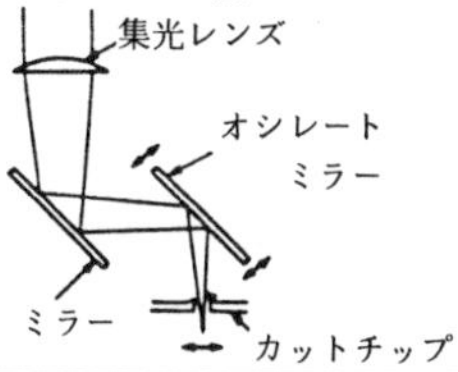　　集光レンズ　オシレートミラー　ミラー　カットチップ	焦点をはずし，高速振動させることにより焼入れ部に均一なビーム強度を得る。	(i) 焼入れ断面はフラット形。 (ii) 幅広の焼入れに適す。 (iii) ビームモードの影響を受けにくい。 (iv) 形状に柔軟に対応可能。 (v) 光学的ロスが大きい。
(4)	セグメントミラー法（凹・凸） 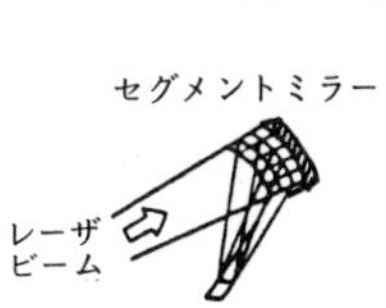　セグメントミラー　レーザビーム	ビームを細かく分割して母材面に再合成してビームを均一にする。	(i) 焼入れ断面はフラット。 (ii) 加工形状が一定な量産に適す。 (iii) 高出力レーザに適す。 (iv) ミラー高価。
(5)	円筒凹面鏡法　図3.1.12参照	円形状ビームを線状にして均一な幅広ビームを得る。	(i) 線状ビームで効率的処理が可能。 (ii) 光軸調整容易。 (iii) ビームモードの影響少ない。

図3.1.9　レーザビーム照射法（集光光学系）

用途により選定する必要があるが，大出力レーザによる表面改質用途では次の観点から可動部の無い金属ミラーによる集光法を採用するのが賢明なようである。

①レンズ集光法では，レンズによるロスが金属ミラー（Auコートミラー：ロス2％）の約2倍と大きく，かつ消耗品でその取扱いに細心の注意を必要とすること。

②ミラーを可動させる方式ではレーザビームの光軸調整に手間取り，かつ微小ずれにより加工のバラツキを起こす可能性が大きいこと。

1.6 表面反射防止法

加熱プロセスでは，固相状態でレーザビーム（$p_0 = 10^3 \sim 10^4 \text{W/cm}^2$）を効率良く吸収させることが重要なポイントであるが，その方法としては一般に次に示す方法が良く知られている。

①リン酸マンガン皮膜処理を施す。
②カーボンブラック等で黒化処理を施す。
③金属酸化物粉末を塗布する。

この中で，生産性向上等の面から，②のスプレー式化が進み，市販されるようになってからは②の方法が主流で，メーカによって差はあるが，吸収率 $\eta = 85 \sim 90\%$[1]程度に向上できるようである。

1.7 付加加工材の供給方法

溶融プロセスにおける合金化・クラッディング（肉盛り）・溶射等を行うための付加加工材の供給方法としては，それぞれの用途・材質により図3.1.10[5]に示すような方法が採用されている。

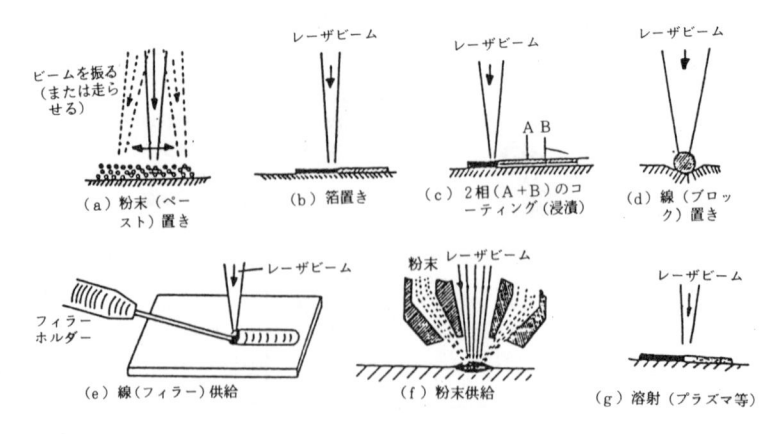

図3.1.10 付加加工材の供給方法

粉末置き方式では，レーザビーム照射パワー密度 p_0 に依存するが，瞬時蒸発・飛散してしまうので，アクリル樹脂液等のバインダーでペースト状にして塗布する等の工夫が必要である。ただし，バインダーの燃焼ガス等により，ピット，クレータ等の欠陥が発生し易くなる点に注意する必要がある。

いずれにしても，被加工物の形状寸法・材質・生産設備等の関連等から，独自の供給方法を確立することが早期実用化の鍵である。

1.8 加工事例
1.8.1 表面焼入れ

レーザによる表面焼入れの適用材としては，炭素鋼（S 35 C～S 55 C），合金鋼（SNC, SNCM, SCM），工具鋼（SK, SKS, SKD, SKH），マルテンサイト系ステンレス鋼（13 Cr），鋳鉄（FC, FCD, 可鍛鋳鉄）等があるが，焼入れによるビッカース硬さ Hv は鋼材の炭素量 C（wt％）で決まり，

硬さ $Hv \approx 900$

がレーザ焼入れの限界硬さのようである。また，焼入れ深さは，レーザビームによる表面加熱・伝熱法であるため，表面を溶かさずに焼入れする場合は，

深さ $d_h \leq 1$ mm

が限界とみてよい。

SK－3材（球状化処理材）を照射パワー密度 $p_0 = 5,000$ W/cm² で焼入れした時の，焼入れ深さ d_h と照射エネルギー密度 E_0 の関係について求めた例を図3.1.11に示す。d_h と E_0 の間には，

$$d_h \fallingdotseq 2.69 \times 10^{-3} \cdot E_0^{0.737} \text{ (mm)} \cdots\cdots\cdots (5)$$

ここに，E_0：照射エネルギー密度（W／cm²）

の関係式が成り立つことを見出し，これを筆者等は㊗浦－㊗野式と呼称している。いま，焼入れ幅 $b = 5$ mm，焼入れ深さ $d_h \fallingdotseq 0.5$ mmの処理を $v = 1$ m／min（1.7cm／s）で得るためのレーザ出力 P_0 はいくら必要になるかを図3.1.11より試算してみると，

必要 $E_0 \fallingdotseq 1500$（J／cm²）

照射ビーム幅 $b_0 =$ 焼入れ幅 $b / 0.8 = 0.5 / 0.8 = 0.63$（cm）

（2）式より

照射パワー $P_1 = E_0 v b_0 = 1500 \times 1.7 \times 0.63 = 1600$（W）

集光光学系によるロスを10％とすると，

必要レーザ出力 $P_0 = P_1 / 0.9 \fallingdotseq 1800$（W）

と求めることができる。すなわち，図3.1.11に示すような関係式を求めておくことにより，P_0，

v, b_0 などの関係を容易に逆算することができるので,図3.1.2,図3.1.8と併せ実用的な算出法として良く理解しておくと便利である。

その他の材質について求めた例を参考として次に示す。

FC-25材:$d_h \fallingdotseq 1.41 \times 10^{-2} \cdot E_0^{0.528}$ (mm)

SCM3材:$d_h \fallingdotseq 4.36 \times 10^{-3} \cdot E_0^{0.735}$ (mm)

ただし,上記の関係式は,$p_0 \fallingdotseq 5,000 \text{ W/cm}^2$で反射防止法としてカーボンブラックを塗布した場合で,p_0の値によって多少変化してくることに留意する必要がある。

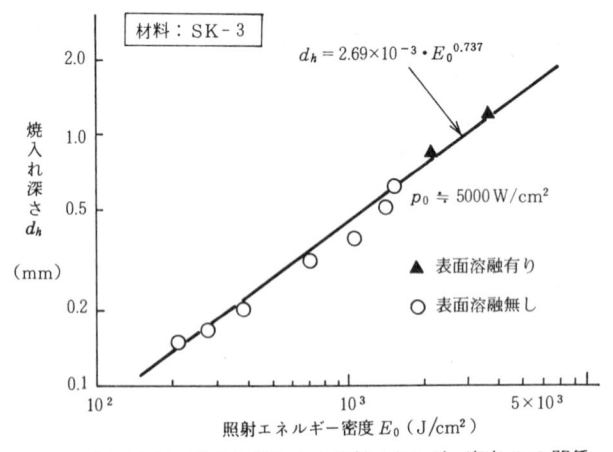

図3.1.11 焼入れ深さd_hと照射エネルギー密度E_0の関係

円筒凹面鏡を用いた線状ビーム法により,照射パワー密度$p_0 = 5,000 \text{ W/cm}^2$で焼入れした例を図3.1.12に示す。

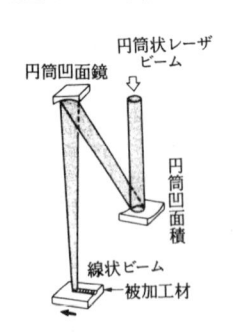

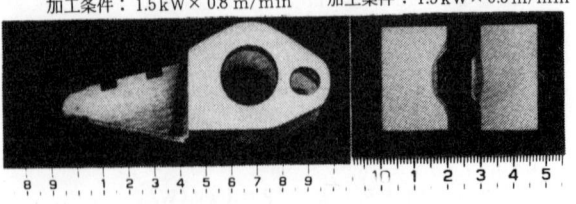

図3.1.12 レーザ焼入れ事例

1.8.2 付加加工

刻印用ハンマーに応用した例を図3.1.13[5]に示す。S 30Cの表面にTiC，MoS$_2$の粉末をそれぞれ70 μm厚で塗布（バインダー：アクリル樹脂）し，照射パワー密度$p_0 = 10,000$ W/cm^{2}で処理したものである。コーティング層厚さ約50 μmと塗布膜厚の70 μmに比し，約30％程度減少（バインダーおよび粉末の蒸発飛散による）しているが，TiCの方がMoS$_2$よりも良く，従来法の高速度鋼チップろう付け，WC-Coのアーク溶射法に比較して，厚さ1 μm当りの耐打撃摩耗寿命は6×10^5回/μmと約5倍以上長くなることが判明している。

1.8.3 その他事例

最近，図3.1.1に示した溶融プロセスと化学反応プロセスを組み合わせて，セラミックスをコーティングする方法が検討されてきている。実用化には更に細かな追求が必要と思われるが，その概念図を図3.1.14[6,7]に示す。図3.1.14(a)はワイヤ供給方式によるもので，レーザビームによりTiを溶融し，その溶滴を高圧N$_2$ガスで母材に吹きつける，いわゆる溶射法でTiとN$_2$ガスの化学反応により，母材表面に直接TiNを形成させる方法である。

図3.1.14(b)は，母材表面にTi粉末を塗布し，不活性ガス雰囲気(Ar)中でレーザビームを照射し，Ti層を形成させた後，再度N$_2$ガス雰囲気中でレーザビームを照射することによって，母材表面にTi金属層とTiNセラミックス層の多層膜を形成させる方法である。

フィラー材	粉末粒径	供給法	バインダ	フィラー材膜厚	備考
TiC	< 37 μm	塗布法	アクリル樹脂	70 μm	70 μm S 30C
MoS$_2$	〃	〃	〃	〃	

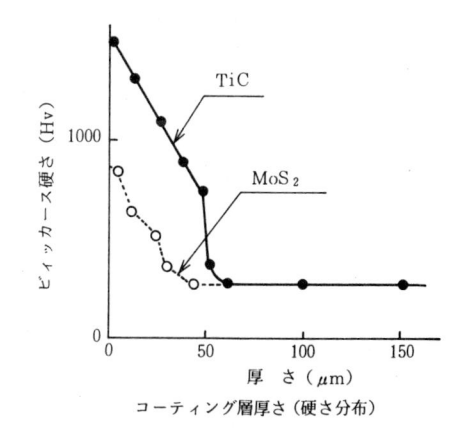

図3.1.13 合金化事例

この方法によれば

Ti膜形成＋グラファイト(C)塗布 —レーザ照射(Arガス)→ TiC形成

Cr膜形成 —レーザ照射(O$_2$ガス)→ Cr$_2$O$_3$形成

第3章 高エネルギービーム加工

Al膜形成 ─────レーザ照射────→ AlN形成
　　　　　　　(N₂ガス)

等も形成できる。中間に柔らかい金属層，表面に硬いセラミックス層を形成することによって，高耐食部材・高耐摩耗部材・耐熱衝撃部材として相当利用できるので，今後のレーザ応用技術として注目に値する。これらは数10μmと比較的厚い膜のコーティング法であり，数μm以下の薄膜用としては蒸発プロセスでの，いわゆるレーザPVD（蒸着）法の方が膜厚制御の面で優れており，現在研究が進められている段階である。

(a) 単相コーティング法
　　（ワイヤーフィラー方式）

(b) 多層コーティング法
　　（粉末供給方式）

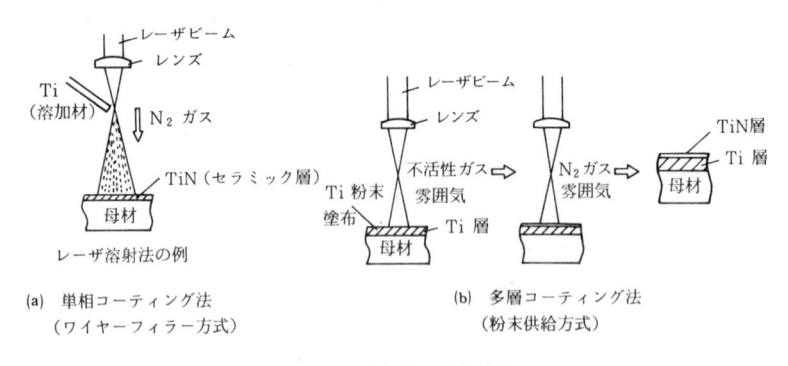

図3.1.14　付加加工法概念図

1.9　おわりに

レーザビームを利用した表面改質技術は，まだまだ新しい技術で，溶融プロセスと化学反応プロセスを組み合わせた複合法等種々の方法が研究され提案されている。本節ではその一部の紹介にすぎないが，構造材料の表面を比較的容易に新素材化でき，かつ金属等のコーティングも容易にできることなどレーザでしかできない魅力が一杯であることから，生産ラインへの導入もさらに活発化してくるものと思われる。

特に，表面改質分野では，レーザ加工の特質を熟知し，設計段階から構造・材料等を良く吟味すること，用途に合ったレーザビーム照射法をいかに選定するか，いかに短時間で施工条件を確立しノウハウを蓄積するかが重要で，これらがレーザ導入成功の鍵を握っているといえよう。

1 レーザによる材料の表面改質技術

文　献

1) 川澄博通，レーザ加工技術，日刊工業，p. 61 (1985)
2) HPL 委員会編，レーザ表面熱処理能力 (1987)
3) 松縄 朗，レーザ加工概論（日刊工業講習会テキスト）(1987)
4) 橋浦雅義，日立評論67巻，9号 (1985)
5) 橋浦雅義，日立レーザスクールテキスト (1983)
6) 勝村ほか，非金属の溶射法，金属 (1985)
7) 森重徳男，ニューウェルテック (1988)
8) 池田ほか，レーザ加工装置応用の現状と課題，電気学会 (1987)

第3章 高エネルギービーム加工

2 有機金属化合物のレーザ光分解

川崎昌博*

2.1 有機金属化合物とCVD

有機金属化合物からの金属CVDは鏡面除去法による水素原子, アルキルラジカル検出法として1920年代から反応化学の分野では利用されてきた。金属によって原子またはラジカルと選択的に反応することが研究結果からわかった。実験方法は水素気流中（1～2 Torr）に有機金属蒸気を飽和させて, ガラス管中で熱分解させる。すると熱CVDが起こり鏡として金属が析出する。次に水素原子, メチルラジカル, エチルラジカルを流すとこれらが金属と反応して再び有機金属化合物を生成し鏡面がなくなる。ラジカルと金属鏡との反応には選択性があって, それらを表3.2.1にまとめておく。選択的金属エッチングが可能であり, 方向性を有していることが光化学実験で示されている。

表3.2.1 Activity and Specificity of Metal Mirrors*

Mirror Metal [1]	Free Radical			
	H	R・[2]	:CH_2	:$CHCH_3$
Te	○	○	○	○
Se	○	○	○	○
Sb	○	○[3]		
As	○	○	○	
Ge	○	○		
Sn	○	○		
Zn		○	×	
Cd		○	×	
Bi	×	○	×	
Tl		○	×	
Pb	×	○[4]	×	
C			×	

* From E. W. R. Steacie "Atomic and Free Radical Reactions", pp. 37-53 (Reinhold; New York, 1954)
1) Other active metals for free radicals (Be, S, Li, Na, K, Ca, Hg, La, Th),
    Inactive metals (Mg, Cu, Ag, Au, Ce, HgCl, HgBr, $PbCl_2$, PbI_2, SnI_3)
2) alkyl radicals (CH_3, C_2H_5, etc)
3) activity hardly affected by the temperature
4) activity lessened by heating

2.2 有機金属化合物の光分解

まず光吸収スペクトルについては図3.2.1と表3.2.2, 表3.2.3にまとめておく。CH_3基をC_2H_5基に変えると吸収が長波長へずれるのは, この電子遷移がアルキル基から中心金属への電荷移動型であることを示している。

金属と原子の結合解離エネルギーは, はじめに切れる結合エネルギー（D_1）と二番目に切れる結合エネルギー（D_2）とは通常異なってくる。それらは表3.2.4に示す。

また一つメチル基の残った活性分子, 例えば$ZnCH_3$の吸収スペクトルは報告されているので（表3.2.5参照）, これらを調べることによって分解過程を知ることができる。 分子を光励起すると

---

* Masahiro Kawasaki　北海道大学　応用電気研究所

2 有機金属化合物のレーザ光分解

基底状態から電子励起状態に上がりそのポテンシャルが解離的であれば光照射により分解反応が起こる。直線型であるCH_3CdCH_3分子を例にとってポテンシャルを描くと図3.2.2となる。安定な基底状態にある分子が突然不安定な電子状態に上がった時，図3.2.2に示すように$Cd-CH_3$間の結合は離れようとするポテンシャルとなる。r_1とr_2が同時に大きくなっていけば対称的解離となるが実際はどちらかの結合がまず切れ，続いて第2の結合が切れてCd金属の光CVDがみられる。

$$Cd(CH_3)_2 \longrightarrow CH_3 + CdCH_3 \quad (1)$$
$$CdCH_3^* \longrightarrow CH_3 + Cd \quad (2)$$

このことは光CVDで直線偏光によるCVDに異方性のみられることからわかる[1]。さらに生成するCH_3ラジカルはumbrella inversionとasymmetric stretchの両モードの振動励起しているのが報告されている[2]。図3.2.1のCH_3CdCH_3の吸収スペクトルをみると220nm付近の$BIIu - X^1\sum_g$吸収において小さな凹凸がみられておりこれがCH_3基のumbrella mode 励起

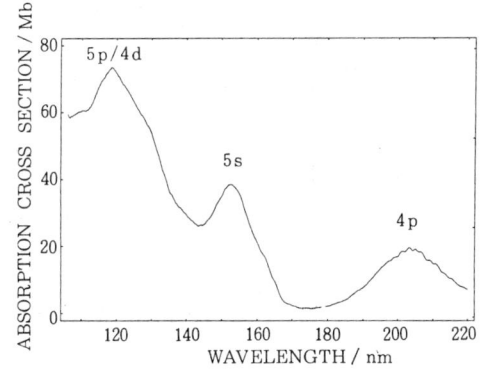

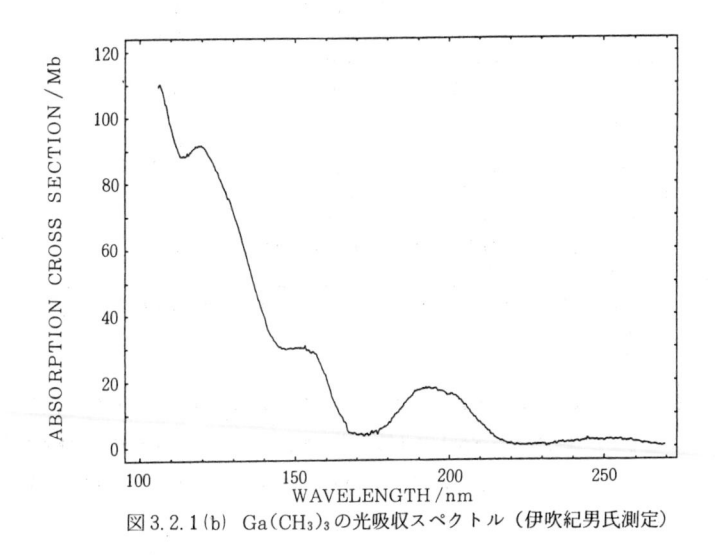

図3.2.1(a) $Zn(CH_3)_2$の光吸収スペクトル（伊吹紀男氏測定）

図3.2.1(b) $Ga(CH_3)_3$の光吸収スペクトル（伊吹紀男氏測定）

第3章　高エネルギービーム加工

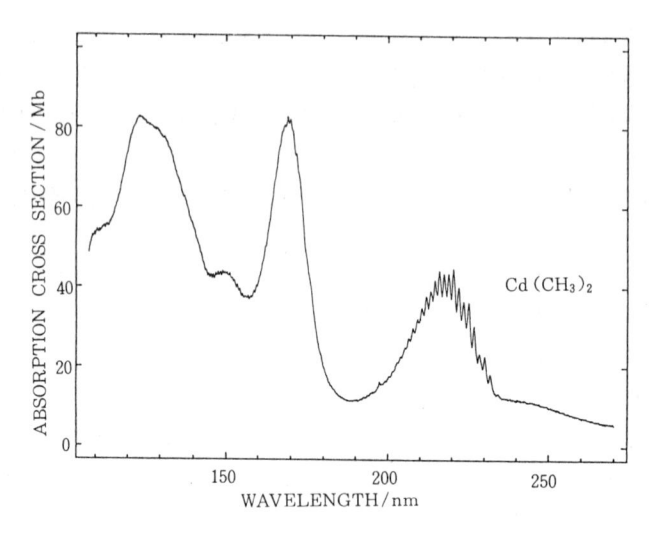

図3.2.1(c)　Cd(CH$_3$)$_2$の光吸収スペクトル（伊吹紀男氏測定）

表3.2.2　Ultraviolet spectra of X$_3$MCo(CO)$_4$ and the corresponding MX$_4$ compounds.

MX$_3$	λ_{max}(Å)	MX$_4$	λ_{max}(Å)
SiCl$_3$	2350	SiCl$_4$	<2000
Si(C$_6$H$_5$)$_3$	2650	Si(C$_6$H$_5$)$_4$	2605
GeCl$_3$	2584	GeCl$_4$	<2000
GeBr$_3$	2944;2600	GeBr$_4$	2475;2220
GeI$_3$	3919;3119	GeI$_4$	3590;2825
Ge(C$_6$H$_5$)$_3$	2656	Ge(C$_6$H$_5$)$_4$	2585
SnCl$_3$	2712	SnCl$_4$	2170
SnBr$_3$	3038;2675	SnBr$_4$	2700;2420
SnI$_3$	3819;3119	SnI$_4$	3650;2850
Sn(C$_6$H$_5$)$_3$	2700	Sn(C$_6$H$_5$)$_4$	2535
Pb(C$_6$H$_5$)$_3$	2981;～2600;2100	Pb(C$_6$H$_5$)$_4$	2583

from H. W. Spiess and R. K. Sheline, *J. Chem. Phys.*, **53**, 3036 (1970)

を示している。さらにCd-C結合の伸縮モード励起されていることもスペクトルから予想され実際に反応(2)が起こるのはこのモード励起によるためである。193nmの光分解で生成するCd原子の並進エネルギーは小さく，一方，CH$_3$は6 kcal/molものエネルギーを持つことが見いだされている[3]。Cdが遅いのはCH$_3$ラジカルと比べ7倍も重いからである。

表 3.2.3　long wavelength limits of the photoabsorption

Substance	Limit	Substance	Limit	Substance	Limit
$Zn(CH_3)_2$	260	$Sn(CH_3)_4$	220	$In(CH_3)_3$	300
$Zn(C_2H_5)_2$	280	$Ge(CH_3)_4$	233	$Al_2(CH_3)_6$	210
$Cd(CH_3)_2$	260	$Pb(CH_3)_4$	233	$Ga(CH_3)_3$	260
$Cd(C_2H_5)_2$	300	$Pb(C_2H_5)_4$	235	$Ga(C_2H_5)_3$	290
$Hg(CH_3)_2$	255	$N(CH_3)_3$	260		
$Hg(C_2H_5)_2$	250	$N(C_2H_5)_3$	270		
$Hg(C_4H_9)_2$	240	$P(C_2H_5)_3$	250		

From H. W. Thompson and J. W. Linnett, *Proc. Roy. Soc.*, **A 156**, 108 (1936)
: C. J. Chen and R. M. Osgood, Jr., *J. Chem. Phys.*, **81**, 327 (1984); S. A. Mitchell et al., *J. Chem. Phys.*, **83**, 5028 (1985); J. Haigh, *J. Mater. Sci.*, **18**, 1072 (1983)

表 3.2.4　結合解離エネルギー〔kcal/mol〕

化合物	D_1	D_2	D_3
$Zn(CH_3)_2$	47	35	
$Cd(CH_3)_2$	46	22	
$Hg(CH_3)_2$	50	12	
$Hg(C_2H_5)_2$	43	3	
$Ga(CH_3)_3$	60	35	85
$In(CH_3)_3$	47	—	40
$Sb(CH_3)_3$	57	—	
$Tl(CH_3)_3$	27	—	
$Bi(CH_3)_3$	44	—	
$Al(CH_3)_3$	—	—	20

J. A. Kerr, *Chem. Rev.*, **66**, 465 (1966)
L. H. Long, *Pure. Appl. Chem.*, **2**, 261 (1961)
R. E. Winter and R. W. Kiser, *J. Organometall. Chem.*, **10**, 7 (1967)
D. J. Fox et al., *J. Chem. Phys.*, **73**, 3246 (1980)

例として$Sn(CH_3)_4$分子線の光分解で生成するCH_3ラジカルの並進エネルギー分布を図 3.2.3 に示す[4]。文献から$Sn(CH_3)_4$の反応熱を調べた結果 193 nm (148 kcal/mol) では以下の分解過程が可能である。

$$\Delta H \text{(kcal/mol)}$$
$$Sn(CH_3)_4 \rightarrow CH_3 + Sn(CH_3)_3 \quad 87 \quad (3)$$
$$\hookrightarrow 2CH_3 + Sn(CH_3)_2 \quad 128 \quad (4)$$

表 3.2.5　$CdCH_3$, $ZnCH_3$, $TeCH_3$ の紫外・可視吸収スペクトル*

ラジカル分子（遷移）	吸収波長/nm
$CdCH_3$ ($\widetilde{A} \sim \widetilde{X}$)	444.3～401.4
〃 ($\widetilde{B} \sim \widetilde{X}$)	286.4～264.6
$ZnCH_3$ ($\widetilde{A} \sim \widetilde{X}$)	417.6～379.6
$TeCH_3$ ($\widetilde{B} \sim \widetilde{X}$)	243.5～225.3

* P. J. Young et al., *J. Chem. Phys.*, **58**, 5280 (1973)

この両方が起こっているとして，後述のPrior distributionを仮定した時の並進エネルギー分

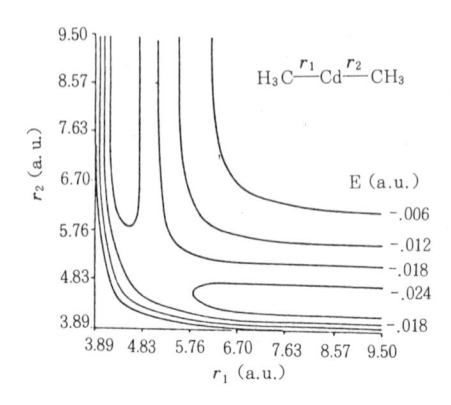

図3.2.2 Cd(CH₃)₂の解離ポテンシャル図
実線は等しいポテンシャルエネルギー点を結んだものである。
M. E. Kellman, P. Pechukas and R. Bersohn, *Chem. Phys. Lett.*, **83**, 304 (1981)

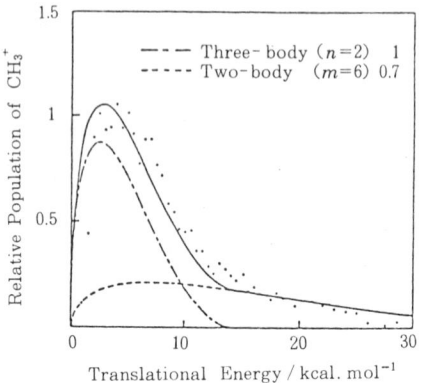

図3.2.3 Sn(CH₃)₄のArF エキシマレーザ光分解で生成するCH₃ラジカルの並進エネルギー分布
(実線は式(5)(6)のシミュレーション)

布は実験結果を良く再現していることが図3.2.3から理解できる。このことからSn(CH₃)₄の光分解は振動励起した状態を経て分解しているものと推定された。

分解機構について述べる。有機化合物の光分解における並進エネルギー分布がPrior distributionとなるのは例えばCH₃CdCH₃の分解で反応(2)において振動励起した中間体の分解が見られる[5]ことからも予想される。さらに親分子における励起モードの波数は低いので(例えば金属炭素の stretch mode では $330\,\mathrm{cm}^{-1}$、CH₃ の umbrella inversion mode では $850 \sim 1{,}050\,\mathrm{cm}^{-1}$)分子内振動エネルギーの分配が容易に起こると考えられる。そこで親分子に与えられた電子エネルギーが分子内振動エネルギーになるとして分解の並進エネルギー分布を求めると、

(3)式の2体分解では $P^0(E_T \mid E_{AVL}) \propto \sqrt{E_T}\,(E_{AVL} - E_T)^m$ (5)

(4)式の3体分解では $P^0(E_T \mid E_{AVL}) \propto \sqrt{E_T\left(\dfrac{1}{3}E_{AVL} - \dfrac{a}{2}E_T\right)} \times (E_{AVL} - E_T)^n$ (6)

となる。ここで E_T, E_{AVL} は並進エネルギーと反応の過剰エネルギー、m, n はエネルギーが分配される有効振動モードの数、a は質量比の関数で反応(4)では0.75である。(5)式と(6)式の相対比と m, n を変化させて best-fit 曲線を求めると図3.2.3となった。その結果3体分解と2体分解の割合は 1:0.7 となりほぼ等しい。分配される振動モードの数は $n = 2$, $m = 6$ であってすべての振動モードにはエネルギーが分配されていない。Manzanares[6]によるとSn(CH₃)₄のC−

H振動の5，6，7倍音吸収スペクトル幅が$C(CH_3)_4$と比べて狭いことから，中心原子が重くなるにつれて分子内エネルギー移動が遅くなると指摘している。また反応においても同様な中心原子の重原子効果が報告されている[7]。$Sn(CH_3)_4$において2体分解のみならず3体分解まで反応が進むのは$Sn(CH_3)_2$が準安定分子であるからであろう。他の分子例えば$Ga(CH_3)_3$の222nm光分解においても主として準安定な$GaCH_3$の生成がみられている[8]ことと似ている。

2.3 有機金属化合物の多光子分解

一般に有機金属化合物は，図3.2.1に示すように200nm以下の真空紫外光領域において強い光吸収がある。真空紫外光光源はあまり一般的ではないので光分解の光源としてレーザ光の多光子吸収を用いることが多い。

表3.2.6に示すように有機金属化合物のイオン化電圧は低いのでレーザを用いて有機金属化合物の多光子イオン化が容易に起こる。今までの報告を表3.2.7にまとめる。

フラグメントイオンの生成過程を，(a)質量スペクトル，(b)励起スペクトル，(c)レーザ光強度依存性，(d)角度分布により調べた。実験は真空中で有機金属化合物の分子線にNd:YAGレーザ光(532nm，355nm，266nm)を照射し多光子イオン化を行った。生成したイオンは四重極マスで質量分析を行った。また別個に色素レーザを用いて光イオン化し，生成イオンをパーフェクトロン[9]で質量分析，角度分布の測定をした。その結果は次のようになった。

(1) 生成イオンについて

図3.2.4に$Sn(CH_3)_4$の355nm光による多光子イオン化の結果を示す。主生成物は$Sn(CH_3)_3^+$，Sn^+でありCH_3^+はほとんど生成しなかった。レーザ強度依存性を測定したところ$Sn(CH_3)_3$，Sn^+とも3次となったことからSn^+はまず$Sn(CH_3)_4$が3光子吸収して$Sn(CH_3)_3^+$を生じ，さらに2光子吸収して生成するものと考えられる。

表3.2.6 有機金属化合物($M(CH_3)_m$)のイオン化電圧(eV)* ($M(CH_3)_m$をM(m)と表わす。)

Group II_B	III_A	IV_A	V_A
—	B (3) 8.8	C (4) 10.37	N (3) 7.82
—	Al (3) 9.09	Si (4) 9.8	P (3) 8.60
Zn (2) 8.86	Ga (3) 8.8	Ge (4) 9.2	As (3) 8.3
Cd (2) 8.9	In (3) 8.5	Sn (4) 8.25	Sb (3) 8.04
Hg (2) 8.9	Tl (3) 8.2	Pb (4) 8.0	Bi (3) 7.8

Zn (1) = 9.2 , Al (2) = 6.6 , Al (1) = 7.8 , Sb (2) = 7.7 ,
Sb (1) = 9.4

* R. E. Winters and R. W. Kiser, *J. Organometal. Chem.*, **10**, 7〜14 (1967)

表3.2.7 Multiphoton ionization and one-photon photodissociation of organometalic and inorganic compounds

compound	refereces	compound	references
$TiCl_4$, $TiBr_4$	(1)	$W(CO)_6$	(20)
$V(CO)_6$	(1)	$Ru_3(CO)_{12}$	(18)
$Cr(CO)_6$, $Cr(C_6H_6)_2$	(2), (3), (16), (20)	$Re_2(CO)_{10}$	(22)
$Mn_2(CO)_{10}$	(4), (5), (21), (22)	$B(C_2H_5)_3$	(9)
$Fe(C_5H_5)_2$, $Fe(CO)_5$	(3), (6), (16), (17), (18), (19)	$Al(CH_3)_3$	(10)
$Ni(C_5H_5)_2$	(7)	$Ga(CH_3)_3$	(8), (9)
$Co_2(CO)_8$	(1)	$In(CH_3)_3$	(8), (9)
$Mo(CO)_6$	(1)	$Cd(CH_3)_2$	(11), (12)
$HgCl_2$, $HgBr_2$	(1), (14)	$Zn(CH_3)_2$	(12)
$Pb(C_6H_5)_4$	(1)	$Hg(CH_3)_2$	(13)
$SnCl_4$, $Sn(CH_3)_4$	(1)	XeF_2	(15)

(1) A. Gedanken, M. B. Robin, and N. A. Kuebler, *J. Phys. Chem.*, **86**, 4096 (1982)
(2) D. P. Gerrity et al., *Chem. Phys. Lett.*, **74**, 1 (1980)
(3) G. J. Fisanik et al., *J. Chem. Phys.*, **75**, 5215 (1981)
(4) L. J. Rothberg et al., *J. Chem. Phys.*, **74**, 2218 (1981)
(5) A. Freedman and R. Bersohn, *J. Am. Chem. Soc.*, 100
(6) Y. Nagano et al., *Chem. Phys. Lett.*, **93**, 510 (1982)
(7) S. Leutwyler et al., *Chem. Phys. Lett.*, **74**, 11 (1980); *Chem. Phem. Phys.*, **58**, 409 (1981): *J. Phys. Chem.*, **85**, 3026 (1981)
(8) P. A. Hackett and P. John, *J. Chem. Phys.*, **79**, 3593 (1983)
(9) S. A. Mitchell and P. A. Hackett, *J. Chem. Phys.*, **79**, 4815 (1983); *Chem. Phys. Lett.*, **107**, 508 (1984): *J. Chem. Phys.* **83**, 5028 (1985)
(10) D. W. Squire, C. S. Dulcey, and M. C. Lin, *Chem. Phys. Lett.*, 116, 525 (1985)
(11) C. Jonah, P. Chandra and R. Bersohn, *J. Chem. Phys.*, **55**, 1903 (1971); **85**, 1382 (1986)
(12) J. O. Chu, G. W. Flynn, C. J. Chen, and R. H. Osgood, *Chem. Phys. Lett.*, **119**, 206 (1985): C. J. Chen and R. M. Osgood, Jr., *J. Chem. Phys.*, **81**, 327 (1984): R. Larciprete and E. Borsella, *Chem. Phys. Lett.* **147**, 161 (1988)
(13) S. L. Baughum and S. R. Leone, *Chem. Phys. Lett.*, **89**, 183 (1982): A. Gedanken et al., *Inorg. Chem.*, **20**, 3340 (1981)
(14) J. Husain, J. R. Wiesenfeld, and R. N. Zare, *J. Chem. Phys.*, (1979)
(15) G. W. Loge and J. R. Wiesenfeld, *Chem. Phys. Lett.*, **78**, 32 (1981)
(16) M. A. Duncan, T. G. Dietz, and R. E. Smalley, *Chem. Phys.*, **44**, 415 (1979)
(17) P. C. Engelking, *Chem. Phys. Lett.*, **74**, 207 (1980)
(18) J. A. Welch, V. Vaida, and G. L. Geoffroy, *J. Phys. Chem.*, **87**, 3625 (1983)
(19) J. T. Yardley et al., *J. Chem. Phys.*, **74**, 370 (1981); T. Majima et al., *Chem. Phys. Lett.*, **121**, 65 (1985): J. S. Winn et al., *J. Phys. Chem.*, **87**, 265 (1983): *J. Chem. Phys.*, **81**, 1050 (1984)
(20) D. P. Gerrity, L. J. Rothberg, and V. Vaida, *Chem. Phys. Lett.*, **74**, 1 (1980)
(21) S. Leutwyler and U. Even, *Chem. Phys. Lett.*, **84**, 188 (1981)
(22) D. A. Lichtin, R. B. Bernstein, and V. Vaida, *J. Am. Chem. Soc.*, **104**, 1830 (1982)

2 有機金属化合物のレーザ光分解

$$\text{Sn(CH}_3)_4 \xrightarrow{3\hbar\omega} \text{Sn(CH}_3)_3^+ + \text{CH}_3$$
$$\Delta H = 9.9 \text{ eV} \quad (7)$$

$$\text{Sn(CH}_3)_3^+ \xrightarrow{2\hbar\omega} \text{Sn}^+$$
$$\Delta H = 5.8 \text{ eV} \quad (8)$$

(2) 励起スペクトル

Sn^+ について 350～370 nm 領域での励起スペクトルを図 3.2.5 に示す。この図は中性 Sn フラグメントの 2 光子共鳴 + 1 光子イオン化のスペクトルと考えられる。帰属されたスペクトル項を図に示す。しかしこの実験結果から Sn がまず生成し、それがイオン化する過程であると結論することはできない。なぜなら CH_3^+ のの励起スペクトルにも Sn^+ とほとんど類似の線スペクトルがみられているからである。

(3) 角度分布について

CH_3^+ について光解離の異方性因子 β を測定したところ 358 nm、359.03 nm において 0.44、0.15 となった。β を決める要素は a. 寿命、b. 構造、c. 対称性の 3 つあるので CH_3^+ はそれぞれ異なった寿命、構造または対称性を持つ化学種から生成するものと考えられる。

(4) CH_n^+ について

CH_3^+ に関して連続スペクトルの部分

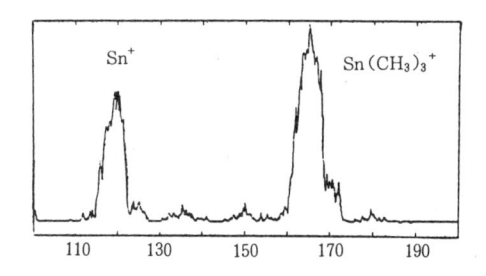

図 3.2.4 $\text{Sn(CH}_3)_4$ の $\lambda = 355$ nm における質量スペクトル

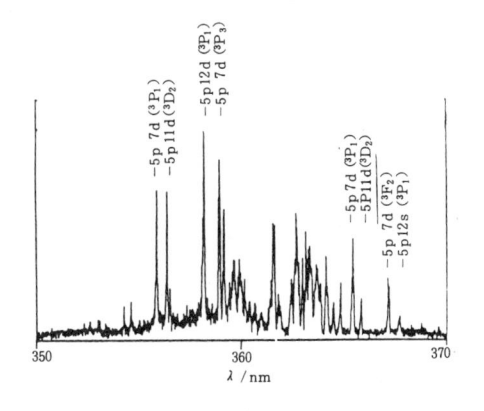

図 3.2.5 $\text{Sn(CH}_3)_4$ のレーザ多光子イオン化で生成する Sn^+ の励起スペクトル

（図 3.2.6 の ⇩印の波長）と線スペクトルの部分（図 3.2.6 の ⬇印の波長）とで質量スペクトルを測定してみると図 3.2.7 (a)、(b) に示されるように異なった質量スペクトルが得られた。すなわち、レーザ波長を 358 nm に固定して質量スペクトルを測定してみると CH_3^+ に CH_2^+、CH^+、C^+ が混ざり合ったと思われる幅の広いスペクトルが見られる。これに対し、波長 359 nm で質量スペクトルを測定すると CH_3^+、CH_2^+、CH_2^+、C^+ のスペクトルがそれぞれ分離して観測されたことから瞬間的にこれらのイオンが生成されたと考えられる。その理由はパーフェクトロンの結像機構

は等角写像に基づく完全結像系であるから，得られたスペクトルが鋭く分離して観測されるためには，イオンの生成する場所が狭い領域に限定されていなくてはならないからである．358nmで鮮明な質量スペクトルが得られなかったのは，イオンの生成された場所が広がっているためと考えられる．358nm励起と359.03nm励起とではSn(CH$_3$)$_4$の多光子イオン化過程が異なる経路で起こったことを示す．

レーザ波長359.03nmにおけるCH$_3^+$，CH$_2^+$，CH$^+$，C$^+$生成のレーザ強度依存はそれぞれ4，6，7，8次となったことから，これらのイオンは親分子またはフラグメントの一つの励起状態から一度に生成するのではないと考えられる．また358nmではCH$_3^+$生成は7次となった．このことからもこの2つの波長では異なった多光子イオン化過程を経ることがいえる．

以上の結果をまとめてみると358nm光についてはまずSn(CH$_3$)$_4$が多光子吸収してSn(CH$_3$)$_4^*$になる．図3.2.6において連続スペクトルであることよりこれはSn-C結合の(σ,σ^*)遷移であると考えられる．Sn(CH$_3$)$_4^*$からSn(CH$_3$)$_{4-m}$への解離速度が遅いためフラグメント領域が広がってしまう．そしてSn(CH$_3$)$_{4-m}$がさらに多光子吸収してCH$_3^+$を生成する．βが0.44と大きくなるためにはSn(CH$_3$)$_{4-m}$はSnCH$_3$またはSn(CH$_3$)$_2$であるこ

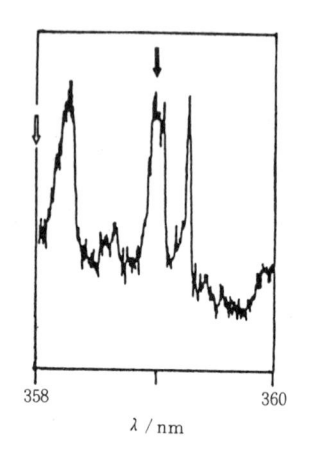

図3.2.6 Sn(CH$_3$)$_4$のレーザ多光子イオン化で生成するCH$_3^+$イオン強度の波長依存性

白矢印は図3.2.7(a)の質量スペクトルを与え，黒矢印は図3.2.7(b)の質量スペクトルを与える．

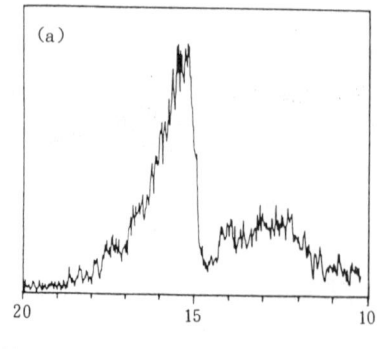

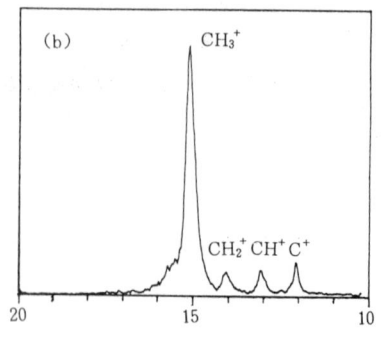

図3.2.7 (a)$\lambda=358$nmにおける質量スペクトルと(b)$\lambda=359.03$nmにおける質量スペクトル

とが必要である。

359.03nm光では図3.2.6において線スペクトルとなることから，まず中性Sn原子が生成し，この原子の2光子イオン化が起こるため質量スペクトルがシャープになると考えられる。また，CH_3^+はSn$^+$からの電荷移動により生成するためβは小さくなる。これを反応式で示すと次のようになる。

$$\lambda_{Laser} = 358nm \quad Sn(CH_3)_4 \xrightarrow{n\hbar\omega} Sn(CH_3)_4^* \xrightarrow{slow} Sn(CH_3)_{4-m} + mCH_3$$

$$Sn(CH_3)_{4-m} \xrightarrow{l\hbar\omega} CH_3^+, \; Sn(CH_3)_k^+$$

$$\lambda_{Laser} = 359.03nm \quad Sn(CH_3)_4 \xrightarrow{m\hbar\omega} Sn(CH_3)_4^{**} \xrightarrow{k\hbar\omega} Sn^+$$

$$Sn^+ + CH_3 \longrightarrow Sn + CH_3^+$$

その他の有機金属分子については，同じⅣ族原子を含む$Si(CH_3)_4$，Ⅲ族原子を含む$Ga(CH_3)_3$，$Ga(C_2H_5)_3$等について測定した。紙面の都合でここではデータを示さないが，$Sn(CH_3)_4$の場合のように連続スペクトルにGaのアトミック・スペクトルが重畳して観測される等，ほとんど同様な結果を得た。

有機金属化合物のイオン性解離についてはシンクロトロン放射光の利用によるイオン化法により内殻励起後の解離過程が調べられた。長岡ら[10]はⅡ-Ⅴ族典型金属元素を含む有機金属化合物の最も浅いd内殻イオン化後の解離過程を研究している。例えば$Pd(CH_3)_4$の軟X線領域光による励起によるイオン生成には少なくとも2つのプロセスがあるとしている。

まずその1つはC:1sイオン化により起こるKVVオージェ過程であり，2価の親イオンがまず生成し分解する。

$$Pb(CH_3)_4 + \hbar\omega \longrightarrow Pb(CH_3)_4^{++} \begin{cases} PbCH_l^+ + C_mH_n^+ + 中性分子 \\ Pb^+ + CH_3 + 中性分子 \end{cases}$$

もう一つの過程はPb:5p，4fのイオン化により起こる。このプロセスでH$^+$が生成するのはカスケードオージェ過程により3価以上親イオンが生成されるからである。

$$Pb(CH_3)_4 + \hbar\omega \longrightarrow Pb(CH_3)_4^{3+} \begin{cases} Pb^+ + CH_l^+ + H^+ + 中性分子 \\ Pb^+ + 2CH_l^+ + 中性分子 \end{cases}$$

このように励起されるのがCサイトかPbサイトかによって解離過程が異なる。

2.4 有機金属化合物の基板上でのレーザ光分解

光CVD機構を知るためには基板表面での光分解機構を知る必要がある。基板上に吸着した分子の光分解過程を調べる目的で，基板に吸着した有機金属化合物にレーザ光を照射し分解生成した金属原子の飛行時間分布をLIF法により測定し，吸着分子の解離ダイナミクスを調べた[11]。

実験として試料にはGa(CH$_3$)$_3$(TMG)をArガスで25倍に希釈したものを,基板には石英ウェハーを用いた。図3.2.8に実験装置の概略を示す。蒸着槽は真空に排気され試料を流している時にも10^{-4} Torr以下に維持した。基板は温度可変のヒーターに固定した。基板から数cmの位置にノズルを置き,試料をパルス分子線として基板上に噴出した。適当な遅延時間を設けた後,集光したレーザ光(248, 266, 532 nm)を基板に直接照射した。その後検出光として色素レーザ光を基板の近傍を通過させた。蛍光はモノクロメーターで分光しゲート付MCP内蔵光電子増倍管で検出した。

　結果および考察を簡単に述べる。

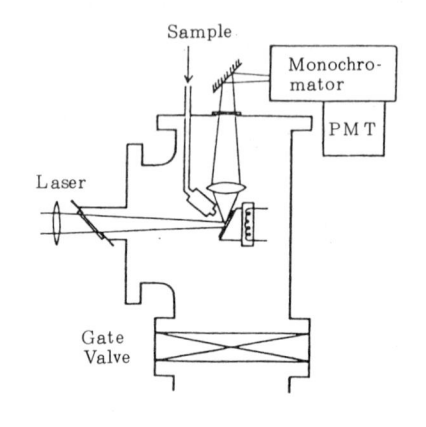

図3.2.8　レーザ誘起蛍光法の実験装置図
検出用レーザ光は紙面に垂直に通過している。光分解用レーザ光は紙面上にある。

a) TMGの吸着した基板に248nmレーザ光を照射したところ,基板温度(20〜400℃)に関わらず金属光沢を持った薄膜が形成された。

b) 248, 266nmレーザ光では励起状態のGa*(5^2S$_{1/2}$)からの発光が観測された。一方,532nmレーザ光では強度を相当強くしてもこの発光は見られなかった。また基底状態のGa(4^2P$_J$)をLIFで検出した。532nmレーザ光での基底状態のLIF信号強度は紫外レーザ光の時と比べ1桁以上弱くなった。これは図3.2.1からわかるように光吸収がこの波長ではないからである。248nmレーザ光で分解した時のLIF強度は分解レーザ光の強度の4乗に比例した。248nmレーザ光を分解光とした場合,Ga原子の生成には2光子のエネルギーが必要であることが表3.2.4から知ることができる。多光子吸収により原子が生成していることになる。

c) 図3.2.9にGa原子の濃度の時間変化を,検出光の基板からの通過距離lを変えて測定した結果を示す。lが大きくなるに従って信号強度のピークは遅くなった。この結果は,生成したGaが基板から検出位置に到達するのに要する時間を示し,またGa原子は,気相中のTMGからではなく基板上に吸着したTMGから生成していることを示している。試料を止め測定したところ,信号強度は十分弱くなるもののしばらくGa原子が検出された。Ga原子が検出されなくなってから再び試料を噴出し光照射したところ,LIF信号はしばらく単調に増加した後一定となった。これらの結果から,基板上に吸着したTMGの光解離で形成された膜が光剥離をうけることがわかる。

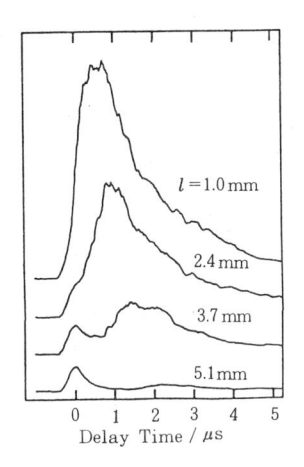

図 3.2.9　Ga 原子の濃度の時間変化を, 検出光の基板からの通過距離 l を変えて測定した結果
（λ_{dis} = 248nm, T_{sub} = 20 ℃）

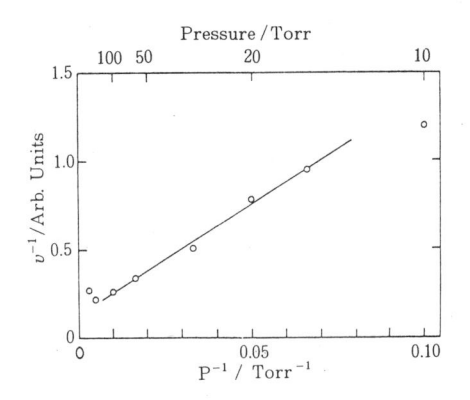

図 3.2.10　Ga 原子の信号の積分強度の逆数の試料の溜み圧の逆数に対するプロット

直線は Langmuir 吸着等温式　$1/v = (1/\alpha)(1/P+\beta)$（$v$：吸着量, P：濃度（圧力）, α, β：定数）に従う。

d) ノズル駆動装置にトリガーをかけてからレーザ光を照射するまでの遅延時間（t_d）を変えたところ t_d = 1ms までの領域においては t_d の増加とともに Ga 原子の信号強度は増加した。その後 Ga 原子の信号強度が一定になることより基板上の吸着量は平衡値に達し, t_d が 3ms を超えるあたりから信号強度が減少することから, 吸着分子の脱離が起こっていると考えられる。

e) 基板温度を変えて測定した結果, 温度範囲 200〜400℃ では Ga 原子の信号強度, TOF スペクトルの形状とも変化はなかった。前述の波長依存性とあわせ, この結果は Ga 原子の生成過程が吸着した TMG へ照射する光の強度（波長）に直接依存する光分解が主なもので熱分解の寄与はわずかであることを示唆している。

f) Ga 原子の信号変化をノズルにかかる試料の溜み圧を変えて測定した結果, 圧力範囲 10〜30 Torr では圧力が高くなるに従って TOF スペクトルの形状は変化せず信号強度が増大した。各圧力における信号の積分強度（ピークの面積）の逆数を試料の溜み圧の逆数に対してプロット（図 3.2.10）したところ 100Torr までの範囲で比較的良い直線関係が得られた。この結果は, 化学吸着を仮定している Langmuir 吸着等温式によくあてはまり, 基板上に存在する TMG は化学吸着していることを示している。この分子が光を多光子吸収し, 分解して Ga 原子を生成する。

　以上のようにレーザの利用により有機金属化合物の光分解過程を解明することが可能となりつつある。

文　献

1) C. Jonah *et al.*, *J. Chem. Phys.*, **55**, 1903 (1971)
2) J. O. Chu *et al.*, *Chem. Phys. Lett.*, **119**, 206 (1985)
3) C. F. Yu *et al.*, *J. Chem. Phys.*, **85**, 1382 (1986)
4) M. Kawasaki *et al.*, *Laser Chem.*, **7**, 109 (1987)
5) P. J. Young *et al.*, *J. Chem. Phys.*, **58**, 5280 (1973)
6) C. Manzanares *et al.*, *Chem. Phys. Lett.*, **117**, 477 (1985)
7) K. N. Swamy and W. L. Hase, *J. Chem. Phys.*, **82**, 123 (1985)
8) S. A. Mitchell *et al.*, *J. Chem. Phys.*, **83**, 5028 (1985)
9) 蟻川達男, 分光研究, **33**, 61 (1984)
10) S. Nagaoka *et al.*, *Phys. Rev. Lett.*, **58**, 1524 (1987); *Nucl. Instrum. Methods.*, **A 266**, 699 (1988)
11) H. Suzuki *et al.*, *J. Appl. Phys.*, **64**, 371 (1988)

3 溶 接

平本誠剛*

溶接に利用されているレーザはおもにCO_2レーザとYAGレーザで,近年発振器の大出力化が図られた結果,中厚板溶接への実用化が急速に進んできた。

3.1 溶接機構の特徴

レーザのような高密度エネルギービームを用いた溶接においては,写真3.3.1に示すようにアスペクト比(溶け込み深さ/溶融幅)が極めて高い溶接ビードを得ることができる。これは従来のアーク溶接のような熱伝導による溶け込み機構とは全く異なった機構により溶接が行われているからである。

レーザ溶接時にビーム照射部を詳細に観察すると小さな孔が形成されていることがわかる。この小さな孔(キーホール)が深溶け込みを得る上で非常に重要な役割を果たしているわけである。次に溶け込み機構を順をおって説明する[1]。

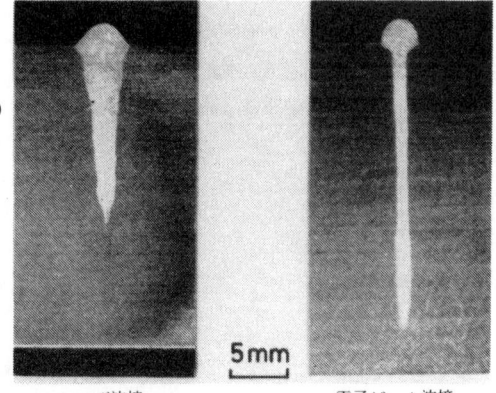

まず,微小スポットに収束されたレーザビームが被溶接物に照射されるとビームが被溶接物に吸収され急激に温度上昇し,溶融が生じて表面層の一部が蒸発する。

次に,この急激な蒸発の反力により溶融金属の表面が凹んで,いわゆるビーム孔が形成される。通常このビーム孔は金属蒸気で満たされており,レーザビームは散乱されるものの,孔壁での多重反射(Wall Focusing Effect)によりビームの吸収率が上昇し,ビーム孔底部にエネルギーが効果的に投入され蒸発が繰り返される結果,穿孔現象が起こる。

この穿孔現象により生じたビーム孔は蒸気の圧力と溶融金属の重力,表面張力などのバランスにより安定に維持され,熱源の移動とともに溶接方向に移動する。ビーム孔周辺の溶融金属はビーム孔後方で凝固し,溶接ビードを形成する。

このような機構によりきわめて深い溶け込みが形成されるわけである。

レーザ溶接　　　　電子ビーム溶接
(材料:JIS SUS 304,出力:10 kW,溶接速度:1 m/min)
写真3.3.1　溶接ビード断面形状の比較

---

* Seigo Hiramoto　三菱電機(株)　生産技術研究所　加工技術部

第3章 高エネルギービーム加工

3.2 溶け込みに及ぼす溶接パラメータの影響

(1) レーザ出力・溶接速度

　レーザ溶接の特徴として高速溶接性をあげることができる。図3.3.1はCO_2レーザ溶接における各ビーム出力での溶け込み深さを溶接速度で整理したものである[1),2)]。大出力溶接については比較のために電子ビーム溶接の溶け込み性能を併記してある。

　いずれの溶接法においても溶接速度の増加に従って溶け込み深さは減少していく。電子ビーム溶接では特に低速域において溶け込みが著しく増加しているが、レーザ溶接ではビーム照射部に多量のプラズマが発生し、レーザビームが吸収され母材への到達エネルギーが減衰するので、溶け込みの拡大が阻害されている。

　図3.3.2はkW級大出力YAGレーザの溶け込み性能の一例を示すものである[3)]。YAGレーザは光ファイバによりビームを自由に伝送できるが、ビームの集光特性が悪くなり、微小スポットが得られなくなる。しかし、波長がCO_2レーザの約1/10と短いため理論的にはCO_2レーザよりも有利であり電子部品をはじめ微小部品や薄板の溶接に威力を発揮している。

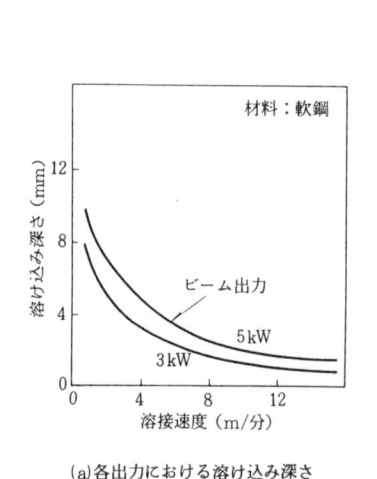

(a) 各出力における溶け込み深さ　　(b) 大出力条件下における電子ビーム溶接との比較

図3.3.1　CO_2レーザ溶接における溶接性能

3 溶 接

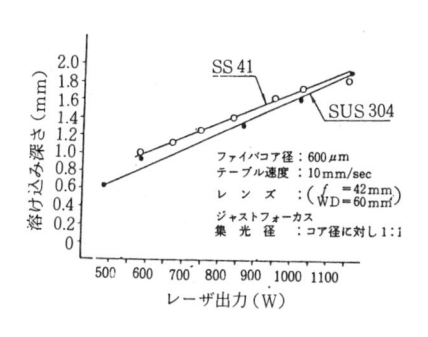

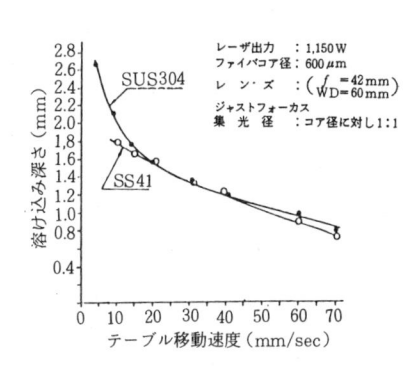

(a) レーザ出力と溶け込み深さの関係

(b) 溶接速度と溶け込み深さの関係

図3.3.2 大出力YAGレーザのファイバ伝送における溶接性能

(2) ビーム集光条件

ビームの集光状態によって溶け込みは著しく変化する。ビームの集光状態を支配する因子として集光素子（レンズやミラー）の焦点距離，集光系の焦点深度，焦点位置およびビームモードなどである。これらはいずれも母材上でのビームスポット径を決定する要因であり，加工条件に応じて最適に調整する必要がある。

CO_2 レーザにおける焦点位置の溶け込み深さに及ぼす影響を図3.3.3に示す[4]。横軸は焦点はずし量を示し，焦点位置が母材表面上に一致する場合を0とし，上方を＋，下方を－としている。ここで Wd は集光レンズから母材までの距離を表す。なお図中，M はリングモードビームのビーム拡大率（外径／内径）を，F は集光レンズの焦点距離を入射ビーム径で除したものである。

図3.3.3の(a), (b)ともに溶け込み深さが急激に変化する"ビードの遷移現象[5]"を示しており，最大溶け込みを与える焦点位置が点在する。さらに，いずれの M, F においてもビーム焦点位置が母材の下方に位置するとき最大溶け込みが得られる。また，M の値が大きいほど，そして F の値が小さいほど溶け込み深さは大きくなる。

図3.3.4は大出力 CO_2 レーザ溶接におけるビーム拡大率の溶け込み深さ，溶け込み形状に及ぼす影響を示す[2]。M 値の増大とともに溶け込み深さは増加し，ビード形状もネイルヘッド部の小さなくさび型ビードとなる。F が大きくなると焦点深度は深くなり，ビームの活性領域が長くなるので，母材と加工ヘッドとの距離（加工距離）を大きくとることができる。

したがって，レンズやミラーの保護という点からは長焦点レンズなどを使用するほうが有利であるがその反面，焦点面での集光スポット径は大きくなる[4]ので，ビームのパワー密度が減少し，溶け

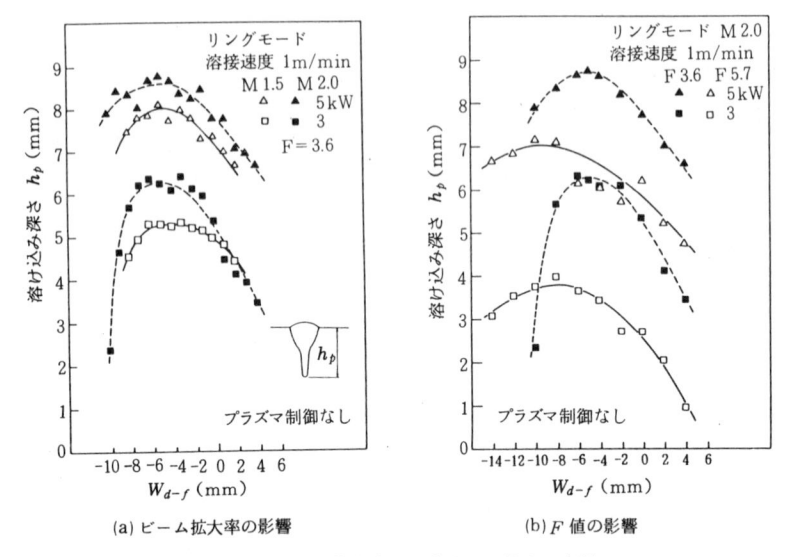

図3.3.3 焦点位置と溶け込み深さの変遷
(a) ビーム拡大率の影響
(b) F 値の影響

込み深さは F 値の増加とともに浅くなる傾向を示す.

　大出力 CO_2 レーザではリングおよびマルチモードビームが用いられている. 一般にリングモードの方が集光特性に優れており, 低出力下では顕著な差異が認められるがレーザ出力が大きい場合には, 溶接時に大量に発生するプラズマの影響で両者に大きな差が表れないという結果が報告されている[6].

(3) シールドガス

　シールドガスは溶融金属を大気から保護する役目をはたすとともに, キーホール近傍に生成するプラズマを除去する役割を兼ねており, その種類, 供給方式によっては溶け込みに大きな影響をもたらす. シールドガスはビームと同軸状に流す方法とサイドノズルから供給する方法がある. プラズマ除去用サイドノズルの噴出口はキーホールの直上を狙ってセットし, 溶融金属にガスが直接作用しないようにすることが大切である. 溶融金属（溶融池）に直接吹付けるかもしくはガス圧が高い場合には, キーホール内の溶融金属がほとんど外へ押し出され, キーホール上部が閉塞されて盛り上がり, ハンピングビードとなる. また金属蒸気の一部がキーホール内に閉じ込められてポロシティーを形成する[7].

　通常, 同軸ノズルから供給されるシールドガスもプラズマ除去の効果を有しているため, 低出力・高速域では改善効果はそれほど顕著に表れないが, 高出力・低速域ではプラズマの発生量が

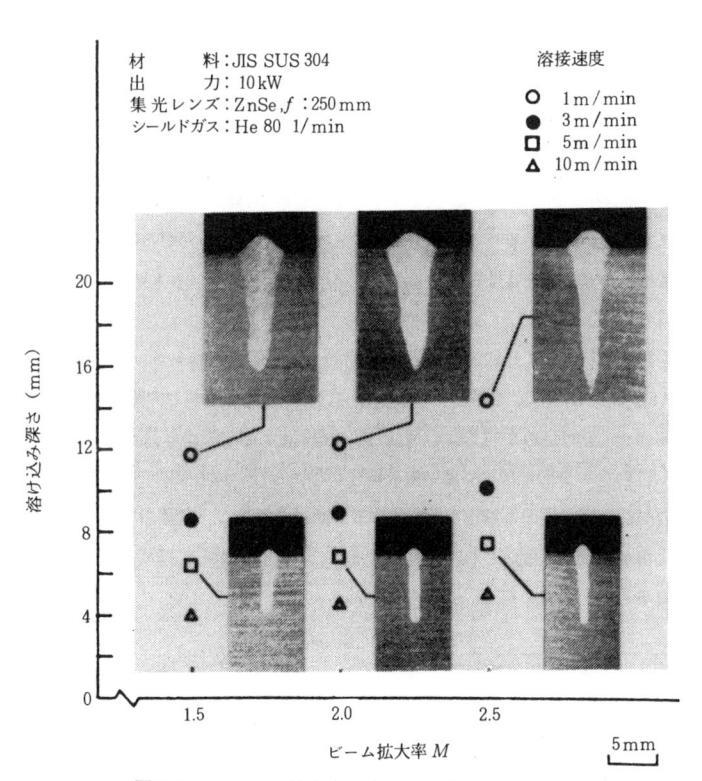

材　　料：JIS SUS 304
出　　力：10 kW
集光レンズ：ZnSe, f : 250 mm
シールドガス：He 80 1/min

溶接速度
○　1 m/min
●　3 m/min
□　5 m/min
△　10 m/min

図 3.3.4　ビーム拡大率の溶け込み形状に及ぼす影響

多くなるので，図 3.3.5 に示すようにプラズマ除去効果が大になり，溶接可能領域が大幅に拡大している[8]。

同様にシールドガス流出も溶け込み深さに影響を及ぼす[9]。この場合，サイドノズル方式による実験結果をみると，溶接速度が小さいほど最大溶け込みを与えるガス流量値は大流量側に移行している。これは低速時には高速時に比してプラズマの発生量が多いため，除去に必要とするガス流量は多くなるからである。プラズマ除去ガスを用いるとビード幅は狭く

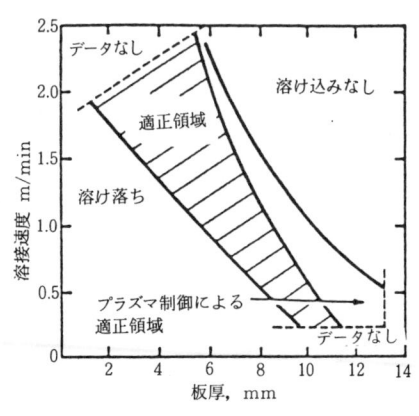

図 3.3.5　プラズマ制御による溶接性能の改善

第3章 高エネルギービーム加工

なり,くさび型ビードに近づく。

レーザ溶接では一般にシールドガスとしてHeが多く用いられているが,高価であるので実用的な見地からArなどの安価なガスの利用も行われている。しかし,ガス種の溶け込み深さに及ぼす影響は大きく,大出力条件下ではHeとArでは溶け込み深さは4倍くらい異なっている[9]。ArはHeに比べてイオン化エネルギーが低く,プラズマ化しやすいので,これにビームのエネルギーが吸収されてしまうからである[10]。空気をシールドガスとして用いた場合には,母材表面が酸化され,この酸化膜がビームをよく吸収するので,溶け込みが他のシールドガスに比べて大きくなるという報告がある[9]。

この現象を有効に利用して比較的低出力でAl合金を溶接した例がある。図3.3.6はシールドガスとして$Ar+O_2$, N_2+O_2を用いたときのO_2含有量と溶け込み深さの関係を示すものである[11]。Arガス100%は全く溶け込みが得られていないが,少量のO_2添加で溶け込みが確保されることがわかる。通常Al合金の表面にはごく薄い酸化被膜が存在しているが,ビーム照射の際,瞬時に蒸発・消失する結果,金属光沢面が露出しビーム吸収が妨げられるが,酸素や窒素を用いた場合には酸化物や窒化物が継続的に形成され,これによるビーム吸収が安定に持続するので,深い溶け込みが得られるものと考えられる。

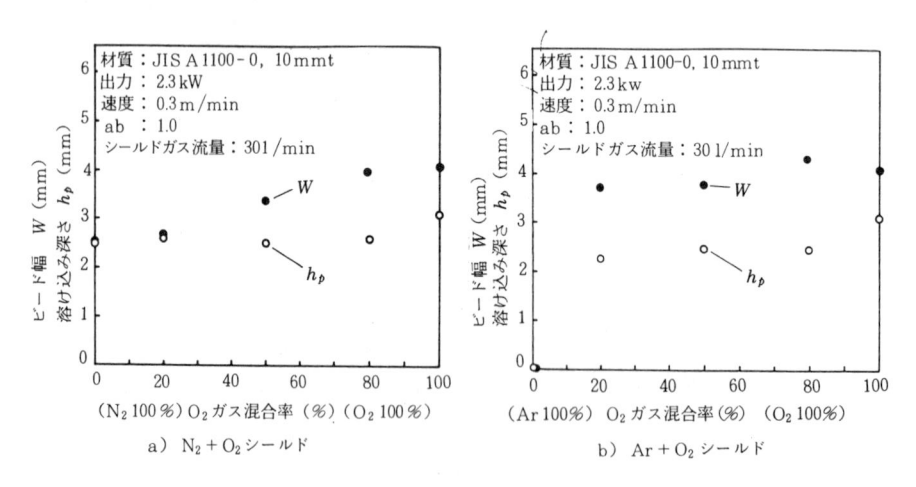

a) N_2+O_2シールド

b) $Ar+O_2$シールド

図3.3.6 Al合金溶接における酸素混合比の溶け込み深さに及ぼす影響

3.3 プラズマの抑制

溶け込み深さの減少やビード形状の悪化等の原因となるプラズマの発生を抑制する手段として,シールドガスの工夫以外にビームのパルス化や減圧雰囲気の利用が行われている。

パルスビーム溶接では，平均出力がCWの場合と同一でもビームのパワー密度が高くなるので溶け込みは大きくなるが，ビームの間欠照射によりプラズマの発生が大幅に低減するので溶け込みは通常の1.5倍に増加した例がある[12]。特にArシールドの場合には効果が顕著に見られる。

減圧雰囲気[12),13)]では生成したプラズマや金属蒸気の密度が低いうえ，それらの拡散が容易に行われるので，レーザビームの吸収や散乱が抑制され溶け込み深さは増大する。

図3.3.7は雰囲気圧力と溶込み深さの関係を示したものである[14]。圧力の低下にしたがって溶け込み深さは増加しており，10^{-1}torr以下の圧力になると材料の種別に係わりなくほぼ一定となり，最大の溶け込み深さを示す。また，溶接速度に関しては低速になるほどその効果が顕著であるが，2m/min以上の速度では雰囲気圧力に依存しなくなる[15)]。

3.4 継ぎ手条件

レーザ溶接では集光ビームスポット径が通常1mm以下であるので，高い継手精度が要求される。一般に継ぎ手形状は特別な開先加工を施さないI型突き合わせが用いられるが，ルートギャップに対する許容度が小さい。

図3.3.8はステンレス鋼板I型突き合わせ継ぎ手におけるルートギャップと板厚の関係を示す[16)]。フィラワイヤ（溶加材）を用いないで溶接した場合，最大許容ギャップ幅は0.1mm以下となっているが，フィラワイヤを用いると0.8mmまで大幅に拡大されている。

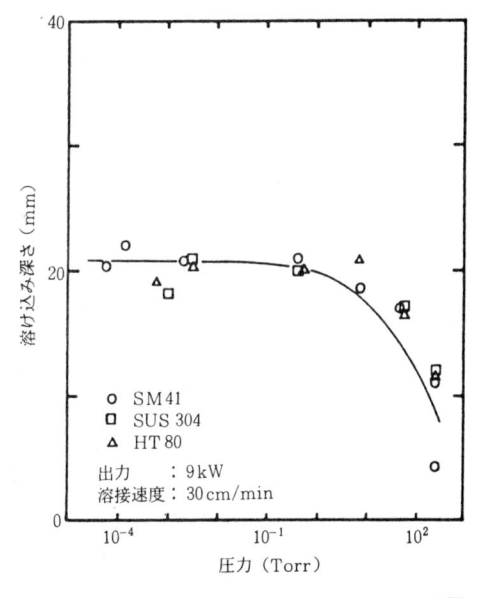

図3.3.7 雰囲気圧力の溶け込み深さに及ぼす影響

一般にシャーカット面は若干のダレを有しているので，密着突き合わせ継ぎ手とはいえ組み合わせ方によってはV型あるいは逆V型の開先形状となる。このような場合に開口部からビームを照射するのと逆方向から照射するのでは，同一溶接速度で比較すると許容ギャップ量が大いに異なることが示されている[16)]。

フィラワイヤの送給量や集光ビームスポット径を調整することにより，さらに領域を広げることが可能である。例えば，8mm厚のC-Mn鋼の突き合わせ溶接において，1.2mmのワイヤを供給

第3章 高エネルギービーム加工

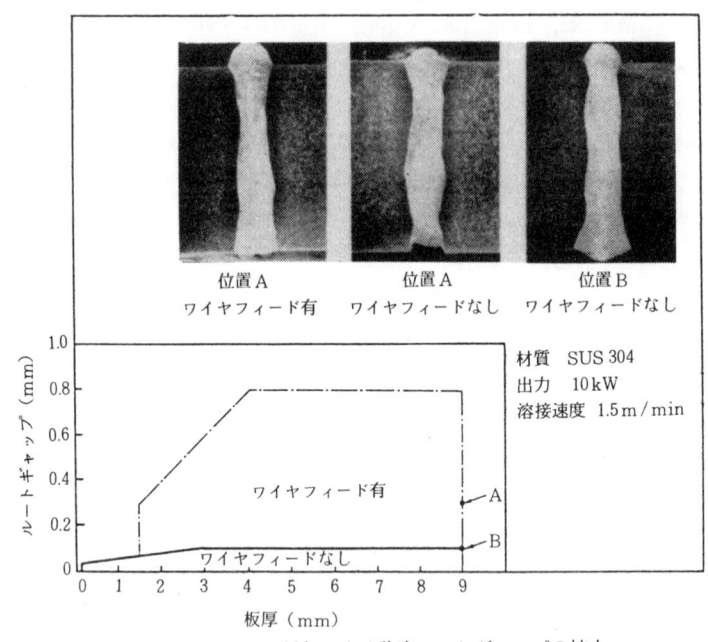

図3.3.8 ワイヤ添加による許容ルートギャップの拡大

することにより,溶接速度 0.35m/min,レーザ出力 5.2kW の条件で最大ギャップ 2mm まで溶接可能となっている[8]。

　また,鉄鋼プロセスの実ラインでは,4.5mm厚の軟鋼板の突き合わせ溶接においては,許容ギャップ幅が 0.2mm から 0.75mm に拡大されている[17]。このようにフィラワイヤをうまく利用すれば,ワンパス貫通溶接というレーザ溶接の特徴を生かして高速溶接を行うことができる。

　また,板厚 2〜4mm の鋼板の溶接において,集光レンズを光軸に対して少し傾けて回転させ,母材表面でビームをスピンさせることにより,実効スポット径を拡大し,ギャップ許容度を従来法の約 2 倍に改善している[18]。この方法はデフォーカスビーム方式とは異なり,スポット径やビーム形状を変化させることなく実効スポット径を拡大させることができるという特徴がある。

　なお,板厚の異なる材料の組み合わせや目違いを有する継手においては,板厚の50%の目違い（たとえば 4mm厚の板に対して 2mmの段差）まで良好な溶接が可能であるとの報告もある[8]。

3.5　ルートポロシティー

　レーザ溶接ではキーホール内に充満した金属蒸気,シールドガスや大気などの巻き込みにより,

3 溶接

ルートポロシティーを発生することが多い。照射ビームの出力が大きくなるほど，また溶接速度が低くなるほどポロシティーは増加する。これは大出力・低速条件下では金属蒸気の発生量が増すためである。これに対し高速条件下ではキーホールの開口部が広くなり，蒸気の排出が容易になりポロシティーが発生しにくくなる[19]。

ポロシティーの防止策としてはシールドガス中に窒素や酸素を混合して溶融金属の湯流れを促進する方法やビームオシレーション[20]によりキーホール開口部を拡大し蒸気の排出を容易にする方法等がある。

3.6 応用例

CO_2レーザ，YAGレーザはともに様々な分野で実用化されているが，最近の大出力化に伴い従来電子ビーム溶接が主体であった分野やアーク溶接・抵抗溶接が用いられていた分野にも適用拡大が図られている。

特に大出力炭酸ガスレーザ溶接は重工業[21]，鉄鋼[16)22)]，自動車産業[23)〜25)]等の分野を中心に実用化が行われている。

図3.3.9は鉄鋼プロセスラインにおける板継ぎ溶接装置の概略図である[16]。シアカットされた2枚の板を突き合わせてクランプした後，レーザヘッドが溶接線に沿って移動する方式であるが，

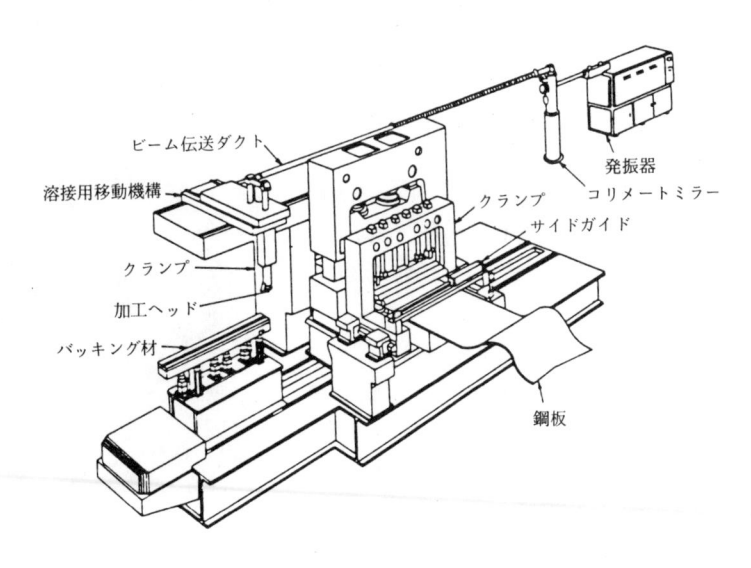

図3.3.9 鉄鋼プロセスライン用溶接機

第3章 高エネルギービーム加工

レーザ発振器から溶接ヘッドまでのビーム伝送距離は約15mあり，ビームの広がりを抑えるためにビームコリメータが用いられている。また特殊鋼材，異種材料の溶接が行われるので，溶接部の品質を確保するために溶加材が使用されている。

自動車産業ではレーザ加工利用区分では溶接が約40%，切断・穴明けが約25%となっており，オルタネータ用ステータコア，プーリーなどのエンジン部品[24]やトランスミッションギア[23]などの溶接が多い。ベンツではプレス加工された鋼板を組み合わせたタペットハウジングをレーザ溶接（1.5kW，2.7m/min，Arシールド）しており，サイクルタイム4秒で8,000個（2交代）生産している[25]。また微小な部品の溶接にはYAG溶接が利用され，レーザ加工のフレキシビリティ，高速加工性を生かしてコストダウンが図られている[24]。

電機産業では電子部品などの微小部品組み立て方法としてYAGレーザ溶接が多く使用されている。半導体関連分野では例えば基板実装にはYAGレーザはんだ付，HICメタルパッケージのハーメチックシールにはパルスYAGレーザ溶接[26]が行われている。金メッキされたコバール製HICケースのシール溶接ではリークが生じ，溶接部の金含有量が増えると漏え量は増加したが，メッキなしあるいはニッケルメッキでは気密が得られている。さらに窒素雰囲気中で比較的パルス幅の長いパルスビームで溶接するとスパッタの少ない溶接ができると報告されている[27]。

その他シール溶接の応用としては写真3.3.2に示すリチウム電池の缶と蓋の溶接がある。これは0.3mm厚のSUS 304ステンレス鋼どうしをへり溶接するもので，溶接時間は3秒である。

半導体レーザモジュールは特に高精度の組み立てを必要とする部品であるが，写真3.3.3に示すようにYAGレーザスポット溶接で固定され，長期信頼性が保証されている[28],[29]。

またパルスYAGスポット溶接はTVブラウン管用電子銃部品の固定溶接（写真3.3.4），ランプ電極のモリブデン線の固定溶接[30],[31]など量産部品の自動溶接法として広く利用されている。

マイクロモータのアーマチュアコイルを内・外二つにわけて成形した後，それらの端部を逆V形に整形して密着度を高めて（ギャップはビームスポット径の1/10程度）溶接し，スペースファクタを95%に増大している[32]。

ワイヤドットプリンタの印字ヘッドのアーマチュアと板バネの組み立てをYAGレーザスポット溶接で行い，10^8字/ヘッドの信頼性が得られたと報告されている[33]。

写真3.3.2 リチウム電池ケースのシール溶接

3 溶 接

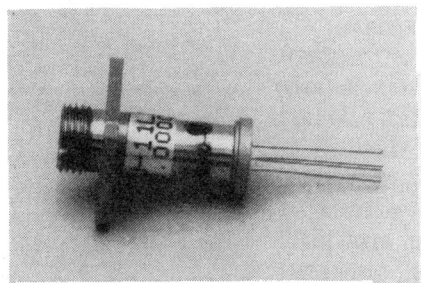

写真 3.3.3 半導体レーザモジュールの
　　　　　高精度固定溶接

写真 3.3.4 ブラウン管電子銃部品の
　　　　　YAG レーザスポット溶接

　これらはいずれもレーザ溶接の特徴である低ひずみ溶接が生かされており，今後さらに適用分野が拡大されていくものと思われる。

文　献

1) 奥田, 日経メカニカル, p. 95, 1987. 4. 20号
2) 平本ほか, 三菱電機技報, **60**, 〔11〕, 799 (1986)
3) 渡部ほか, レーザ協会会報, **12**, 〔3〕, 6 (1987)
4) 高浜ほか, レーザー研究, **13**, 〔4〕, 339 (1985)
5) 荒田ほか, 溶接学会誌, **49**, 〔19〕, 29 (1980)
6) 牧野ほか, 溶接学会溶接法研究委員会資料, SW-1782-87 (1987)
7) 丸尾ほか, 溶接学会論文集, **3**, 〔2〕, 40 (1985)
8) M. N. Watson *et al.*, METAL CONSTRUCTION, May, 288 (1985)
9) 荒田ほか, 高温学会誌, **10**, 〔3〕, 118 (1984)
10) M. Bass, "Laser Materials Processing", p. 131, North-Holland Publishing Company (1983)
11) 平本ほか, 溶接学会溶接法研究委員会資料, SW-1799-87 (1987)
12) T. Ishide *et al.*, Proceedings of LAMP' 87, 187 (1987)
13) S. Kosuge *et al.*, Proceedings of ICALEO' 86, 105 (1986)
14) Y. Arata *et al.*, Proceedings of ICALEO' 85, 73 (1985)
15) 小菅ほか, 溶接学会溶接法研究委員会資料, SW-1645-85 (1985)
16) A. Shinmi *et al.*, Proceedings of ICALEO' 85, 65 (1985)

17) 佐々木ほか，東芝レビュー，**39**, 〔6〕, 529 (1984)
18) C. J. Dawes, Proceedings of ICALEO ' 85, 73 (1985)
19) 大前ほか，溶接学会全国大会講演概要集 〔30〕, 42 (1981)
20) 大前ほか，溶接学会全国大会講演概要集 〔32〕, 230 (1983)
21) 安田，溶接学会全国大会講演概要集〔40〕, 21 (1987)
22) M. Ito *et al.*, Proceedings of LAMP ' 87, 535 (1987)
23) 上田，溶接学会全国大会講演概要集〔40〕, 26 (1987)
24) Y. Iwai *et al.*, Proceedings of LAMP ' 87, 517 (1987)
25) C. J. Dawes, Proceedings of LAMP ' 87, 523 (1987)
26) The Welding Research Bulletin, April, 121 (1984)
27) S. Norrman *et al.*, Hybrid Circuits, 〔8〕, 21 (1985)
28) J. Yamashita *et al.*, The Transactions of The IECE of Japan, 69, 〔4〕, 355 (1986)
29) 佐藤ほか，昭和63年電子情報通信学会春季全国大会講演概要集, 1 - 152 (1988)
30) M. N. Watson, The Welding Research Bulletin, October, 317 (1983)
31) S. Howe *et al.*, Proc. 4th Int. Conf. Lasers in Manufacturing, May, 9 (1987)
32) K. Kamada *et al.*, Proceedings of LAMP ' 87, 573 (1987)
33) 松永，溶接学会マイクロ接合研究委員会資料, MJ - 55 - 86 (1986)

4 レーザ加熱蒸発法による超微粒子の製造

松縄　朗[*]

4.1 はじめに

バルク物質とは異なる物理的・化学的性質を有する超微粒子は，その特異な特性ゆえに，新しい機能材料として注目を集めているが，今や純粋物性的研究から次第に製造法および応用開発の研究に比重が移っている。超微粒子の生成法としては，基本的には，バルク物質を次第に細分化してゆく分解法と，いったん原子・分子オーダーにまで分解した後所定の大きさの粒子に再構築するパイルアップ法（凝縮法）に分類できよう。いずれの場合も，化学的なプロセスと物理的なプロセスが提案されており，多くの先駆的な研究例がある。

超微粒子を生成するためのエネルギー道程から見れば，分解法の方がエネルギー的に有利であるが，分解法では超微粒子としての特異な物性を現す程度にまで，すなわち 1 μm を大幅に下回る大きさの粒子にまでバルク物質を超微細化することはきわめて困難である。したがって，現在，超微粒子あるいは 1 nm 以下のスーパー超微粒子の生成は物理蒸発法によるパイルアップ法が多く検討されている。

蒸発法とは，物質を蒸発温度または昇華温度以上に上げる方法であり，その原理は一見単純・明快に思えるが，その理論的背景は必ずしも明確ではない。特に，蒸発法による超微粒子生成過程で無視できないと思われるクラスター蒸発についてはほとんど理論的に解明がなされていないのが現状である。しかし，理屈はともあれ，物質の蒸発は加熱により可能なことは周知の事実であり，超微粒子生成のための種々の加熱法が検討されてきた。たとえば，ジュール熱による直接あるいは間接加熱，プラズマやアークによる直接加熱，電子ビーム加熱，あるいはレーザビーム加熱など，各種熱源を用いたガス中蒸発法が多く研究されてきた[1)～16)]。特に，高周波加熱法，プラズマジェット法および活性プラズマアーク法では工業的規模での製造も可能であるとされている[1),3),17)]。しかし，誘導加熱法では高融点物質の蒸発が困難であり，製造コストが高いという難点がある[1),3)]。プラズマジェット法では噴流によって溶融物質が吹き飛ばされやすい難点がある[4)]。また，活性プラズマアーク法では生成粒子の粒径が比較的大きく，またある種の金属では水素化超微粒子が生成される等の問題点もある[3),7),8)]。

蒸発法による超微粒子生成に要求される条件を列挙すると，以下のようなものが挙げられよう。

1) 作業環境に不純物が混入せず清浄であること
2) 粒径および粒度分布の制御性が良いこと
3) 生成量および生成効率が良いこと

---

[*] Akira Matsunawa　大阪大学　溶接工学研究所

第3章　高エネルギービーム加工

4) 生成超微粒子の捕集が容易なこと

レーザによる超微粒子生成法は上記条件をかなりの程度満足する方法といえる。レーザ加熱蒸発法に関しては，1970年代すでに上田ら[13]および加藤[14]によってCO_2レーザ照射による各種酸化物の蒸発とその酸化物超微粒子の生成結果が報告されている。しかし，その後の蒸発法による超微粒子生成の研究の主力が抵抗加熱法あるいはアーク加熱法に移行したこともあって，1970年代後半から長足の進歩を遂げた大出力レーザの普及にもかかわらずレーザ加熱蒸発法の研究例は少なかった。一方，レーザを用いた化学的超微粒子生成法については，1981年に，Haggertyら[15],[16]はSiH_4ガスとC_2H_4またはNH_3ガスの混合気体にCO_2レーザを照射し，気相での光吸収発熱反応を利用してSiCおよびSi_3N_4超微粒子の合成に成功している。

本節では，レーザ加熱・蒸発法による超微粒子生成について，最近明らかにされてきた事実を紹介する。

4.2　熱源としてのレーザビームの特徴

レーザを熱源として考える時，その最大の特徴は集光部での空間的パワー密度を著しく高めることができる点にある。表3.4.1に種々の熱源を用いて集中できる最大パワー密度を示すが，レーザに匹敵する実用的な熱源は電子ビームのみであることが分る。このような高パワー密度ビームの照射を受けると，地上に存在するいかなる物質もごく短時間で蒸発し，さらにはプラズマ状態にまで到達することも困難ではない。しかし，電子ビームとレーザビームとの大きな違いは，前者が主として真空中で用いられるのに対し，後者は光に対して透明な媒質であれば真空から高圧に至る広い圧力範囲あるいは種々の雰囲気ガス下で使用できることである。

この他，レーザビーム加熱の特徴は，非接触加熱であるため作業環境を超高純度に保持できること，加熱部のパワー密度を集

3.4.1　各種熱源の集中可能なパワー密度

熱　　源	パワー密度〔kW/mm^2〕
酸素アセチレン	10^2
酸水素炎	3×10^2
アルゴンアーク	10^3
電子ビーム（CW）	$10^5 \sim 10^8$
電子ビーム（パルス）	$10^6 \sim 10^8$
レーザビーム（CW）	$10^2 \sim 10^8$
レーザビーム（パルス）	$10^6 \sim 10^{12}$

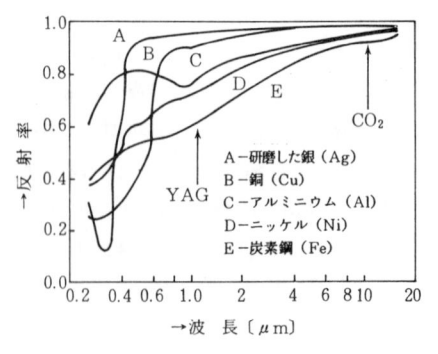

図3.4.1　金属の反射特性
（A―研磨した銀（Ag），B―銅（Cu），C―アルミニウム（Al），D―ニッケル（Ni），E―炭素鋼（Fe））

光系の調整で自由に制御できること，金属・非金属を問わず加熱できること，などが挙げられる。したがって，レーザビームは加熱源としてきわめて魅力に富むものであるといえる。

一方，レーザ加熱の問題点としては，多くの金属では表面反射が大きく（吸収率が小さく），入熱効率の悪いことが挙げられている。図3.4.1は常温金属表面（鏡面仕上げ）の反射率が波長により大幅に変化することを示すが，一般的に長波長の光に対して反射率が高くなる。実用化している CO_2 レーザ（波長：10.6 μm）やYAGレーザ（1.06 μm）等の大出力レーザは赤外線領域に属し，表面加熱の効率はあまり良くない。表面反射率は同一材料でもその表面状態や温度によっても変わり，平滑な面よりも波長程度のオーダーで凹凸の多い面の方が，また表面温度が高い方が光の吸収率は高くなるが，吸収率100％にはほど遠い。この意味で，大出力の短波長レーザの出現が望まれる。しかし，このような問題点にもかかわらず，レーザ加熱では従来のアーク加熱等に比べて桁違いに高いパワー密度が達成できることおよびパワー密度の制御が容易であることのメリットの方が大きい。

4.3 レーザ照射時の蒸発現象

適度に制御した高パワー密度のレーザビームを物質表面に照射すると，照射部はきわめて短時間に溶融し，さらに蒸発温度にまで達して激しい蒸発が開始する。通常，蒸発が生じる条件では，非常に輝度の高い発光体がほぼ試料表面に垂直方向に発生するのが観察され，これはレーザプラズマあるいはレーザプルームと称されている。写真3.4.1は金属板（純Ti）にパルスYAGレーザを斜め照射した時の発光体の発生状況を示す。従来，これの正体は蒸発したターゲット成分を主体とする高密度・高温プラズマとされていたが，最近の研究によれば照射レーザビームの波長により若干その性質が異なるようである。

写真3.4.2はピーク出力が10kW程度のパルスYAGレーザを金属ターゲットに照射した時に発生するプルームのスペクトル写真を示す。観察される輝線スペクトルの主体はターゲット材料の原子線（写真の場合はTi原子）であり，一部輝度の弱い一価イオン線が認められる。ここで特徴的なことは，原子線（中性線）のうちの共鳴線と呼ばれるスペクトル線はすべて強い自己吸収を受け，吸収線スペクトルを呈することである。この事実は，分光学的には，発光体が主としてターゲット材料の原子で構成される蒸発温度程度の高密度蒸気であることを示している。一方，出力5kW級の連続 CO_2 レーザを金属に照射

写真3.4.1　金属板から発生するレーザプルーム（斜照射の場合）

第3章 高エネルギービーム加工

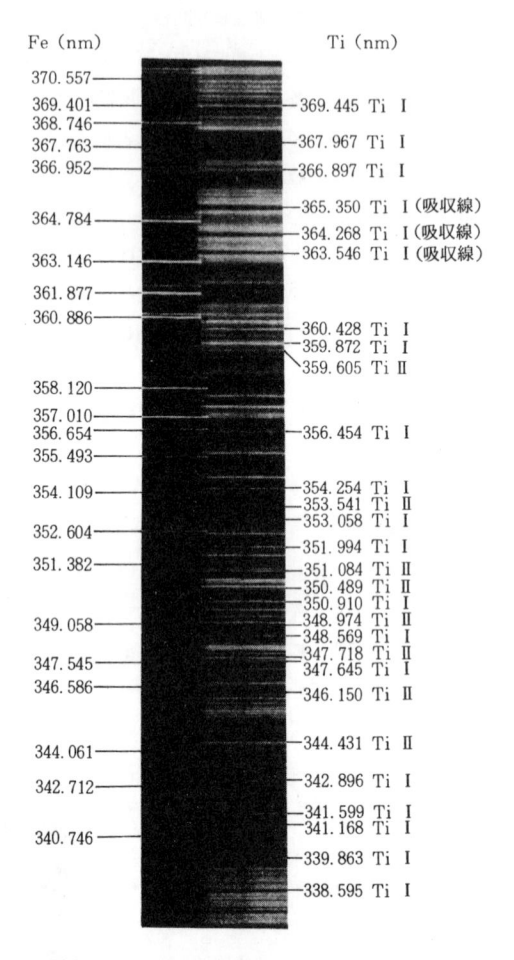

```
Fe (nm)                    Ti (nm)
370.557
369.401                    369.445 Ti I
368.746
367.763                    367.967 Ti I
366.952                    366.897 Ti I
                           365.350 Ti I (吸収線)
364.784                    364.268 Ti I (吸収線)
                           363.546 Ti I (吸収線)
363.146
361.877
360.886                    360.428 Ti I
                           359.872 Ti I
                           359.605 Ti II
358.120
357.010
356.654                    356.454 Ti I
355.493
354.109                    354.254 Ti I
                           353.541 Ti II
                           353.058 Ti I
352.604
                           351.994 Ti I
351.382                    351.084 Ti II
                           350.489 Ti II
                           350.910 Ti I
349.058                    348.974 Ti II
                           348.569 Ti I
347.545                    347.718 Ti II
346.586                    347.645 Ti I
                           346.150 Ti II
344.061                    344.431 Ti II
342.712                    342.896 Ti I
                           341.599 Ti I
340.746                    341.168 Ti I
                           339.863 Ti I
                           338.595 Ti I
```

写真3.4.2　チタンプルームのスペクトル写真

した時の分光測定結果によれば，多価の金属イオン線とともに雰囲気ガスの種類によっては周囲ガスのイオン線も検出されている[18]。すなわち，CO_2レーザ照射の場合の発光体の正体は高密度・高温の金属プラズマであることが分かる。このように，使用するレーザの違いによってターゲットより蒸発した原子状蒸気のその後の物質構造が異なるのは，原子による光子吸収の程度が光の振動数（波長）により異なるからである。

上記のように，物質より蒸発した蒸気が中性蒸気流を形成するかあるいはプラズマ流を形成す

るかによって，入射レーザビームとの間の相互作用が異なり，物体表面への到達エネルギー効率に影響を与えるが，ここではその詳細な説明は割愛する．結論のみを要約すると，低振動数（長波長）の波動はプラズマ吸収損失が大きく，逆に高振動数（短波長）の波動は粒子による散乱損失が大きくなる．

さて，レーザ照射によってどの程度の蒸発速度が得られるかは超微粒子生成速度の観点からも重大な関心事であるが，詳細かつ系統的な測定例は少ない．図 3.4.2 は，パルス YAG レーザ（平均最大出力：200 W，パルス幅：0.24～3.1 ms，ピーク出力：10 kW）と連続 CO_2 レーザ（平均最大出力：15 kW）を用いて，いくつかの材料の蒸発速度を測定した結果を示す．金属の場合，単位照射パワー密度当たりの蒸発量は，CO_2 レーザよりも YAG レーザの方が勝っている．すなわち，上に述べたように，短波長レーザの方が金属に対する吸収率が良いこと，および入射ビームのプラズマ吸収が少ないことにより，材料表面での実効エネルギー吸収が良くなることに起因している．

4.4 レーザ加熱蒸発法における超微粒子生成過程

レーザ加熱蒸発法による超微粒子生成過程の研究例はきわめて少なく，その詳細は十分には解明されてはいない．以下は筆者の研究室で行っているパルス YAG レーザを用いた研究結果[19]～[22]についてのみ述べる．

写真 3.4.3 はパルス YAG レーザをターゲットに垂直照射した場合に生じるプルームの成長過

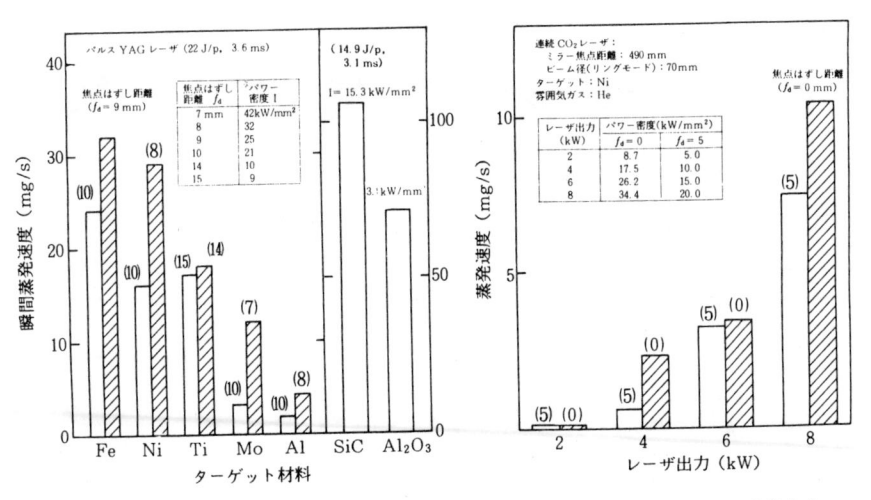

図 3.4.2 パルス YAG レーザおよび連続 CO_2 レーザ照射によるターゲットの蒸発速度

程を示す連続写真である。撮影は特殊な超高速シャドウグラフと呼ばれる方法で行われ，露出時間は約50ナノ秒（1ナノ秒＝10^{-9}秒）である。レーザ照射開始後わずかの時間を経たのち，試料表面は蒸発を開始し，蒸気流（プルーム）は表面に垂直に急速に伝播する様子がわかる。この写真の例で明らかなように，プルーム構造は内側のコア部と外側のシース（鞘）部から形成される二重構造の層流になっている。分光分析の結果によれば，コア部はターゲット材料の主として原

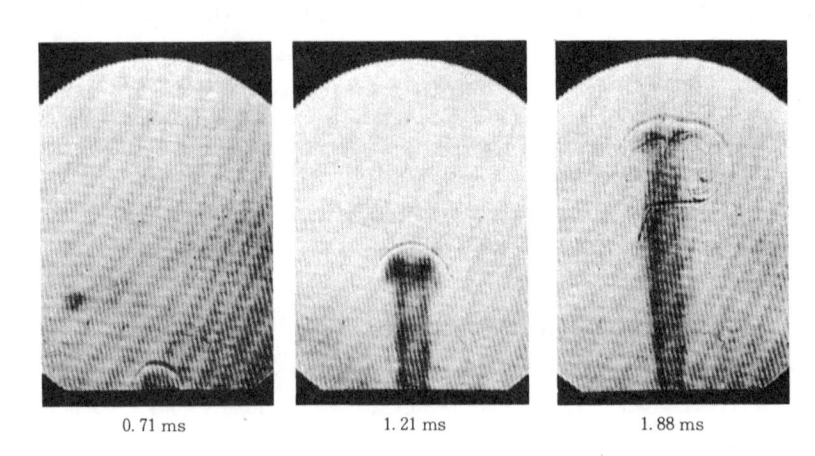

写真3.4.3　プルーム成長過程を示す超高速度シャドウグラフ（ターゲット：Ti）
　　　　　レーザエネルギー：25 J/P，パルス幅：3.6 ms，焦点はずし距離：24 mm
　　　　　（写真下段の数値はパルスレーザ照射開始後の経過時間を示す）

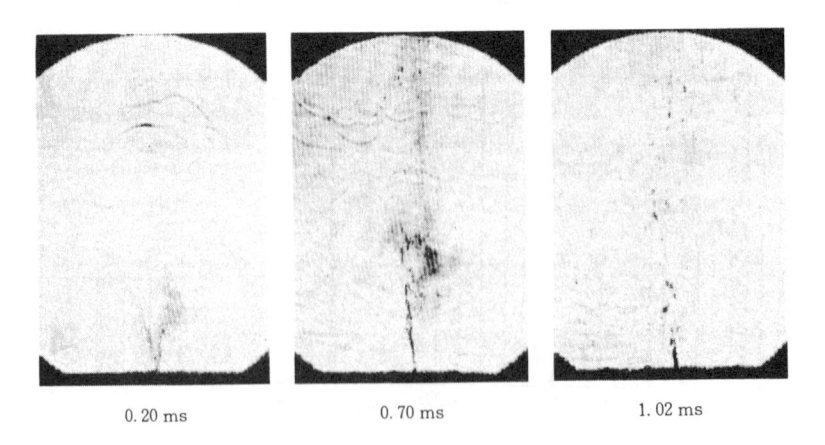

写真3.4.4　過剰パワー密度照射の場合のスパッタリング発生

4 レーザ加熱蒸発法による超微粒子の製造

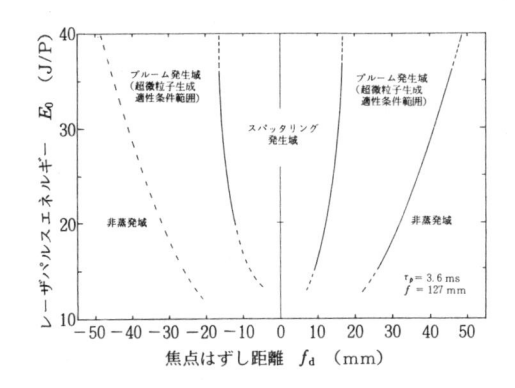

図3.4.3 ターゲット蒸発のための適正照射条件
（チタンターゲットの場合）

子状蒸気であり，シース部は圧縮された周囲ガスであることが判明している。照射パワー密度を上昇させるとプルームは乱流構造を呈するようになり，極度にパワー密度が高いと写真3.4.4のように溶融部から液柱が飛びだし，表面張力的不安定により10 μm以上の細粒（スパッタ）が形成されるようになる。超微粒子生成の観点からはスパッタ発生は好ましくなく，適正レーザ照射条件は図3.4.3の例に示すような条件設定が必要となる。この適正照射条件範囲はターゲット材料の種類あるいは表面状態等の影響を強く受けるので，個々の場合によって照射条件を明らかにしておく必要がある。前掲の写真3.4.3に示したように，レーザ照射により発生するプルームはきわめて指向性が強く，かつ照射条件によって流速は数10 m/sから音速程度まで変化する。

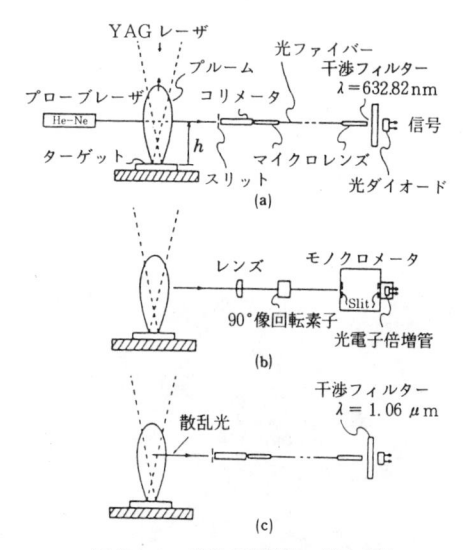

図3.4.4 各種光学特性の測定方法
(a)透過率測定法 (b)スペクトル線強度測定法
(c)入射レーザビームの散乱強度測定法

さて，以上のようにレーザ照射によって蒸発した原子状蒸気（クラスター蒸気も含まれると推定される）がどのような過程を経て超微粒子になるかは学問的および粒子径制御の面からも重要

第3章 高エネルギービーム加工

な関心事である。図3.4.4はプルーム発生時の各種光学特性を測定する方法を図解したもので，プローブレーザの透過度，特定の輝線スペクトル強度，および入射レーザビームの散乱強度を同時計測する方法である。

上記の方法によりターゲット表面から一定の高さにおけるプルームの光学特性を測定した結果，およびパルスレーザの出力波形を図3.4.5に示す。図から明らかなように，レーザ照射開始後しばらくの潜伏時間を経て蒸発物質の存在を示すプローブレーザの透過率減衰が現れ，蒸発はレーザ出力がある臨界出力に低下するまで継続していることがわかる。また，プルーム発生時の強い発光現象は蒸発開始直後ただちに最大強度に達し，急速に減衰していることがわかる。すなわち，ターゲットから蒸発した原子状蒸気はごく短時間の間励起状態にあり，レーザ照射期間の

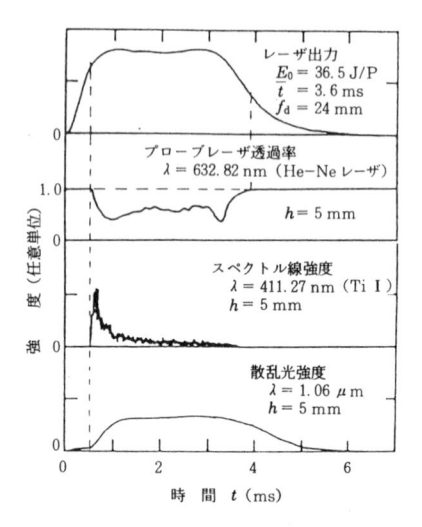

図3.4.5 レーザ出力波形と各種光学特性

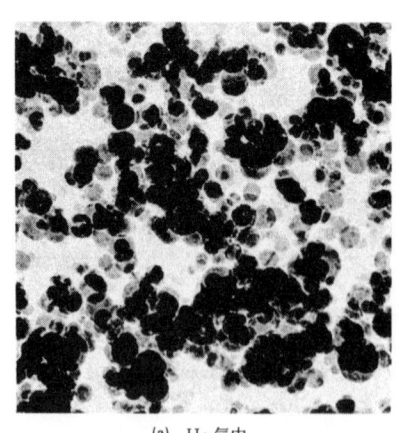

(a) He気中 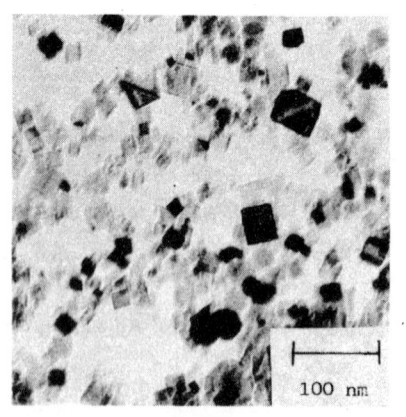   (b) N_2気中

写真3.4.5 レーザ加熱蒸発法で生成された超微粒子
（ターゲット：純チタン，圧力：1気圧）

大半は非励起状態にあることが明らかである。

　一方，入射YAGレーザビームの90度方向散乱光強度は発光現象がピークに達する時期から急激に増加し，蒸発が継続している期間高いレベルを呈している。この事実は，分光学的には，入射レーザビームの散乱を促進する原子よりも大きな粒子の存在を意味している。事実，蒸発物質を捕集し透過電子顕微鏡で観察すると，写真3.4.5に示すように，100 nm以下の超微粒子が認められる。すなわち，入射ビーム（波長1.06 μm）の10分の1以下の微粒子がプルーム中で形成されておりレイリー散乱が生じていることを示す。以上の計測結果より，レーザ照射により蒸発した原子状およびクラスター状蒸気は，空間を伝播する間に凝縮して超微粒子を形成していることが明らかである。

4.5　レーザ加熱蒸発法による超微粒子生成の特徴

　前項に述べたように，レーザ照射によって発生するプルーム中で超微粒子が形成されていることが判明した。そこで，種々の金属ターゲットを用い，生成される超微粒子の状況を調べてみると，次のような事実が判明した。一例として，純チタンターゲットの場合，写真3.4.5に見るように，1気圧の不活性気中では，平均粒径30 nm程度の純チタン超微粒子が生成され，また窒素雰囲気では，蒸発したチタン蒸気のすべてが同じような粒径の方形または菱形の窒化チタン（TiN）に転換している。雰囲気ガスに酸素を使用すると，酸化チタン（TiO_2）が生成されることを確認している。このように，多くの金属で雰囲気ガスの調整により純金属超微粒子から酸化物あるいは窒化物セラミックス超微粒子が得られる。表3.4.2は各種金属ターゲットを窒素気中および酸素気中で蒸発させて得られた超微粒子の化学構造を示す。酸素雰囲気の場合，生じる酸化物は酸化の程度がもっとも進んだ構造のものとなっている。一方，窒素気中では多くの金属で窒化物が形成されるが，この場合も特定の組成の窒化物を形成していることが明らかである。なお，窒化物を作らない金属も多く，またAlのように純金属と窒化物の混合物超微粒子を形成する場合もある。任意の化学組成を有する超微粒子を生成させることは今後の興味ある研究課題であろう。

　さて，レーザ加熱蒸発法の際だった特徴は，雰囲気圧力の調整により粒子径を自由に制御できることである。一例を図3.4.6に示すが，減圧または真空状態にすると平均粒子径は小さくなることが明らかである。アーク加熱法でも減圧下では粒子径を小さくできるが，放電の安定性，特に蒸発領域となる極点径の大きさが雰囲気圧力の影響を敏感に受けるため制御範囲が狭い。これに対し，レーザ法では蒸発点面積を圧力に関係なく単独に制御あるいは設定できるので，超高真空から高圧まで広い範囲での粒径制御が可能となる。圧力低下とともに平均粒径が小さくなる理由は，前図3.4.5に述べたように，蒸発原子あるいはクラスターが空間を伝播中に凝縮して超微

第3章 高エネルギービーム加工

表3.4.2 活性雰囲気中でのレーザ加熱蒸発法で得られるセラミックス超微粒子の構造
(上段：窒素気中，下段：酸素気中)

										ⅢA	ⅣA
3										Al	Si
										Al+AlN[※1]	Si
		ⅣB	ⅤB	ⅥB	ⅦB	Ⅷ	Ⅷ	Ⅷ	ⅠB	ⅡB	(FCC)(H)	(Diamo)
4		Ti	V	Cr	Mn	Fe	Co	Ni	Cu	Zn		Ge
		TiN	VN	β-Cr$_2$N	Mn$_4$N[※2]	α-Fe	Co,(CoO)	Ni	Cu	Zn		Ge
		NaCl(C)	NaCl(C)	(Hexa)	(Cubic)	(BCC)	(FCC)(C)	(FCC)	(FCC)	(HCP)		(Diamo)
5		Zr	Nb	Mo								Sn
		ZrN	Nb$_4$N$_3$[※3]	Mo								β-Sn
		NaCl(C)	(Tetra)	(BCC)								(Tetra)
6			Ta	W		Element						Pb
			Ta$_2$N	W,(W$_3$O)		UFP produced in N$_2$						Pb
			(Hexa)	(BCC)[※4]		Crystal structure(system[※5])						(FCC)

Note：※1 Al(FCC)+AlN(ZnO struc. (Hexa)) ※2 Mn$_4$N(Cubic)+δ-MnN(Tetra)
※3 Nb$_4$N$_3$(Tetra)+Nb$_4$N$_{3.92}$(Cubic) ※4 W(BCC)+W$_3$O(β-W)
※5 C：Cubic；Tetra：Tetragonal；H & Hexa：Hexagonal；Diamo：Diamond.

										ⅢA	ⅣA
3										Al	Si
										Al$_2$O$_3$[※1]	—
		ⅣB	ⅤB	ⅥB	ⅦB	Ⅷ	Ⅷ	Ⅷ	ⅠB	ⅡB	(Cubic)	(Amor)[※2]
4		Ti	V	Cr	Mn	Fe	Co	Ni	Cu	Zn		Ge
		TiO$_2$[※3]	—	Cr$_2$O$_3$	γ-Mn$_2$O$_3$	Fe$_2$O$_3$[※4]	CoO	NiO	CuO	ZnO		—
		(Tetra)	(Amor)[※2]	α-Al$_2$O$_3$	(Tetra)	(Tetra)	NaCl(C)	(Hexa)	(Mono)	ZnO(H)		(Amor)[※2]
5		Zr	Nb	Mo								Sn
		ZrO$_2$[※5]	Nb$_2$O$_5$	η-MoO$_3$								SnO$_2$
		(Mono)	(Mono)	(—)								(Tetra)
6			Ta	W		Element						Pb
			δ-Ta$_2$O$_5$	WO$_3$		UFP oxides produced						PbO$_2$[※6]
			(Ps.H)	(Tricl)		Crystal structure(system[※7])						(Orthor)

Note：※1 γ-Al$_2$O$_3$(C)+δ-Al$_2$O$_3$(—) ※2 Amorphous ※3 Anatase(Tetra)+Rutile(Tetra)
※4 γ-Fe$_2$O$_3$(Tetra)+ε-Fe$_2$O$_3$(Mono) ※5 Cubic+Tetragonal+Monoclinic
※6 α-PbO$_2$(+PbO(Orthorhombic))
※7 C：Cubic；Tetra：Tetragonal；H & Hexa：Hexagonal；Mono：Monoclinic；
Tricl：Triclinic；Orthor：Orthorhombic；Ps.H：Pseudo Hexagonal

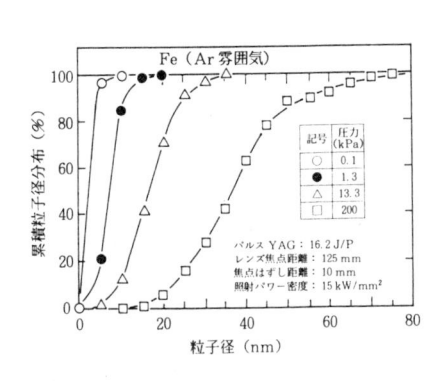

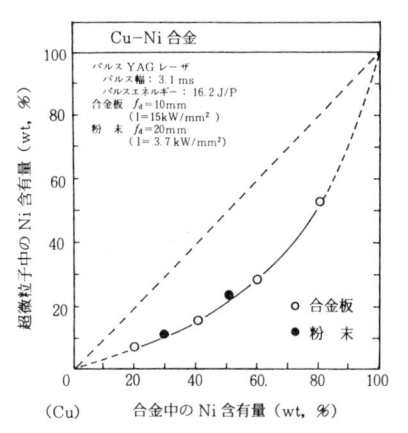

図3.4.6　雰囲気圧力による粒子径制御　　図3.4.7　合金および粉末ターゲットから生成される超微粒子の化学組成

粒子が形成されていることが判明しており，低圧では平均自由行程が長くなるため粒子の出合う頻度が少なくなることを考えれば，合理的に理解できる。

さて，レーザはどのような材料でも蒸発させることができるが，材料（元素）によって蒸発の難易があることはよく知られている。すなわち，蒸発エネルギーは物質によって異なる。さらに，レーザの場合は反射係数が物質によって異なることも加味されなければならない。したがって，合金や混合物をターゲット材料に用いる時は，一般的にターゲット組成とは異なる成分の超微粒子が得られる。図3.4.7は一例として，試作したCu-Ni二元系合金および混合粉末をターゲットとした場合のターゲット組成と得られた超微粒子組成との対応関係を示す。この場合は，Cuの方がNiよりも蒸発能が高いために超微粒子にはCuが濃縮されている。このようにある成分の合金超微粒子を得たい場合は蒸発源の組成をあらかじめ適正に調整する必要がある。

4.6　おわりに

以上，レーザ照射時の蒸発現象および超微粒子生成機構と生成法の特徴を述べてきた。初めにも述べたようにレーザ加熱蒸発法による超微粒子形成に関する研究例が少ないため，未知の問題の方が多いが，学術的にも工学的にもきわめて魅力ある方法と思われる。しかし，工業的に応用する場合，次のような問題点を抱えていることも忘れてはならない。これは，レーザをエネルギー源とするすべての加工法が直面する本質的な問題点であるが，一次電気入力からレーザ出力へのエネルギー転換効率が著しく悪い点である。これはレーザの抱える宿命的な問題で，現存する

第3章 高エネルギービーム加工

レーザでもっとも効率の高い CO_2 レーザでもわずか20％以下である。超微粒子生成の観点からは短波長レーザの方がレーザ出力に対する蒸発効率は高いが、レーザ発振効率そのものは数パーセント以下ときわめて低い。したがって、レーザ法の適用はある限られた物質あるいは他の方法では得難い粒径の超微粒子生成に当面は絞られるであろう。

最後に、レーザ加熱蒸発法による超微粒子生成には、連続レーザが適しているか、あるいはパルスレーザが良いかについて私見を述べてみる。レーザ加熱蒸発法は、基本的には、ターゲット表面物質を蒸発させる方法であるので、蒸発部以外の領域を必要以上に加熱する必要はない。連続加熱法では準定常状態において蒸発部の周辺に不必要に大きな溶融池が形成されるばかりか、その周辺の固体部への熱伝導損失が無視できないほど大きい。一方、適正な条件での繰り返しパルス加熱の場合は、ターゲットに吸収された熱が周辺に拡散損失する前に、有効に蒸発のために利用することができるので、エネルギー効率的に有利であることが理論的に予想される。現在、これに関する系統的なデータは皆無であるが、エネルギー効率のあまり良くないレーザ加熱蒸発法が工業的に採算性があるか否かを決定する上で、非常に重要な問題であると思われるので記しておきたい。

文　献

1) 日本化学会編，"化学総説，No.48, 超微粒子－化学と応用"，学会出版センター, 1〜211 (1985)
2) 上田良二，日本金属学会会報, **17** (5), 403 (1987)
3) 超微粒子編集委員会編，"超微粒子"，アグネ技術センター, 1〜150 (1984)
4) 宇田雅広，日本金属学会会報, **22** (5), 412 (1983)
5) 和田信彦，応用物理, **50** (2), 151 (1981)
6) 斉藤弥八，応用物理, **50** (2), 149 (1981)
7) 大野 悟，宇田雅広，表面科学, **5** (4), 426 (1984)
8) 宇田雅広，溶接学会誌, **54** (6), 318 (1985)
9) N. Wada, *Jpn. J. Appl. Phys.*, **5**, 551 (1969)
10) 和田信彦，金属, **48**, 50 (1978)
11) 和田信彦，セラミックス, **19** (6), 464 (1984)
12) 岩間三郎，浅田千秋，精密機械, **48** (2), 248 (1982)
13) 上田良二，熊沢峰夫，加藤学，和田信彦，松本守弘，豊田研究報告, 26号, 66 (1973)
14) M. Kato, *Jpn. J. Appl. Phys.*, **15** (5), 757 (1976)
15) J. S. Haggerty and W. R. Cannon, "Laser-Induced Chemical Processes", J. I. Steinfeld

ed., Plenum Press, 165 (1981)
16) W. R. Cannon, S. C. Danforth, J. H. Flint, J. S. Haggerty & R. A. Marra, *J. Am. Ceram. Soc.*, **65**, 531 (1984)
17) セラミックス-ニュースダイジェスト- **19** (6), 531 (1984)
18) 小管茂義, 他, 溶接学会全国大会講演概要-第39集-, 昭和61年10月, p.68
19) A. Matsunawa, H. Yoshida & S. Katayama, Proc. of ICALEO '84, **44**, 35 (1984)
20) A. Matsunawa and S. Katayama, Proc. of ICALEO '85, 41 (1985)
21) 松縄朗, 片山聖二, 有安富雄, 荒田吉明, 高温学会誌, **13** (1), 30 (1987)
22) 松縄朗, 片山聖二, 荒田吉明, 高温学会誌, **13** (2), 69 (1987)

(『機能材料』'87年8月号より転載)

第3章　高エネルギービーム加工

5　レーザによるセラミックスの合成

奥富　衛*

5.1　はじめに

材料開発においては，一般の既存材料の複合化や新機能促進のための欠陥制御といった研究と，結合状態の制御，非平衡状態を保持（圧力，濃度雰囲気，温度勾配）することによって新材料開発が行われてきている。新規物性を発揮する各種電子材料の創製にあたっては，特に，レーザを用いた非熱平衡プロセス技術（超急加熱，急冷法を利用した技術，あるいは，過渡的な結晶構造，組成，相状態等を考慮した方法）の開発が急務になってきている。これは，通常の熱平衡プロセスでは実現不可能な新規材料の創製が可能であることにある。レーザを用いた非熱平衡材料創製技術の潜在的な機能を効率良く抽出するには，短時間のレーザ照射に関する基礎研究と各種物理環境との併用による創製技術も望まれる。

本節ではCO_2レーザ光を熱源に用いて高強度，高靱性セラミックス素材の開発を目標とした合成技術として，はじめに，いくつかの高融点酸化物，PSZ（部分的安定化ZrO_2）-HfO_2系の合成，非熱平衡状態下にて創製されたAl_2O_3-WO_3系セラミックスの特性，球状粒子について述べ，次に最近注目されている超電導性セラミックスの表面結晶改質等について解説する。

5.2　レーザ焼結法による高強度，高靱性，耐熱性セラミックスの合成

5.2.1　PSZ-HfO_2系[1]~[4]

ZrO_2-HfO_2系では，図3.5.1に示す平衡状態図[5]からも明らかなように高温中で相転移が生じる。ZrO_2-HfO_2系間の合成実験を各モル比を変え，パワー密度；2.7 kW/cm^{2}で照射し急冷凝固した結晶は，粒界，粒内に多くの空孔や微細なクラックが見いだされた。空孔の発生は，試料内に残存する空気や，溶融過程で結晶から蒸発したガスによるものと考えられる。また，クラックの発生は，ZrO_2，HfO_2自身の高温中での相転移による影響と結晶の収縮が寄与している。相転移を防ぐためにY_2O_3をは

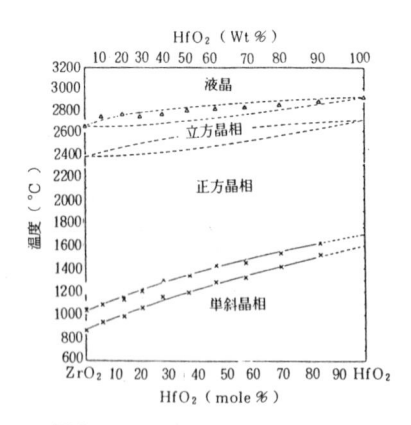

図3.5.1　ZrO_2-HfO_2系の平衡状態図
X印は単斜晶⇄正方晶への相転移温度
（高温X線回折）

---

*　Mamoru Okutomi　通産省工業技術院　電子技術総合研究所　光技術部光機能研究室

じめとしてCaO，MgOなどの酸化物が添加されているが，ZrO_2-HfO_2系において，Y_2O_3の混合量を増加した場合，立方晶ZrO_2相を含む粗大化した結晶粒が形成される。その機械的強度はビッカース硬さで示すと1560kg/mm^2，これは立方晶ZrO_2と同程度である。そこで強度向上を目的とし，Y_2O_3含有部分的安定ZrO_2：PSZ-HfO_2系についての合成結果を検討した[4]。

写真3.5.1は粉末成形体試料の破面(a)と各組成比における合成セラミック破面を示す。結晶粒界，および粒内には空孔はなく，HfO_2の混合量の増加に伴い結晶粒径は小さくなる傾向がある。図3.5.2にHfO_2の混合比に対する正方晶ZrO_2の減少率とその正方晶ZrO_2のa軸における格子定数の変化を示す。HfO_2の混合比が増加するに伴い正方晶ZrO_2は単斜晶ZrO_2に変化し，最終的にはZrO_2・HfO_2固溶体が形成される。また，32%HfO_2のところでa軸の格子定数が大きくなり，c軸/a軸の比率が逆転する。これは正方晶ZrO_2の相転移によるものである[6),7)]。図3.5.3はHfO_2の含有量の変化と結晶の硬さの関係を示す。ZrO_2-HfO_2系においては，32～36%mol HfO_2を含んだものが高硬度にあり，PSZ-HfO_2系ではHfO_2の混合比が25%以下，あるいは39%以上になると硬度は減少する。この場合，HfO_2の混合比が，25～39%molの範囲で1,700～1,800kg/mm^{2}の硬さを示す。

表3.5.1に合成結晶の融点，結晶相，硬度などの測定結果をまとめて示す。熱的特

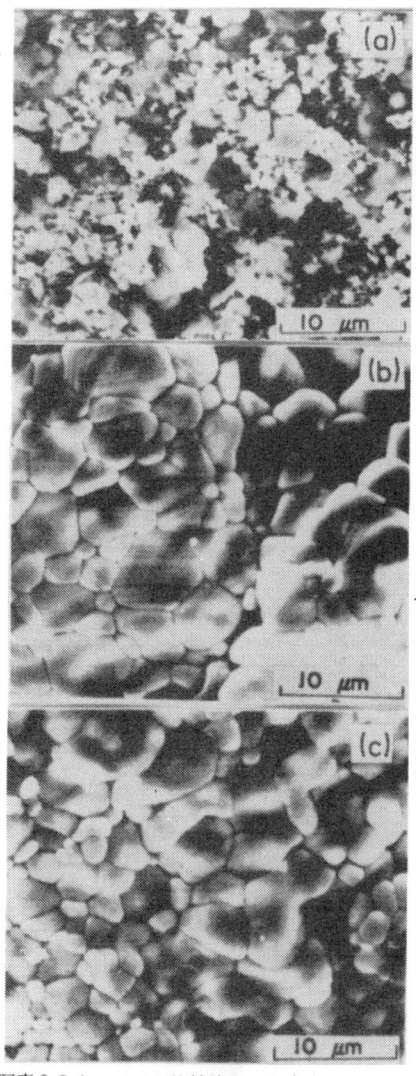

写真3.5.1　レーザ焼結法により合成したPSZ-HfO_2系セラミックスのHfO_2組成比の変化に基づく結晶粒子系の変化
(a) PSZ-15% HfO_2 仮焼試料の破面（レーザ照射前）
(b) PSZ-15% HfO_2 の破面
(c) PSZ-60% HfO_2 の破面

第3章 高エネルギービーム加工

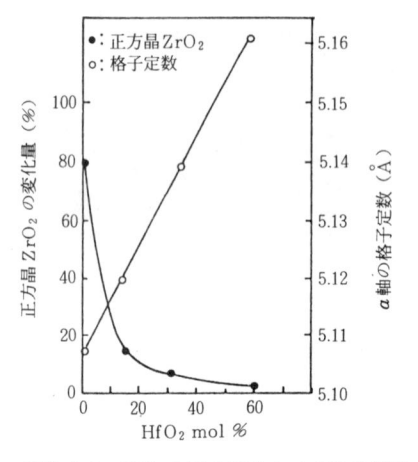

図3.5.2 HfO₂の混合割合による部分的安定ZrO₂における正方晶ZrO₂の変化量とそのa軸の格子定数の変化

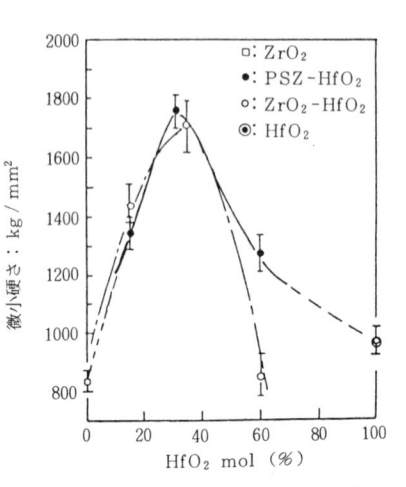

図3.5.3 HfO₂-ZrO₂, PSZ-HfO₂系における合成セラミックスの硬度とHfO₂の混合量との関係

表3.5.1 CO₂レーザ光による合成結晶の特性

試料	混合物 mol%	融点 °C	結晶相	硬度 kg/mm²
ZrO_2	—	2,750	M-ZrO₂	840±45
HfO_2	—	2,930	M-HfO₂	970±50
Y_2O_3	—	2,680	C-Y₂O₃	920±50
ZrO_2-HfO_2	15HfO₂	2,800	M-ZrO₂·HfO₂ss	1430±90
	36HfO₂	2,800	C-ZrO₂, ZrO₂·HfO₂ss M-ZrO₂·HfO₂ss	1700±90
	60HfO₂	2,850	ZrO₂·HfO₂ss	1660±90
ZrO_2-Y_2O_3	3Y₂O₃	2,750	T-ZrO₂, M-ZrO₂	830±50
PSZ-HfO_2	16HfO₂	2,750	T-ZrO₂, ZrO₂·HfO₂ss	1360±90
	36HfO₂	2,750	T-ZrO₂, ZrO₂·HfO₂ss	1750±60
	60Hf₂	2,850	T-HfO₂, ZrO₂·HfO₂ss	1280±60

PSZ：部分的安定ZrO₂（ZrO₂-3%mol Y₂O₃），M：単斜晶，T：正方晶，C：立方晶，ss：固融体

性としてはZrO₂-HfO₂系においては相転移がみられたが，PSZ-HfO₂系のセラミックスでは相転移はなく安定であった。ZrO₂-Y₂O₃-HfO₂系セラミックスは，高融点を持ち，また，結晶の硬さがAl₂O₃に近い。このことから，耐熱材料，高温に耐え得る機械構造材料，耐摩耗材料，お

よび，Y_2O_3の添加物量を制御することによって研削砥粒としての応用も考えられる。一例として難削材料にあるステンレス鋼へ研磨実験を試行した（図3.5.4）。ラッピング性能は，$PSZ-HfO_2$系，15，32% mol HfO_2の合成粒子が良く，加工物と粒子間の化学親和性が悪いことが逆に加工性能を向上させていることがわかる。本系におけるセラミックス材料は耐熱炉材，構造用材料，および添加物を制御することによって遊離砥粒，あるいは研削工具への応用も考えられる。

5.2.2 非熱平衡状態下における$Al_2O_3-WO_3$系の合成

$Al_2O_3-WO_3$系では1,230℃以上で液相を形成する。溶液相から急速凝固した場合には，構造的にも異なった物質が形成する可能性がある。各組成比において合成されたセラミックスは，$2Al_2O_3・5WO_3$生成物の他，状態図にない新化合物である$Al_2O_3・3WO_3$相が見いだされた。図3.5.5は本系における一例として$Al_2O_3-70mol$％WO_3の合成セラミックスのX線分析による同定結果を示す。この生成物の反応量を標準回折線強度比から概算すると70mol％ WO_3の場合には，Al_2O_3，$Al_2O_3・5WO_3$，$Al_2O_3・3WO_3$の生成物は順次，8.8，11.9，79.3％を与え，$Al_2O_3・3WO_3$が多量に生成している。表3.5.2はレーザによる合成セラミックスの結晶相，硬さ，照射中の試料表面温度をまとめた結果を示す。

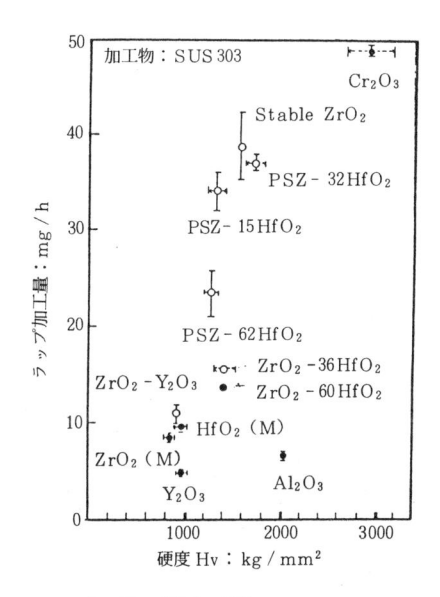

ラッピング条件：圧力：0.6 kg/cm²
ラップ回転速度と試料回転速度：30rpm
粒子径：2〜4 μm，ラップ濃度：50％
1回供給法

図3.5.4 レーザ焼結法により合成された各種セラミックス粒子による砥粒としてのラップ性能評価

各組成において合成されたセラミックスのうち，レーザ照射過程において興味ある現象は$Al_2O_3-40, 50mol$％WO_3のペレット試料をレーザパワー密度，2.5kW/cm²，5分間照射した場合，繰り返しの実験においても写真3.5.2に示すような山型の結晶がレーザ照射方向に成長していく。本系では照射中における試料表面温度は2,000℃に達するが，この場合，混合成分の蒸気圧差が生じる。WO_3の蒸気圧のオーダは2,000℃でアルミナのそれより4桁大きく，WO_3の分解，蒸発が活発に生じやすく，アルミナ単結晶が形成される可能性もある。そこで，育成した結晶とサファイヤ（$α-Al_2O_3$）との比較をレーザラマン分光法から分析した結果，本単結晶はタングス

第3章 高エネルギービーム加工

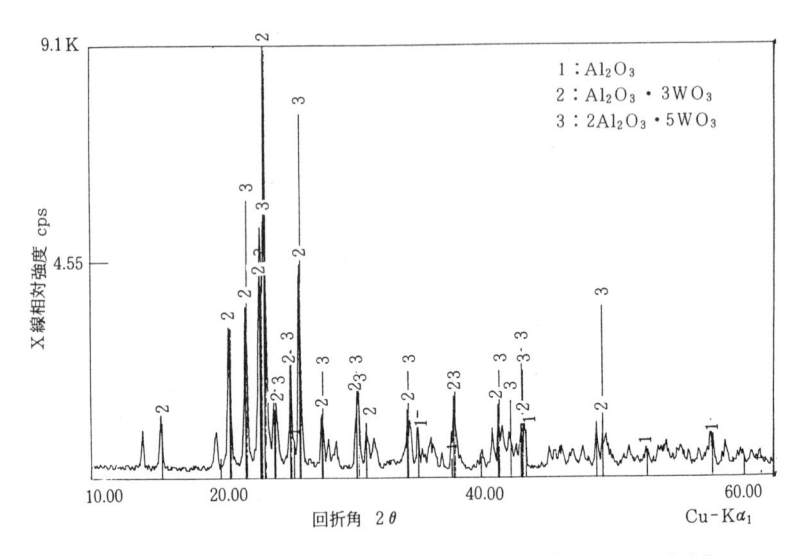

図3.5.5　Al$_2$O$_3$-70%mol WO$_3$の合成セラミックスのX線パターンと生成物の同定結果

表3.5.2　Al$_2$O$_3$-WO$_3$系における合成セラミックスの一特性
（融点，結晶相，微小硬さ）

組　成 mol %	融　点 °C	結　晶　相	硬　さ Hv：kgf/mm^2
Al$_2$O$_3$-20 WO$_3$	2100	Al$_2$O$_3$, 2 Al$_2$O$_3$・5 WO$_3$	1760 ± 50
Al$_2$O$_3$-30 WO$_3$	2100	Al$_2$O$_3$・3 WO$_3$	2010 ± 50
Al$_2$O$_3$-40 WO$_3$*	2100	Al$_2$O$_3$, 2 Al$_2$O$_3$・5 WO$_3$	2190 ± 50
Al$_2$O$_3$-50 WO$_3$*	2100	single Al$_2$O$_3$・3 WO$_3$	3700 ± 50
Al$_2$O$_3$-60 WO$_3$	2100	Al$_2$O$_3$,	1780 ± 50
Al$_2$O$_3$-70 WO$_3$	2100	2 Al$_2$O$_3$・5 WO$_3$	1150 ± 50
Al$_2$O$_3$-80 WO$_3$	2100	Al$_2$O$_3$・3 WO$_3$	1030 ± 50
Al$_2$O$_3$-90 WO$_3$	2100	WO$_3$	1000 ± 90

サファイヤ（α-A$_2$O$_3$）との比較をレーザラマン分光法から分析した結果，本単結晶はタングステンを含んだもので，ピーク強度もAlより高く，明らかにAl$_2$O$_3$単結晶とは全く異なるものであった[7]。X線構造解析結果から空間群：Pncaに属す斜方晶系で格子定数はそれぞれa=9.104, b=12.580, c=9.057Å, α, β, γ=90°，である。写真3.5.3結晶の内部組織の中心部における柱状結晶を示す。結晶においては，冷却過程で中心に向かって両側面から伸びた柱状相が交差し，

また，結晶の底部では成長してない粒子がみられる。レーザ照射中にAl_2O_3-3WO_3単結晶がビーム内で上部に向かって成長していく原因は，試料の溶融相を通してカーボン台へ熱伝達が生じる。このため溶融液内では温度勾配が生じるとともに一定の方位を持った生成核が析出し，固液界面を通して熱伝達が行われて結晶成長したものと考えられる。非平衡状態下における溶融，急速凝固過程を経て創製された結晶は，状態図にないAl_2O_3-3WO_3新化合物で，Al_2O_3-40-50mol% WO_3 の組成範囲にAl_2O_3-3WO_3単結晶が生成された。その硬度はビッカース硬さで3,700kg/mm^{2}に相当する。このようなことから，低温度で溶融相を呈する他の反応系においても未知なる新結晶があることが予測され，特に非熱平衡状態下における結晶合成は今後興味ある問題となろう。

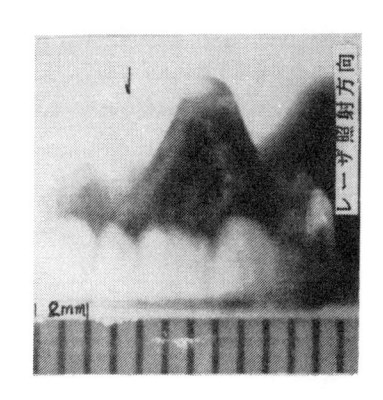

写真3.5.2 レーザパワー密度，2.5kW/cm^2，5分間照射した場合の山型の結晶の成長（レーザビームの照射方向に成長していく）

5.2.3 球状セラミック粒子の作製

レーザ熱源による球状粒子の創製法においては，多く報告[9]〜[14]されている。これらの多くはレーザ飛散法であり，共通点は溶融材料を大気雰囲気中にさらして飛散，あるいは落下，急冷させている。これらの方法では溶融部は大きな固まりとなり，40μm以下の粒子を製造することが難しく，また，粒径が大きくなることは球状性が悪く，粒

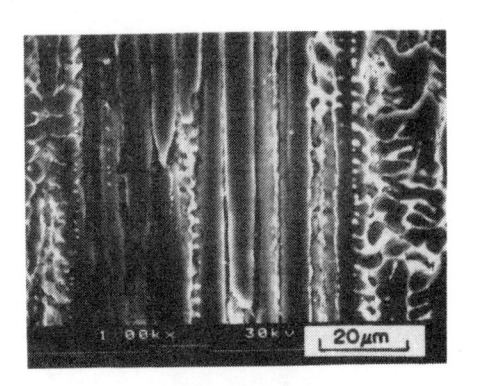

写真3.5.3 結晶の内部組織は中心部においては，柱状構造

子内部に空孔ができやすい。さらに，製造工程的にみても成形後，仮焼する必要があり合理的でない。そこで，使用要求の多い1〜20μm範囲の微小セラミック球状粒子の創製技術としてレーザ溶射法を開発した[1],[15]〜[16]。すなわち，上方から供給した原料の粉末粒子をレーザ集光ビーム中において粒子を溶融させるとともに，通過過程中においてその表面張力によりあらかじめ球状

化させ,その後,球状化した溶融粒子をビーム中からさらせて急冷,固化させながら微小球状粒子を創製するもので概要を図3.5.6に示す。

創製されたセラミック球状粒子について,2軸平均径を粒径分布図にプロットし直した結果を図3.5.7に示す。初期原粒において1μm以下の微粉末では,粒子間に生じる結合力によって分散

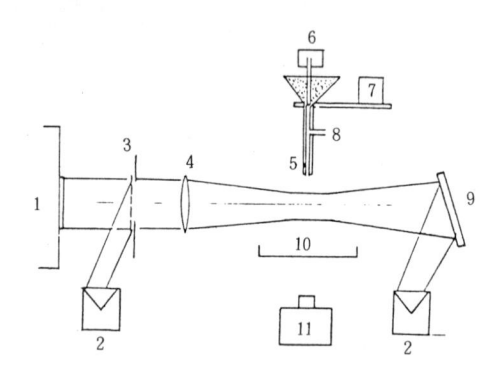

1.レーザ装置, 2.パワーモニター, 3.電磁シャッター, 4.レンズ, 5.ノズル, 6.荷重, 7.バイブレータ, 8.ガス入口, 9.ミラー, 10.試料受皿, 11.高速度カメラ

図3.5.6　レーザによるセラミックスの球状微粒子創製のための実験法の概要

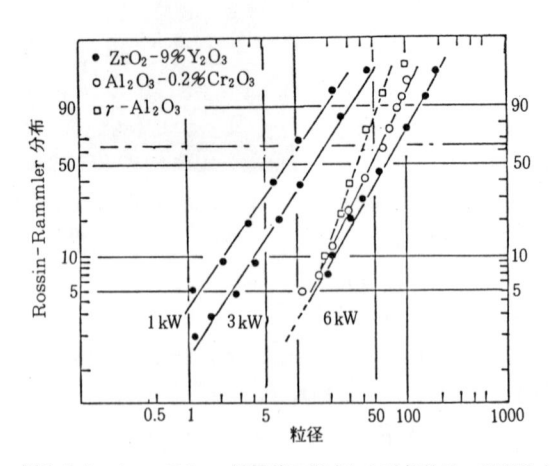

図3.5.7　レーザビーム通過後に形成した球状粒子の粒径分布

が悪く，凝集したまま落下，溶融する結果，平均粒径が大きくなる。ZrO_2の場合，レーザ出力を減少させていくと平均粒子径は小さくなる傾向にある。本条件において球状粒子径の大きさの変化は，レーザビーム出力と供給粒子の量，粒径の大きさ，その融点，光の吸収能力によってそれぞれ変動することが考えられる。採用した各種試料では本条件において 1 kW が最低限界となる。これ以下の出力では溶融効率が低下し，微小粒径のみが球状化する傾向を示す。使用した平均粒径，20 μm の立方晶ジルコニア粉末において，溶融効率（球状粒子の数/採集した粒子数）は 6 kW のところで 75% であった。溶融効率は，レーザパワー，粒子の組成，粒径の変化，熱拡散率と溶融温度によっても影響される。ZrO_2-9%YO_3（立方晶）において，供給した原粒に対してビーム通過後の形状は球状化していることが見いだされた（写真 3.5.4）。この場合，正方晶や単斜晶系への相転移はない。粒径が大きい 100 μm の一個の球状粒子は単結晶と一部多結晶との混成相から形成され，表面は平滑で，内部は完全に溶融し空孔がないことがわかった。

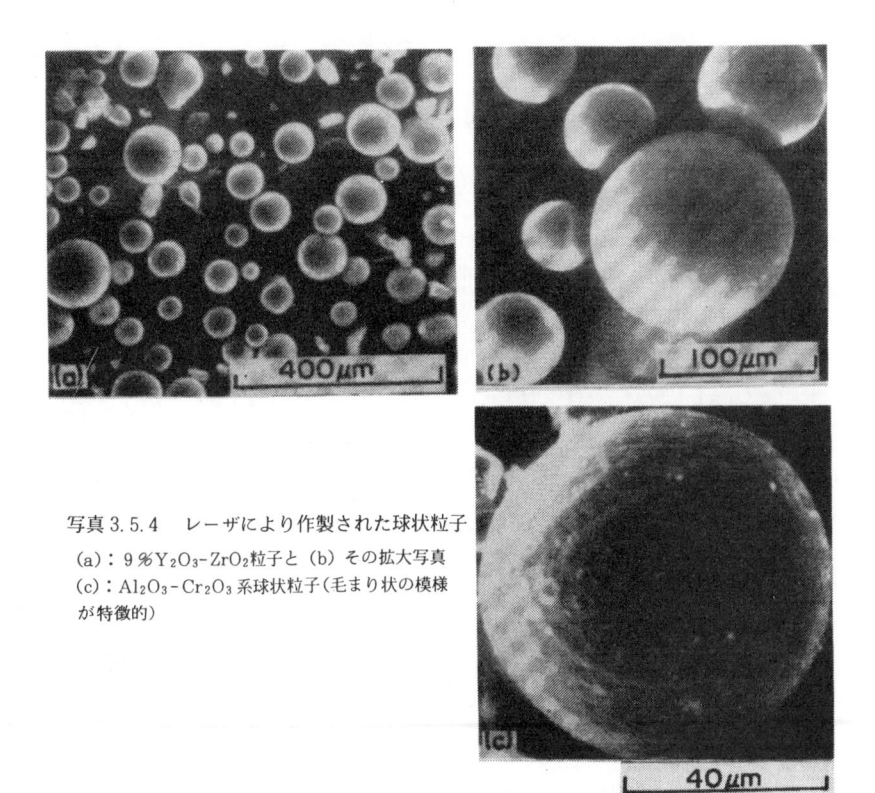

写真 3.5.4　レーザにより作製された球状粒子
　(a)：9%Y_2O_3-ZrO_2粒子と (b) その拡大写真
　(c)：Al_2O_3-Cr_2O_3系球状粒子（毛まり状の模様が特徴的）

写真3.5.4-(c)はAl$_2$O$_3$～0.2％Cr$_2$O$_3$系の球状粒子の拡大写真を示す。その表面は糸巻の模様が見られる。球状粒子の毛まり状の相は表面層のみに無定形相の出現，あるいは，粒子全体が無定形層を呈することが考えられる。X線的な解析からこの無定形層の厚さは概算で平均10 μmのアモルファス相であり，表面で回転しながら形成したことを物語る。このように，セラミック球状粒子はセラミック用原材料や，プラズマコーティング用素材，それにガラス，高分子，ゴム材料への添加補強材として利用される。

5.3 超電導性酸化物セラミックスの表面改質と超電導特性

酸化物超電導体における現状の問題点は，臨界温度特性を上げる方向と，電流密度を向上させる研究に大別される。後者において，材料物性の観点から機械的強度の向上と品質の安定性，磁場中での臨界電流特性を向上させることは，ピン止め力を強化が必要となっている。しかしながら，酸化物超電導体において，通電電流は結晶の表面だけか，表面を含むサブグレイン層か，それともバルク全体であるのかといった問題について基礎実験がなく明らかでない。ここでは，これらの確認とそれに基づきCO$_2$レーザ光を応用し，半導体，金属，誘電体，絶縁体的性質を有する機能材料である酸化物超電導体表面層の再結晶化実験を行い，その結果を述べる。

5.3.1 酸化物超電導体における通電電流分布

試料としては90K酸化物超電導材料の最も一般的なYBa$_2$Cu$_3$O$_{7-\alpha}$：（YBC）と，Srを加えたYBa$_x$Sr$_{2-x}$Cu$_3$O$_y$（YBSC）を選択した。焼結材料のかさ比重は理論密度の90％の5.7g/cm^{3}である。YBa$_x$Sr$_{2-x}$Cu$_3$O$_y$においては，Ba濃度を変化させた材料の$x=2$から$x=0.8$までの範囲では，完全な斜方晶系（1形）を示し，YBC（$x=2$）の格子定数は$a=3.866$，$b=3.816$，$c=11.671$Åである。$x=0.6$以下は絶縁相が混有するものである（図3.5.8）。YBa$_2$Cu$_3$O$_{7-\alpha}$およびYBa$_x$Sr$_{2-x}$Cu$_3$O$_y$系を本焼成した材料では$x=1.6$以上でマイスナー効果を示した。また，YBa$_2$Cu$_3$O$_{7-\alpha}$について試料長，試料幅で，その厚さを変えて切り出した試料の超電導特性はOnSet：97K，OffSetは85Kであり，これを用いて超電導磁石にて6Tまで印加してクエンチ特性にて磁界電流を求めた[17]。この場合，各試料の磁場中での通電特性を図3.5.9に示す。通電特性からわかるように電流は試料の断面積に全く比例しない。これは，断面積中に均一に流れていないことを教示する。むしろ，試料のペリメータで規格化してみると，図3.5.10のように磁界中の通電特性がよく説明できることがわかった。したがって，当酸化物超電導体の通電特性のピン止めはごく試料表面に分布しているのみで，試料内部にはほとんど分布しないことが理解される。

5.3.2 酸化物超電導体の表面再結晶化[18]～[21]

上述の事実から，酸化物超電導体の表面再結晶化の影響を調べてみた。その方法は，回転円盤上にカーボン材で作られた試料ホルダーに設置し，試料の回転中に上部からレーザ光を照射し，

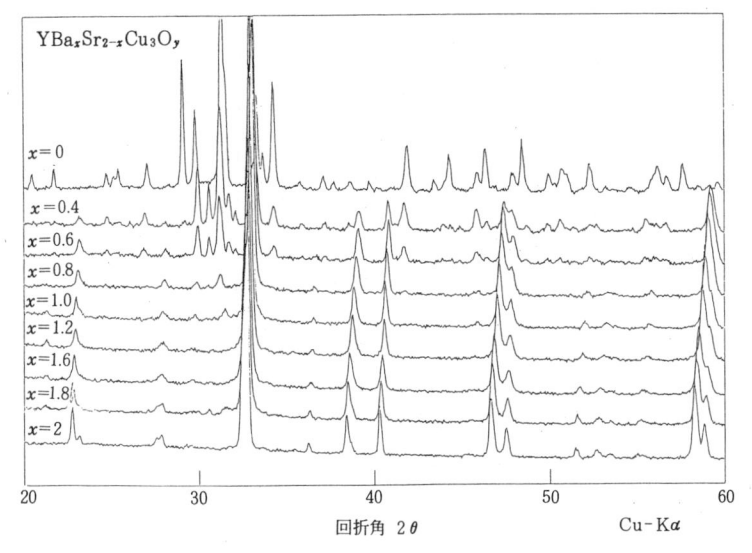

図3.5.8 $YBa_xSr_{2-x}Cu_3O_y$系におけるBa濃度変化によるX線パターン

ビームと同一方向から酸素を吹きつけながら行った（図3.5.11）。レーザ処理後の試料のX線回折パターンは高温相の斜方晶タイプ2形（$a = 3.835$, $b = 3.88$, $c = 11.744$ Å）と絶縁相としてBaY_2CuO_5系化合物，正方晶系（$a = 3.87$, $c = 11.63$Å），および，$BaCuO_2$化合物の生成が考えられる。これらについて検討した結果，正方晶系はなく，$BaCuO_2$に本来の斜方晶と斜方晶タイプ2形が混在した（図3.5.2）。

照射した時の蒸発量と照射表面からの反応層の厚さの関係を図3.5.13に示す。本$YBa_xSr_{2-x}Cu_3O_y$系では，$x = 0$を除く各組成の試料では，レーザ照射によって蒸気圧の高いバリウムや銅酸化物が表面に析出し$BaCuO_2$化合物を形成しやすい。

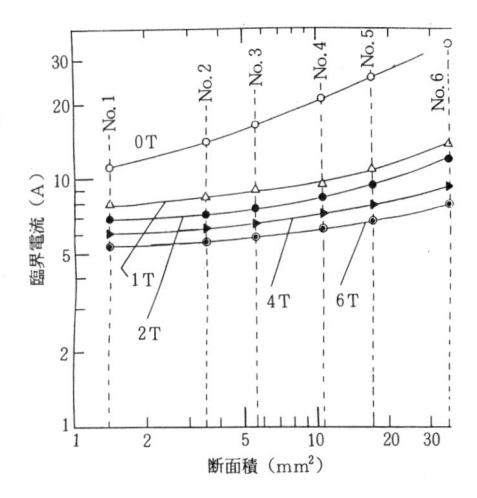

図3.5.9 磁場中での$YBa_2Cu_3O_{7-\alpha}$の通電特性と試料の断面積との関係

第3章　高エネルギービーム加工

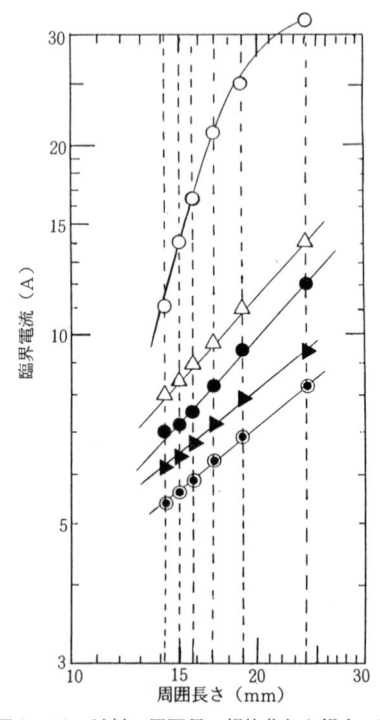

図3.5.10　試料の周囲長で規格化した場合の臨界電流の変化

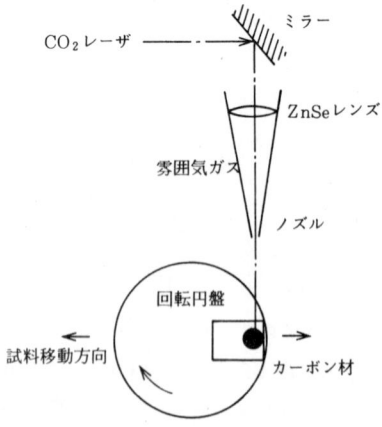

図3.5.11　酸化物超電導体の表面再結晶化実験の概要

5 レーザによるセラミックスの合成

照射前の試料
YBa$_x$Sr$_{2-x}$Cu$_3$O$_y$

	values
a	3.886772
b	3.816853
c	11.671646
α	90.000000
γ	90.000000
β	90.000000

レーザ照射

◇ Y$_2$BaCuO$_5$
▼ BaCuO$_2$
* 斜方晶Ⅱ形

レーザ照射後アニール面

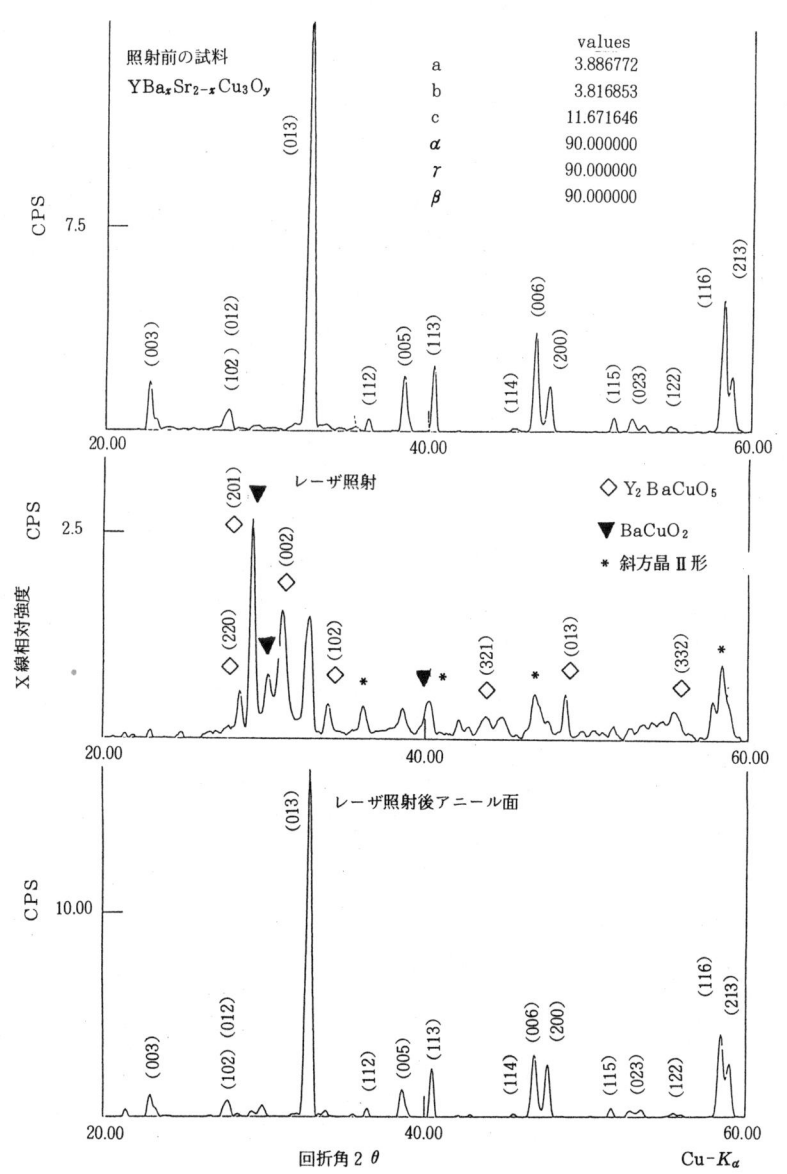

回折角 2θ　　　　Cu-K$_\alpha$

図 3.5.12　レーザ照射による表面変質層，およびアニール処理による X 線回折図

（レーザ照射では絶縁相が出現するが，920°C，3時間アニールで元の結晶に戻る）

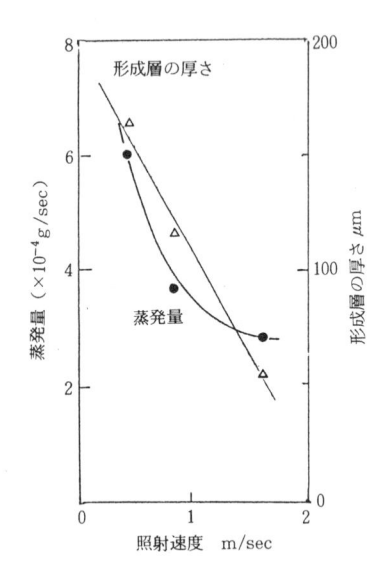

図 3.5.13 レーザ照射速度の違いによるYBSC $x=2$ (YBC)試料の蒸発量とその表面に形成された薄層の厚さ

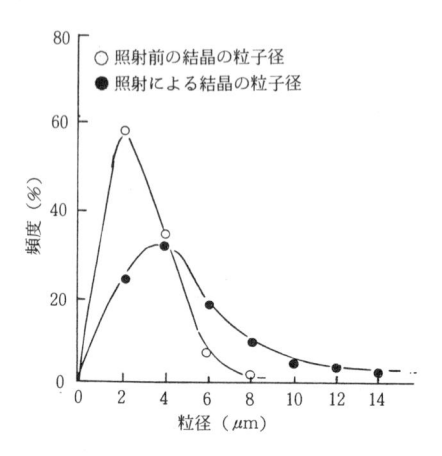

図 3.5.14 レーザ照射によるYBSC, $x=2$ における結晶の構成粒子径の分布(2軸平均径,個数:100)

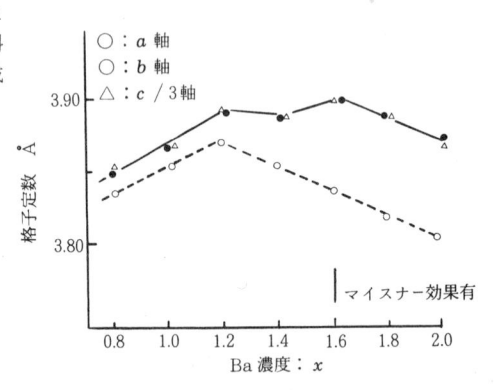

図 3.5.15 $YBa_xSr_{2-x}Cu_3O_y$ 系におけるレーザ照射後の格子定数の変化

写真 3.5.5 は(a)照射前の結晶の破面と,(b)照射による変質面(c)アニール面とその(d)結晶組織を示す。大気中電気炉でアニールした場合には,溶融薄層を呈し,その下部に結晶が析出し,この表面には元の斜方晶系(1形)に戻ることがX線的に確認された。そこで,この結晶組織を明らかにするために,エッチングした結果,(d)では,本焼成において見られた結晶粒間の大空孔はなく,結晶粒は照射前のものより大きく,緻密に充填されて揃った配向性を示す傾向にある。図 3.5.14 は初期結晶,照射後アニール処理した時の構成粒子径の分布を示す。照射後,構成結晶粒は大きくなり,長方形粒子が多くなって

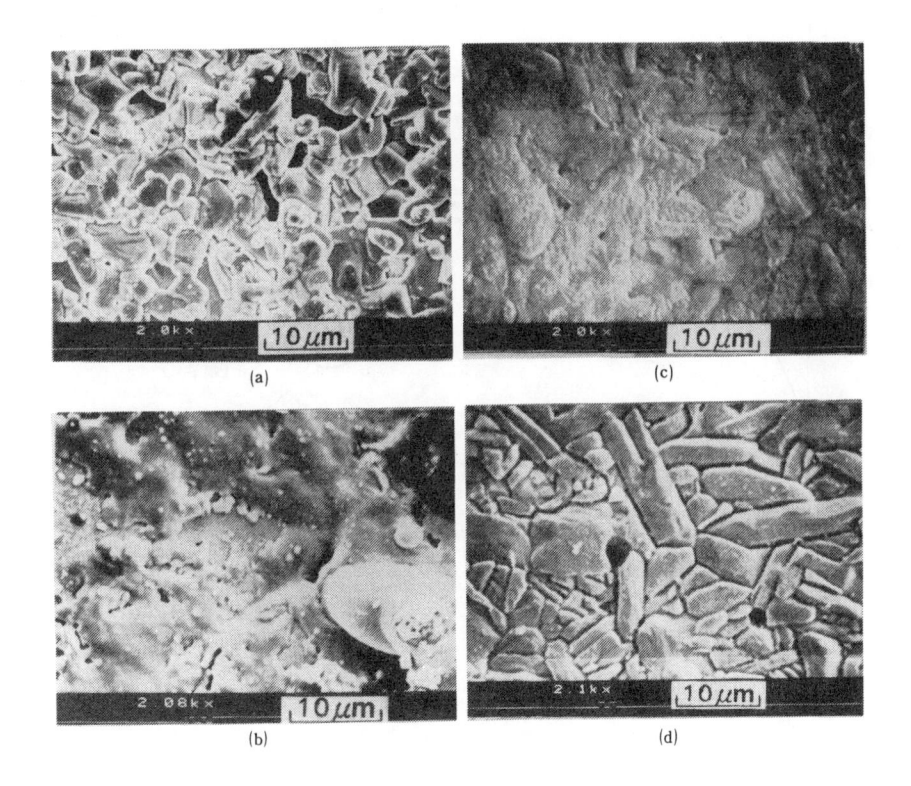

写真 3.5.5　レーザ照射によるYBa$_x$Sr$_{2-x}$Cu$_3$O$_y$（$x = 2$）の表面再結晶化
(a)：照射前の結晶破面　(b) 照射による変質面　(c)，920°C，3時間
アニール表面，　(d) アニール面のエッチング結晶面

いることがわかる。

　図 3.5.15 はYBSCにおけるBa濃度の変化と格子定数の関係を示す。マイスナー効果が生じた $x = 2$ から $x = 1.6$ までの範囲では各軸はわずかに長くなる。本結晶では c 軸の1/3の長さは，a 軸のそれに近似する。YBC：$x = 2$ の場合を基準として比較すると，Srの濃度増加に伴って b 軸が長くなることがわかる。

5.3.3　特性評価

　本レーザ照射法において，得られた超電導性酸化物セラミックスの超電導特性を4端子法により測定した結果，液体窒素中温度において，High T_c は変わらない。表面改質した結晶において，レーザ照射跡に対して，電極，電圧端子を平行にあるいは，垂直に取りつけた試料では興味ある結果が得られた。

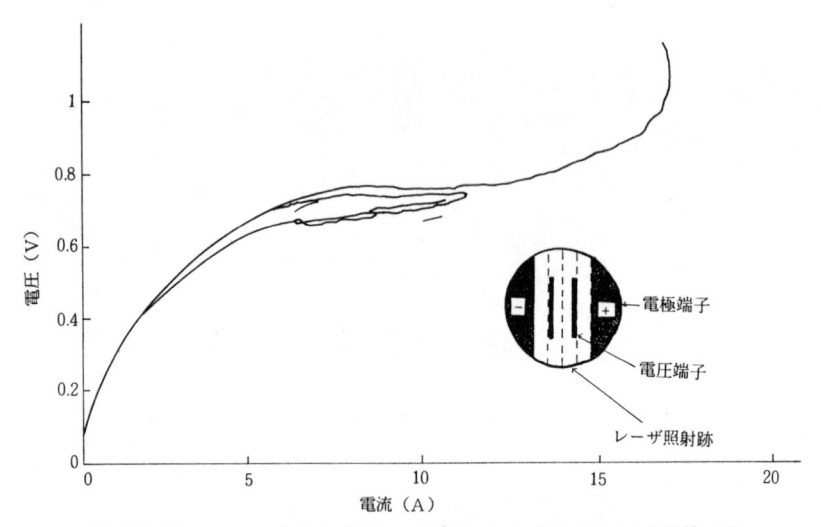

図 3.5.16 レーザ照射痕に平行に端子を取付けた時の電流 - 電圧特性（半導体特性を示す）

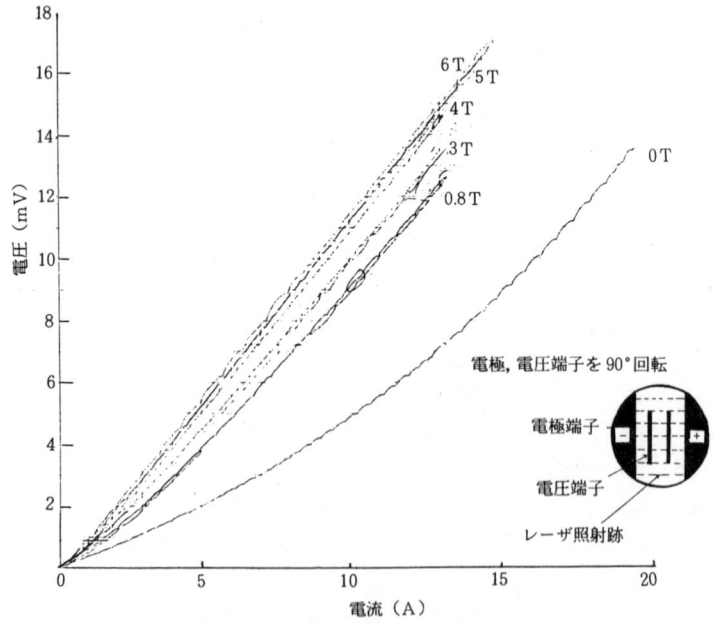

図 3.5.17 同一試料を90°回転し端子を取付けた時の電流 - 電圧特性
（金属的特性を示し，磁気記憶履歴効果を与える）

図3.5.16では半導体的特性を，図3.5.17では金属的特性を与えた。すなわち，半導体的なものは自己発熱から抵抗が増加し，電流を元に戻す過程では同じ軌跡を取らない。本試料では最高30アンペアで熱破損が生じた。同一試料において，端子を90度回転した場合では，金属的特性を与え，液体ヘリウム温度の高磁場発生装置内で0.75－6Tの場合，磁気記憶履歴効果を示した。図中，0Tはいったん室温にあげ再度測定したものである。すなわち，温度を上げることによって磁気記憶効果が無くなる。このように，レーザ照射によって表面，あるいは，表面を含んだ結晶において，レーザ照射痕跡に平行，垂直方向に電極を付けた時，半導体的特性と金属的特性を与える事実から，レーザ照射において表面での再結晶化がこの現象に関与していることが暗示される。では，短時間のレーザ照射で結晶に配向性が生じるプロセスはどうであろうか。溶融領域から析出，再結晶化した結晶において，c軸方向が揃うような温度勾配が生じたことが考えられる。例えば，初めの照射において溶融相から結晶核が析出し，成長が起こり，次の照射部では前照射部より高温になることが考えられ，結晶面内では熱移動によって温度勾配が生じる。この温度勾配によって結晶のc軸が配向し成長したものと推測される。

5.3.4 特異現象

瞬間的なレーザ照射に対して，長時間のレーザ照射実験では特徴的な現象が見いだ

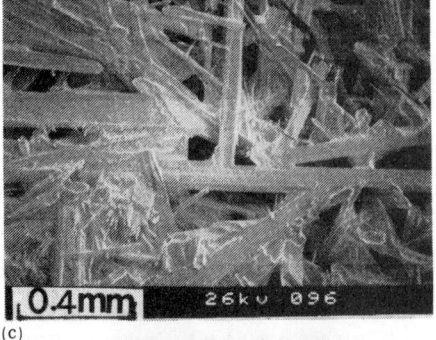

写真3.5.6　$YBa_xSr_{2-x}Cu_3O_y$系 $x=1$の試料における生成ファイバー(a)とその拡大写真(b)中央部の長い結晶，この組成は$YBa_{0.7}Sr_{1.1}Cu_{2.3}O_y$(c)バルク近傍の成長結晶でその組成は$YBa_{0.02}Sr_{0.47}Cu_{0.05}O_y$でX線的には$SrY_2O_4$系スピネル化合物のファイバー

された。レーザ出力：1 kW（デフォーカス），45 secの照射では，表面温度は1,400°Cに達する。当然，溶融が生じるが，$x = 1$の組成において，試料内部は写真3.5.6に見られるような針状結晶が成長する。針状結晶とその周りの組成は，2種類のファイバーによって形成される。写真3.5.6 (b)は長く成長した（長さ：3 mm〜5 mm，幅：100 μm）ものでYBSCの内，Ba成分が少ないものと，写真3.5.6 (c)はスピネル構造を示すSrY 204結晶であった。針状に成長した結晶では（YBSC）の絶縁相に斜方晶系，それに，YO_3-SrO化合物と考えられる結晶が育成していることがわかった[19]。

5.4 おわりに

　レーザ光を熱源とした新規物性を発揮する各種電子材料の創製にあたっては，特に，レーザを用いた非熱平衡プロセス技術へと移行している。これは，過渡的な結晶構造，組成，相状態等を考慮した方法によって，潜在的な機能を効率良く抽出させるのも一法であり，また，非熱平衡プロセスで予期せぬ新機能材料の発現とその展開が期待できる。ここでは，CO_2レーザ光の応用として，高強度，高靱性セラミック新素材の開発を目的とし，酸化物セラミックス（ZrO_2-HfO_2，ZrO_2-Y_2O_3-HfO_2系，$Al_{2-x}O_3$-WO_3系）の創製とその特性評価を述べた。とくに，非熱平衡状態下においては，状態図にない新化合物や，単結晶が発見でき，また，超電導性酸化物セラミックスの急熱-急冷法による表面改質では，配向性を持ち，表面の結晶は緻密化し，結晶粒界に存在していた大空孔が消去できるといった利点が示され，さらに，非熱平衡状態を保持することによって，ファイバー生成ができるなど，最新の研究について紹介した。レーザ応用技術は今後，高圧，高磁場等の環境条件との併用による基礎研究から，新材料，新機能を示す物質が誕生することが多いものと考えられる。

文　　献

1) 奥富 衛，セラミックス超高温利用技術，**53**（1984）シーエムシー．
2) M. Okutomi, M. Kasamatu, K. Tsukamoto, *et al., App Phy Letters.*, **44**〔12〕1132, 15, June 1132（1984）．
3) M. Okutomi, K. Tsukamoto, Proceeding of International Conference on Laser Advanced Materials Processing-Science and Applications- 595 May. (1987).
4) 奥富 衛，高温学会誌，**12**〔3〕109（1986）．
5) R. Ruh, H. J. Garrett. R. F. Domagals, N. M. Tallan., *J. Am. Ceram. Soc.*, **51**〔1〕23（1968）．

6) 奥富 衛, 機能材料, **17** 〔8〕11 (1987).
7) 奥富 衛, 機械と工具, **31** 〔7〕53 (1987).
8) J. Waring, *J. Am. Ceram. Soc.*, **48** 〔9〕494 (1965).
9) L. S. Nelson, Steam explosion studies with single drops of molten refractory materials", CONF-800403 18 (1984).
10) L. S. Nelson, S. R. Skaggs, N. L. Richardson, *J. Ame. Ceram. Soc.*, **115** 〔2〕115 (1970).
11) H. P. Stephens, *High temp Sci.*, **6** 156 (1974).
12) C. M. Janzen, R. P. Krepski. H. Herman : *Mat. Reserch Bull.*, **15** 1313 (1980).
13) J. R. Spann, R. W. Rice, W. S. Colent, "Laser processing of ceramics", Emergent process of ceramics., Plenum press (1984).
14) L. S. Nelson, N. L. Richardson, K. Keal *et al* : *High temp Sci.*, **5** 138 (1973).
15) 奥富 衛, 塚本孝一, 電気学会, 光, 量子デバイス研究会資料, OQD-87-6 37 (1987).
16) 塚本孝一, 奥富 衛, 内山 太, 第11回固体イオニックス講演要旨集, 79 (1984).
17) 野村晴彦, 奥富 衛, 北側彰一, 大西利只, 低温工学会63年秋期大会前刷集(1988)11月.
18) 奥富 衛, 北側彰一, レーザ熱加工研究会資料, 63年6/16. 176 (1988).)
19) 奥富 衛, 北側彰一, 昭和63年度精密工学会秋期大会前刷集, 559 (1988).
20) 奥富 衛, 野村晴彦, 北側彰一, 大西利只, 低温工学会63年秋期大会前刷集, (1988)11月.
21) 奥富 衛, 野村晴彦, 北側彰一, 小原明, 三橋慶喜, 昭和63年度高温学会秋期大会, (1988)12月.

6 レーザデポジション法による酸化物高温超伝導薄膜の形成

田畑 仁[*]，川合知二[**]

6.1 はじめに

　レーザを利用した応用技術の中の１つに，薄膜の作成がある。超伝導材料においては，1986年にIBMチューリッヒ研究所のベドノルツ，ミュラー両博士により酸化物系の高温超伝導体が発見され，以来数多くの研究がなされているが，これら超伝導体の薄膜を得ることは，超伝導現象の物理的な解明の点において，また素子，デバイス等の応用面からも大変重要である。

　酸化物高温超伝導薄膜の生成には，スパッタリング法をはじめCVD法，蒸着法など種々の物理的，化学的方法が用いられている。その中で，レーザによるアブレーションを利用して薄膜形成を行うレーザデポジション法は優れた薄膜形成法として認識されている。

　本節では，レーザデポジションによる酸化物超伝導薄膜の作製について，他の成膜法と対比しながら述べることにする。

6.2 レーザ法による薄膜形成の原理，方法，装置

　レーザを用いた薄膜形成では，酸化物超伝導体セラミックスターゲットにパルスまたはCWレーザ光を集光し光化学的アブレーションまたは熱的な蒸発を起こさせ，飛び出した原子，分子，イオン，クラスター等を対向する基板上に堆積する方法がとられている[1,2]（図3.6.1）。

　このプロセスのメカニズムは光の波長により異なってくるが，紫外領域で１光子当りのエネルギーが高いエキシマレーザでは，ターゲットに集光された光によってごく短時間に光化学的アブレーションが起こり，ターゲット上の微小領域がそのままえぐりとられる。えぐりとられた部分は，励起した中性原子，またはイオンにまで分解し，これらが対向する基板上に堆積する。このため，基板温度が低く再蒸発が起こらない条件ではターゲットの組成がそのまま膜に転写される。このエキシマレーザアブレーションでは，単純な熱作用ではなく光励起作用が中心となる。

　エキシマレーザ以外にも，赤外領域のYAGレーザや，CO_2ガスレーザを集光し超伝導薄膜の作製を行う試みもある。しかし，これら赤外光や，可視光のパルスでは，熱的過程が主になるためターゲットからクラスターやイオンが放出されるようである[3]。YAGレーザもエキシマレーザと同様にターゲット上の微小領域をそのままえぐりとる。ただし，多光子的に生成した高い振動励起状態を利用している。このため，えぐりとられた部分は微粒子またはクラスターとなって放出され，これが基板上に堆積すると考えられている。これまでのところ，高い１光子エネルギー

---

[*] Hitoshi Tabata　川崎重工業（株）技術研究所
[**] Tomoji Kawai　大阪大学　産業科学研究所

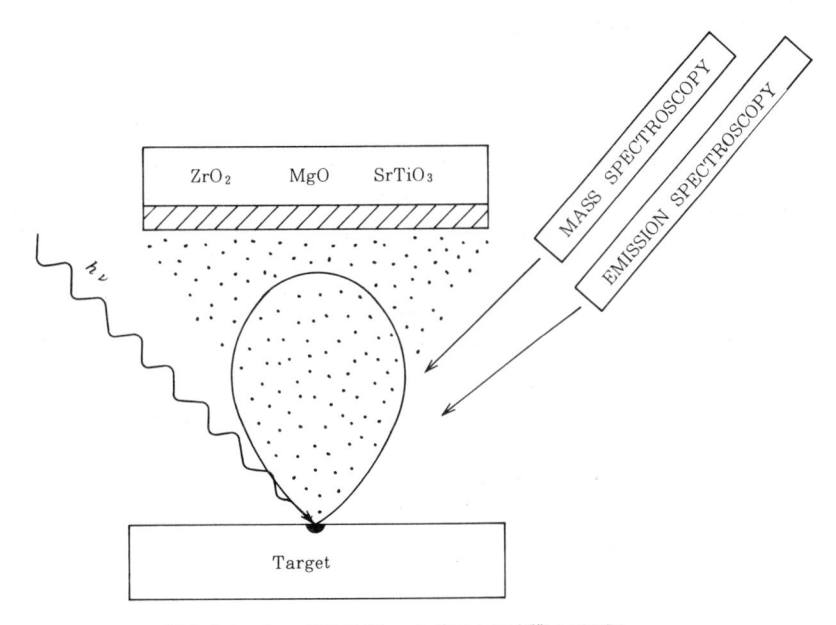

図 3.6.1 レーザデポジション法による成膜の原理図
ターゲットに照射されたレーザ光でアブレーションが起こり
対向した位置にある基板上に膜が形成される。

を持つエキシマレーザによる膜の方が表面が滑らかであるとされている。高い光子エネルギーのためアブレーションによって生成した原子，イオンは高い電子励起状態にあり，また完全にバラバラになるため，これが平滑な膜表面の形成に有効なのであろう。

エキシマレーザとYAGレーザは，パルス光であるのに対し，CO_2ガスレーザではCW光も使われている。このCWCO_2ガスレーザの場合は事情が異なる。1光子エネルギーが小さく，連続光であるため格子振動の励起すなわち加熱に用いられる。ターゲットの構成元素は熱的な蒸発過程で外に飛び出す。このため，低融点の元素が飛び出しやすく高融点の元素は飛びだしにくくなり膜とターゲットの組成ずれが起こってしまう[4]。

レーザデポジション法の成膜装置の例を図3.6.2に示す[5]。レーザ光は窓を通して真空系内に導かれる。光はレンズでターゲット上に集光され，アブレーションにより放出した原子，イオンは対向する基板上に堆積し膜が形成される。通常，酸素などのガス中で実験は行われ（0.1〜10^{-4} Torr），この酸素ガスが，基板上での酸化物の生成を促進する。レーザ強度はエキシマレーザの場合 0.3〜3J/cm^2 ぐらい，周波数は 1〜60Hz 程度である。膜形成メカニズムを調べるため質

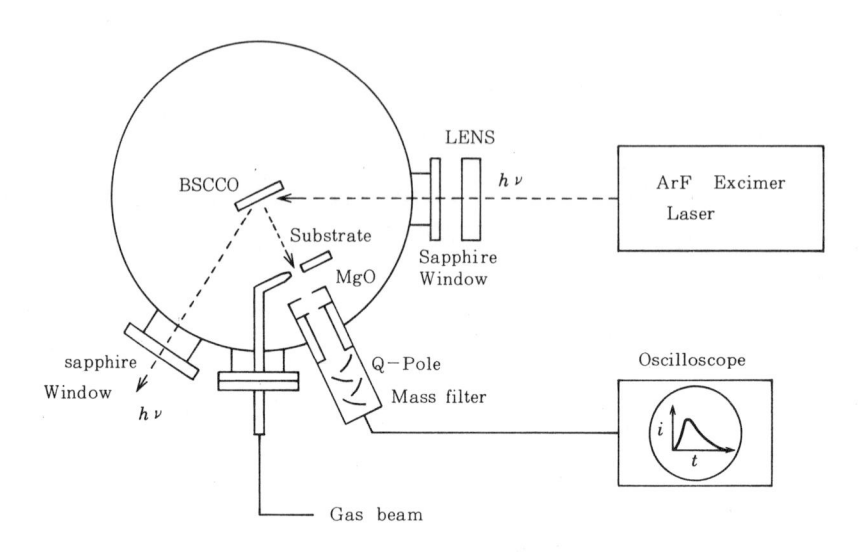

図 3.6.2　レーザデポジション法の装置図（本文参照）

量分析器や発光分光装置がとりつけられていることが多い．膜組成は，ラザフォード後方散乱，EPMA等の手段で決定される．

　これらの手法で得られた，膜の性質とアブレーションのメカニズムとの関係を要約すると以下のようになる．光が超伝導体に吸収され，固体内にエキシトンまたはイオンを生じる．光量が多いとき，このような励起種にさらに光が吸収されたり，励起種どうしが集合し，これらの反応中心を介して爆発的にプラズマ状態が生成する．このプラズマ状態が数10nsで冷えていく過程で，孤立した励起原子，イオンが生成する．バラバラになった励起原子，イオンは寿命が長く（1 μsec 以上），基板上に到達し堆積しながら膜を形成する．酸素存在下では，Y, Ba, CuやBi, Sr, Caなどと酸素が結合した分子からの発光スペクトルも得られている．レーザ光強度が弱いときは（100 mJ/cm² 以下程度），初期にプラズマ状態生成にいたらず，多光子過程を経て各元素が固体表面から脱離する．Y, Ba, Sr, Caなどはイオンになりやすいが，CuやBiは$Cu-O_x$，$Bi-O_x$などの分子状で放出されやすい．波長の短いエキシマレーザは，少ない光子数で高い励起イオン状態を生成できるためプラズマ温度も高くなる．このような過程を経て，最終的に寿命の長い励起状態の原子，分子，イオンが良質の膜形成に寄与する．

6.3 他の成膜法との比較

酸化物高温超伝導体の薄膜形成は大きく分けて，マグネトロンスパッタ法，イオンクラスタービーム法，蒸着法などの物理的な成膜法と，CVD，スプレーパイロリシス法やスピンコーティング法などの化学的な成膜法とによって行われている[6]。レーザを用いた成膜は，光化学的アブレーションを利用しているという点でこの中間に属しているといえよう。

レーザを用いた膜作成では，ターゲット表面の微小領域を構成する元素がそのままの組成で放出され，原子状，分子状，イオン状あるいはクラスター状になって対向する基板状に堆積するため，ターゲットの微小領域の組成がそのまま基板上に転写されるという特徴がある。このため他の薄膜作成法と比べて，ターゲット組成と膜組成のずれが比較的少ないという利点を持つ。レーザ法のターゲットとしては，超伝導体のペレットをそのまま使用することができる。このことは，Y系さらにはBi系，Tl系の酸化物超伝導体のように，非常に多くの構成元素をもつ薄膜を作成する上で，たいへん有利である。また，成膜速度も，物理的法であるマグネトロンスパッタ法に比べて，1桁から2桁速くすることができる。

超伝導膜形成でよく用いられているマグネトロンスパッタ法や，蒸着法とは以下のように比較されよう。

スパッタ法は，日本では最もよく用いられている手段である。この方法は金属，半導体，絶縁体にいたるまで広く薄膜生成に適用されている。しかし多元素系の酸化物高温超伝導膜の場合は，各元素のスパッタ収率が異なるためターゲットとつくった膜の組成ずれが起こりやすい。例えばY-Ba-Cu-O系の場合，ターゲットの銅成分を多くする必要がでてくる。さらに，成膜時に酸素ガスを共存させると，Baの減少などの組成ずれが起こる。したがって，最適なターゲット組成を得るためにかなりの数の予備実験が必要とされる。しかもこの条件は，各装置によって全く異なる。より良質の膜を得ようとするとき高速粒子の衝突を避けたり，再スパッタの防止に注意しなければならない。

蒸着法，MBE法は，低い成膜速度でゆっくりとエピタキシャル成長させる場合に最もオーソドックスな方法である。各成分が独立にコントロールできるという大きな利点がある。一方，多成分系になるほど元素供給源の数が増え複雑になる。また，酸素圧を高めると蒸着源が破壊されてしまうので，基板付近のみ酸素圧を高める工夫が必要となる。

以上レーザを用いた成膜法の特徴は，以下の通りに要約される。
1) ターゲット組成と膜の組成ずれが少ない。
2) 成膜速度を速くすることもできる。
3) 清浄な環境下，または圧力の高い有効なガス存在下で膜生成できる。

酸化物超伝導体の作成において，約1 Torrにもおよぶ高い酸素圧のもとで成膜できることは，

第3章 高エネルギービーム加工

他の方法と比べ決定的に有利である。組成ずれが少ないことは，酸化物超伝導体において，バルク試料がそのままターゲットとして利用できるというメリットとなる。4元系の，Y-Ba-Cu-O，さらに5～6元系の，Bi(Pb)-Sr-Ca-Cu-Oのように組成が複雑になっていく状況下で，レーザを利用した酸化物超伝導体薄膜の生成が，ますます有利になると思われる。

6.4 膜形成プロセスによる分類と実例

次に具体的な例として，レーザアブレーション，特に紫外光であるエキシマレーザを用いた酸化物超伝導体の作成について述べる。

膜を作成する方法は，そのプロセスの違いから，以下の3つに分けられる（図3.6.3）。

1) Post-annealing method（ポストアニール法）
2) As-deposition method（アズデポジション法）
3) Successive deposition method（積み上げ法）

6.4.1 ポストアニール法（Post-annealing method）

ポストアニール法では，膜堆積の段階では，結晶化を狙わず，おもに組成比を正確に制御する

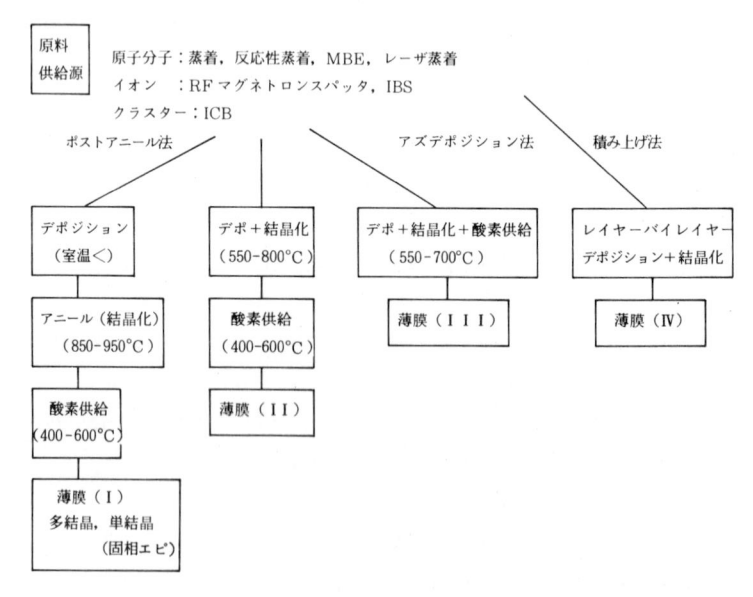

```
原料        原子分子：蒸着，反応性蒸着，MBE，レーザ蒸着
供給源      イオン  ：RFマグネトロンスパッタ，IBS
            クラスター：ICB
```

ポストアニール法		アズデポジション法	積み上げ法
デポジション（室温<）	デポ+結晶化（550-800℃）	デポ+結晶化+酸素供給（550-700℃）	レイヤーバイレイヤーデポジション+結晶化
アニール（結晶化）（850-950℃）	酸素供給（400-600℃）	薄膜（III）	薄膜（IV）
酸素供給（400-600℃）	薄膜（II）		
薄膜（I）多結晶，単結晶（固相エピ）			

（注） Y-Ba-Cu-Oを中心とした膜生成。Bi-Ca-Sr-Cu-O系の場合は処理条件が異なる

図3.6.3 超伝導薄膜形成法の分類
　　　ポストアニール法，アズデポジション法，積み上げ法におけるプロセス。

ことにポイントをおく。低温で堆積された膜（通常はアモルファス状）を，結晶化温度以上でアニールすることによって結晶化した膜を得る方法である[1),2)]（図3.6.3）。

$Y_1Ba_2Cu_3O_y$ の薄膜形成では[7),8)]，500°C以下の基板温度でレーザデポジションで膜生成を行い続いて，850～950°Cでアニールすることによって結晶成長をさせ，さらに正方晶－斜方晶転移を起こすように400～600°CでO_2供給を十分に行うことによって，超伝導特性を持った膜を得る。アニールプロセスにより表面が荒れてしまう欠点があるが，簡便に超伝導膜を得られる利点がある。レーザアブレーションで低温基板上に成膜する場合ターゲットとしては，$Y_1Ba_2Cu_3O_y$ の理想組成を持つ超伝導セラミックスペレットをそのまま用いることができる。

$Bi-Sr-Ca-Cu-O$系薄膜形成では[9)]，400°C以下の基板温度，～10^{-4}Torr程度の酸素雰囲気下で，膜作成を行い，続いて空気中780～890°Cで熱処理を行うことによって結晶化した膜を得る。Bi系には，$Bi_2Sr_2Cu_1O_y$，$Bi_2Sr_2Ca_1Cu_2O_y$，$Bi_2Sr_2Ca_2Cu_3O_y$ の3つの超伝導相が知られており，それぞれの超伝導臨界温度は，7K，80K，110Kである。これらの3つの相を持つ薄膜をそれぞれ独立にポストアニール法で作りわけることができる。$Bi_1Sr_1Ca_1Cu_2O_y$ ターゲットを用いて，室温で堆積させた膜を，800°C程度または890°C以上でアニールすると，$Cu-O_2$層1枚を含む7K相（または半導体相）が，850°Cで短時間焼成すると，2枚の$Cu-O_2$層を含む80K相が，また鉛(Pb)をBiに対して10～20%ドープして，850°Cで15時間ほどアニールすると，$Cu-O_2$ 3枚を含む100Kを越える高温相の薄膜が生成する。図3.6.4にそれぞれの膜のX線回折パターンと，温度－抵抗曲線を示す。また熱処理により結晶相は以下のように変化していく。基板温度400°C，O_2（～10^{-4}Torr）の条件下で，数百mJ/cm^2 でレーザアブレーションにより作成した膜のX線パターン図3.6.5に示す。図からわかるように，アズデポ状態ではあまり結晶化していないが，760°Cでアニールするとかなりの結晶化がみられ，800°Cではほぼ結晶化は終了している。さらに840°Cまで温度を上げると，分解が始まり半導体相が生成し始める。

6.4.2 アズデポジション法（As-deposition method）

アズデポジション法は[10)]，基板を結晶化温度以上に保持して，アズ・デポ時に結晶化した超伝導膜を得る方法である（図3.6.3）。活性酸化雰囲気（例えばN_2O）を利用したり，基板とターゲットとの間にリングを設置して電圧を印加して放電を起こさせたり，あるいはレーザにより直接基板を励起したりすることによりアズ・デポ状態で結晶化した膜を得る試みがなされている。

$Y_1Ba_2Cu_3O_y$ 系では，通常550°C＜T_s＜800°Cの基板温度下で，O_2 を十分に供給することによってアズ・デポの超伝導膜が形成できる。レーザ法では，酸素圧を高めることができるので，0.1Torrの高い酸素圧下，77Kで160万A/cm^2 を越える薄膜が5分間のレーザ照射で作成することができている。また，レーザとプラズマを組み合わせると，活性な酸素(O_2^+)雰囲気ができ，450°Cという低温で，$SrTiO_3$ や MgO をバッファ層としたSi基板上に$T_c=80$Kを越える超伝導膜をア

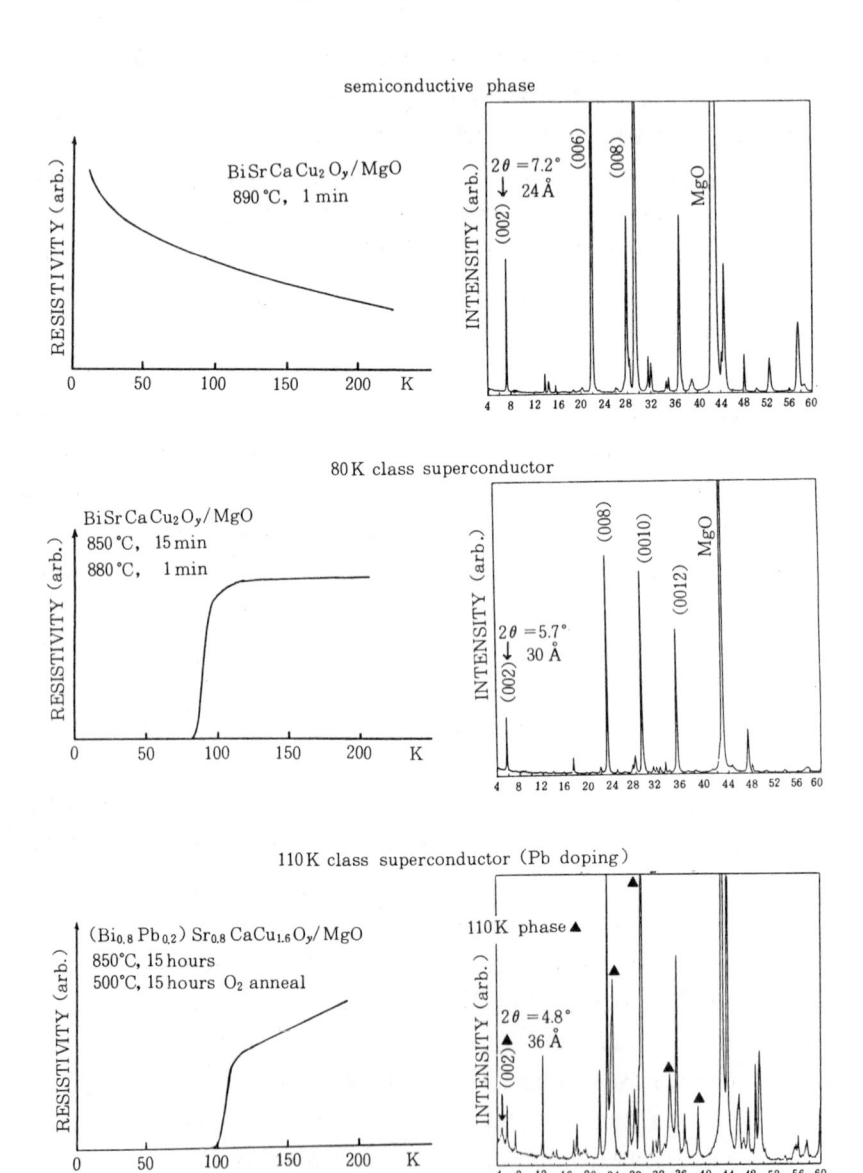

図3.6.4 Bi-Sr-Ca-Cu-O系超伝導体薄膜の半導体相，80K相，110K相それぞれの温度-抵抗曲線とX線回折パターン

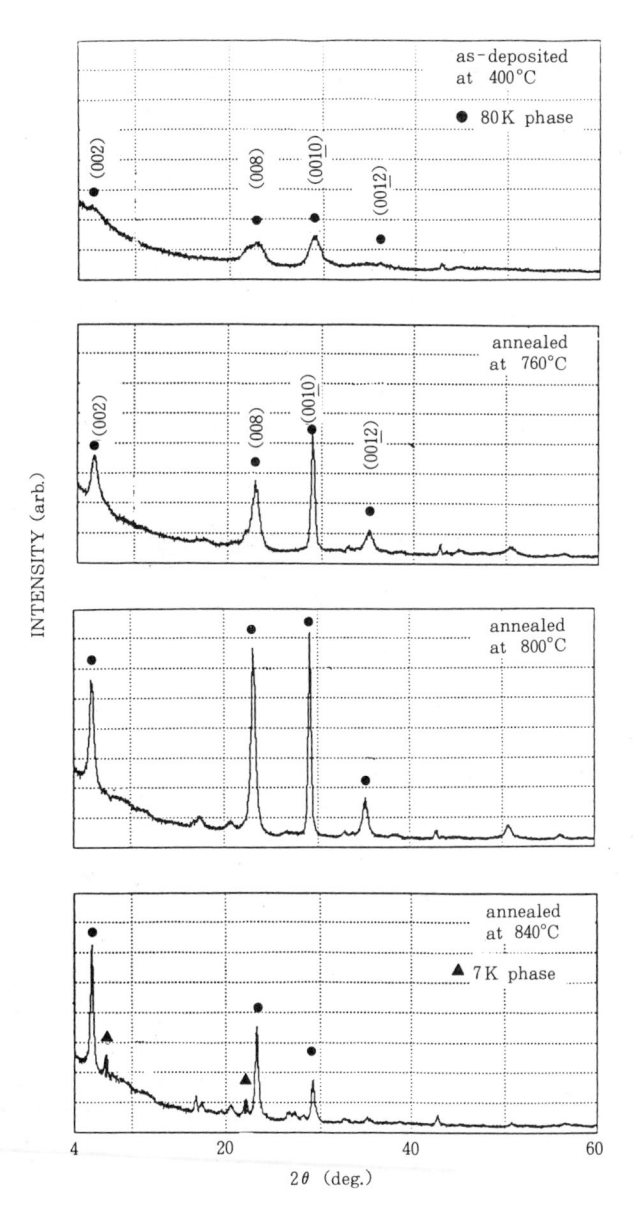

6 レーザデポジション法による酸化物高温超伝導薄膜の形成

図 3.6.5 Bi(Pb)-Sr-Ca-Cu-Oのアズ・デポ薄膜および高温での熱処理によるX線回折パターンの変化

ズ・デポで形成することができる[11]（図3.6.6）。

Bi系においても，$400°C < T_s < 800°C$の基板温度下で，先に述べたようなN_2O雰囲気を利用したり，電圧印加を行ったり，レーザで基板照射を行ったりして，低温化が実現している。

ところで，図3.6.5において，400°Cというかなり低い基板温度にもかかわらず，アズ・デポ時

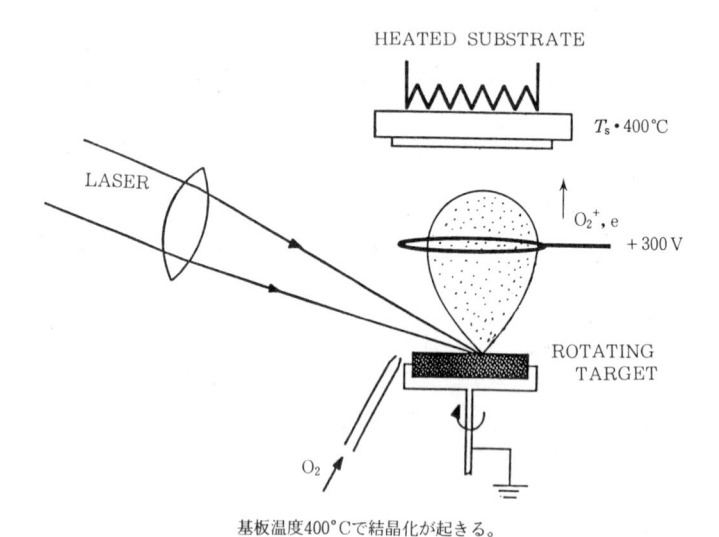

図3.6.6 レーザアブレーションとリング電極による酸素中での放電との組み合わせによる超伝導体薄膜形成の装置図

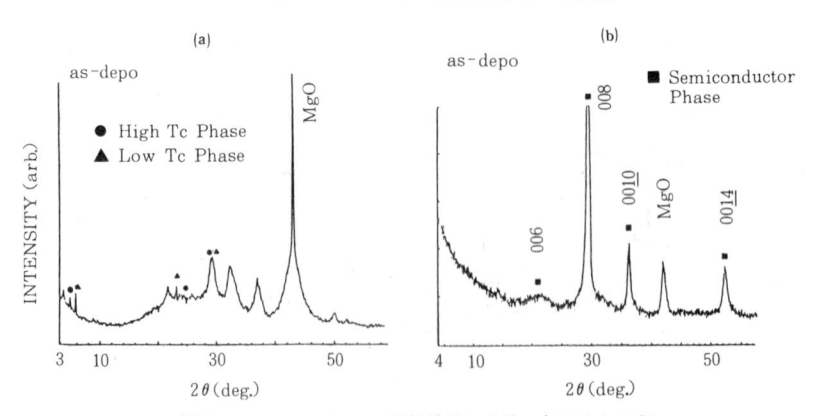

図3.6.7 ターゲットの結晶構造が薄膜に転写された例
高温相を含むターゲットを用いると高温相が(a)，また半導体相を含むターゲットを用いると半導体相が(b)膜に転写される。

ですでに結晶化がみられている。ブロードなX線パターンがこれを示している。この理由として、レーザ照射によりクラスターが生成し、これによってターゲットの構造が膜に転写されるというメカニズムで成膜が起こっている事が考えられる。その根拠になるものとして図3.6.7に、ほぼ単相の7K相を有するターゲットと、80K相+110K相（1：1）のターゲットを用いて膜作成を行った結果を示した。これよりアズ・デポの膜が、ターゲットの結晶構造をそのまま有していることがわかる。クラスター状態でターゲットの構造転写が起こっている可能性があるように思われる。クラスターによる膜の形成は、レーザ法の特徴であると考えられ、このメカニズムを利用した構造のコントロールは有効であろう。

6.4.3 積み上げ法 (Successive deposition method)

先に述べた、1）の方法は、結局バルク試料を作るのと同じ作成法によるものである。このような方法では、アズ・デポ時では形成されていた結晶構造が高温で結晶化させるときに、高温で安定な構造に変わってしまうことがある。つまり、膜の構造はアズ・デポ時の状態によらず、主にアニール時の条件によって決定されてしまう事になり、低温でのみ安定な結晶構造は、この方法をとる限り得られないことになる。

Bi系は、2枚のBi_2O_2層に挟まれるCuO_2層の数が、1枚、2枚、3枚と増加するごとに、臨界温度が7K、80K、110Kと上昇するが、各々を得るためのアニール条件は、非常に微妙である。したがってこの層数を意のままにコントロールできるようになることは、非常に意味のあることである。

積み上げ法は、これを実現しようとするものである。Bi系についていえば、例えば$(Bi, Pb)_2O_3$、$SrCuO_y$、$CaCuO_y$の3種類のターゲットを用いて、各々へのレーザ照射時間を変化させることによって欲しい組成の膜を作り分けることができる[12]（図3.6.8）。7K相、80K相、110K相と3種類の超伝導膜を作成しようとするとき、各々の組成を有した3種類のターゲットを準備する必要はなく、$CaCuO_y$ターゲットへの照射時間を調節することで、簡単にBi_2O_2層間に挟まれるCuO_2

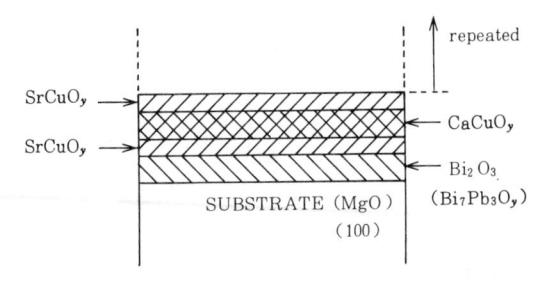

図3.6.8 積み上げ法によるBi(Pb)-Sr-Ca-Cu-O薄膜の形成のスキーム

第3章 高エネルギービーム加工

層の数を制御できるのである。またこの方法を用いれば，熱力学的な安定性から通常は実現しないような構造を持つ結晶を，人工的に作り出すことも可能であり，新しい超伝導体を合成することも可能である。ターゲットとしてBi_2O_3(あるいは$Bi_7Pb_3O_y$)，$SrCuO_y$，$CaCuO_y$の3種類を用いて，基板温度480°Cで作成した膜のX線回折パターンを図3.6.9に示す。$CaCuO_y$ターゲットへの照射時間を変化させることによって，Bi_2O_2層間にCuO_2層が4層と5層を持つような相を480°Cという低温で合成できた。図3.6.10にはこれら$Cu-O_2$ 1枚から5枚までの結晶相の構造を示してある。

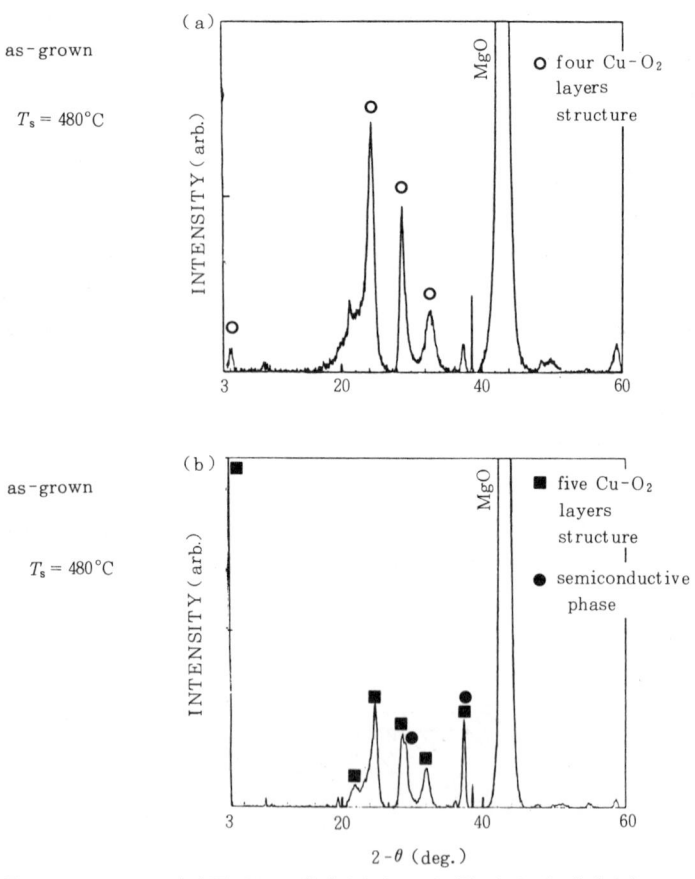

図3.6.9 N_2Oガス存在下480°Cで作成された$Cu-O_2$層4および5枚を含むBiSrCaCuO薄膜のX線回折パターン

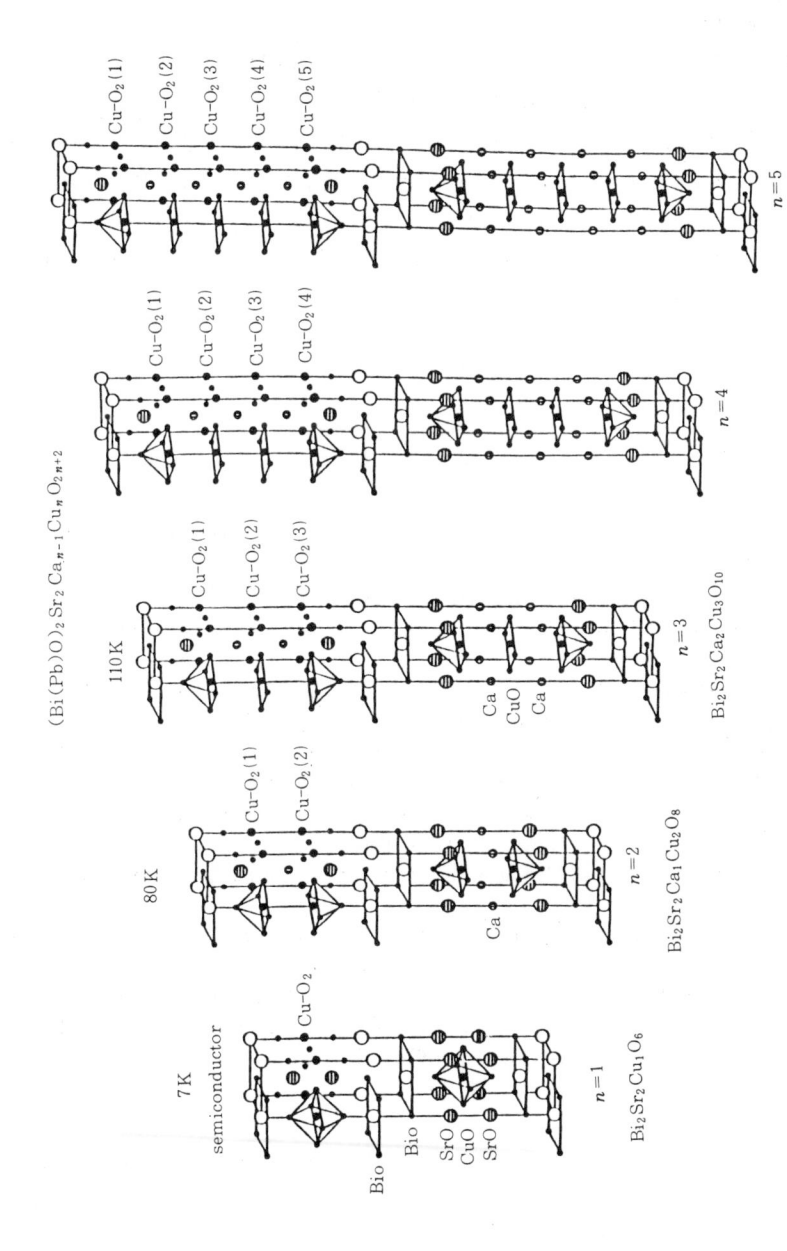

6 レーザデポジション法による酸化物高温超伝導薄膜の形成

図3.6.10 Cu–O₂層が1から5枚までのBiSrCaCuO化合物の結晶構造

第3章 高エネルギービーム加工

6.5 今後の展望

　薄膜の作成においては，作成者がその意志で思いどうりに膜の構造を制御し得る"積み上げ法"のアプローチがますます多くとられていくことと思われる。

　レーザの利用は，超伝導体において薄膜の生成だけに限られるものでなく，レーザを用いたエッチング，集光したAr^+イオンレーザで，微小領域を加熱し，相分離を起こさせ絶縁性線を引く方法，レーザドーピング，レーザ加工などの様々な方向に向かっていくと思われる。

　このように，レーザを利用した技術は，酸化物高温超伝導体薄膜の合成加工においてもさらに使用されるであろう。

文　　献

1) T. Kawai, M. Kanai and M. Kawai, *Mat. Res. Soc. Proc.*, **99**, 327 (1988).
2) D. Dijkkamp, T. Venkatesan, X. D. Wu, S. A. Shaheen, N. Jisrawi, Y. H. Min-Lee, W. L. McLean and M. Croft ; *Appl. Phys. Lett.*, **51**, 619 (1987).
3) S. Komuro, Y. Aoyagi, T. Morikawa and S. Namba, *Jpn. J. Appl. Phys.*, **27**, L34 (1988).
4) K. Tachikawa, I. Watanabe, S. Kosuge and M. Ono, *Mat. Res. Soc. Proc.*, **99**, (1988).
5) M. Kanai, T. Kawai and M. Kawai, *Jpn. J. Appl. Phys.* **27**, L1293 (1988).
6) 川合知二，ニューセラミックス，Vol. 1 (No. 4), 43 (1988).
7) M. Kanai, T. Kawai, M. Kawai and S. Kawai, *Jpn. J. Appl. Phys.*, **27**, L 1293 (1988)
8) T. Minamikawa, Y. Yonezawa, S. Otsubo, T. Maeda, A. Moto, A. Morimoto and T. Shimizu, *Jpn. J. Appl. Phys.*, **27**, L619 (1988).
9) H. Tabata, T. Kawai, M. Kanai, O. Murata and S. Kawai, *Jpn. J. Appl. Phys.*, **28**, 430 (1989)
10) X. D. Wu, B. Dutta, M. S. Hegde, A. Inam, T. Venkatesan, E. W. Chase, C. C. Chang and R. Howard, *Appl. Phys. Lett.*, **52**, 1193(1988)
11) S. Witanachchi, H. S. Kwok and D. T. Shaw, *Appl. Phys. Lett.*, **53**, 908 (1988).
12) T. Kawai, M. Kanai, H. Tabata and S. Kawai, *Proc. Conf. Sci. Tech. Thin Film Superconductors*, Colorado Springs (Plenum) in press.

（『機能材料』'87年8月号より転載）

7 レーザによる単結晶の育成

7.1 はじめに

林 成行[*]

1960年,Maiman博士がルビー・レーザの発振に成功して以来,30年足らずの間に,固体,液体,気体レーザといった多くの種類のレーザが発明された。そして現在,それらのきわめて優れた光学特性は,光通信,計測と情報処理,医療,加工さらに核融合などの広範な分野で活用されている。その中で,10.6 μmの波長で発振するCO_2レーザは高い効率と大出力が得られるために,有力な加熱源として早くから注目されてきた。1970年 D. B. Gasson と B. CockayneはCO_2-N_2-He混合レーザにより,Al_2O_3(融点 T_m = 2,050 °C),Y_2O_3(T_m = 2,450 °C)などの高融点酸化物の単結晶育成を試みた[1]。続いて,J. S. Haggertyは200 WのCO_2レーザで,空気,Ar,Cl_2,H_2,CH_3のいろいろな雰囲気を選び,ビームのエネルギー密度,入射角,育成速度,成長方位などの種々の育成条件の組み合わせを変えて,酸化物,炭化物の単結晶育成を行った[2]。さらに,C. A. Burrus と J. Stoneは直径50 μm,長さ0.5 cm程のNd:YAG(T_m= 1,950 °C)を成長方位を制御して育成し,室温でCWレーザ作動を達成した[3]。国内では高木と石井がサファイヤの育成を行い,単結晶中に形成される欠陥(マイクロボイド)について詳しい検討を加えている[4]。

このような代表的な実験例を眺めてみると,レーザ加熱による単結晶育成の基礎技術は,この頃すでに相当な水準に達していたように思われる。そして,育成の目的はおのおのの研究者によって違っているが,育成結晶の直径が,共通して2 mm以下,多くの場合100 μm程のものであることはレーザ加熱の特徴をよく表わしていると言える。細い結晶を再現性よく育成する技術は光ファイバのような応用面ばかりでなく,ごく少量の高価な原料を使って完全度の高い単結晶にして,物性の研究に提供するという面で重要な役割を担うものと思われる。

本稿では,最近この方面で活躍している米国スタンフォード大学のFeigelson教授のグループの研究成果を紹介しながら,レーザ加熱によるmodified pedestal growth method (LHPG)が融液成長の課題である凝固,成長形態,結晶組織,欠陥,新物質の創製にどのようにかかわっているのか解説することを目的としている。なお,詳細な解説は文献5),6)を参照されたい。

7.2 結晶育成装置・育成法

一般に使用されているレーザ加熱装置は共通点が多いので,ここでは単なる例として,スタンフォード大学のCMRに設置されている装置の概略を述べる。レーザ源は50 W CO_2レーザで,

---

[*] Shigeyuki Hayashi 東北大学 金属材料研究所

第3章　高エネルギービーム加工

多くの酸化物，フッ化物から吸収率の低い金属，合金まで，その適用範囲はきわめて広い。He：N_2：CO_2ガスの比は，出力範囲によってわずかに変えるが，ほぼ3：1：1である。雰囲気は真空，空気，Arなど選択できる。原料棒の径（＜1mmφ）をより細くすることで融点が2,700℃付近の物質まで局所融解できる。試料の径は50 μm〜1,500 μm，長さは200 mm，移動速度は0.1 mm〜100 mm/minの無段可変であって，実体顕微鏡（最高倍率：70倍）の下で観察しながら径-長さの制御を自動，手動で行う。さらに，結晶育成中の過程がビデオに記録できるので，再生によってその動的過程が自由に観察できる。このことは結晶成長の研究に便利で期待以上の効果を発揮する。

試料と光学系の配置例を紹介する。

(1) 最初にC. A. BurrisとJ. Stoneが試みた配置が図3.7.1に示されている。これは簡単で有用であるので，現在でも多数の物質に適用されている。図3.7.1(a)はレーザ源から出たビームが2つの光路に分けられ，さらにZnSeレンズで200 μmφに絞られてやや斜め上から原料（feed）の先端に照射されていることを示す。レーザを受けた先端部は溶けて半球に近い形の溶融部が作られている。種結晶（seed）は方位制御された単結晶，多結晶また他の物質が用いられる。図3.7.1(b)はseedを降下させて溶融部に接続し，安定な溶融帯（Molten zone）の形に調節した後，一定速度で引き上げていることを示している。育成結晶の径はfeedの径の1/2〜1/4になる

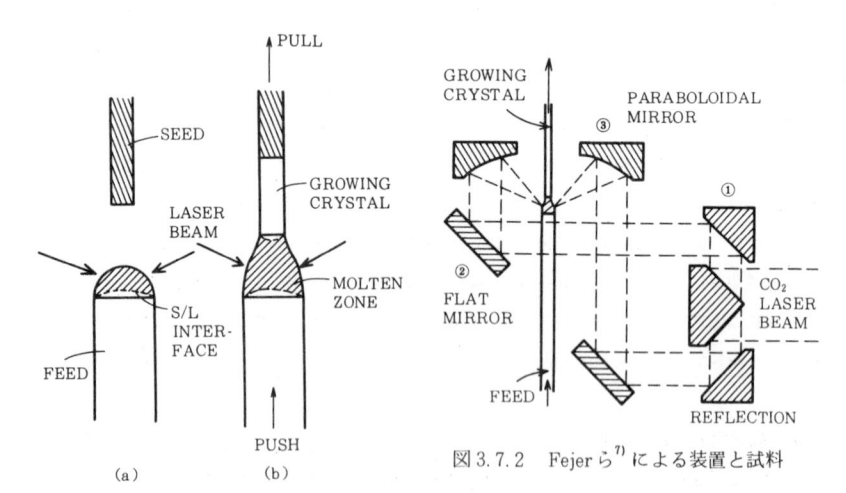

図3.7.1　BurrisとStone[3]による二方向ビーム結晶育成法
(a) Feedのみ溶融
(b) 結晶育成の途中

図3.7.2　Fejerら[7]による装置と試料

よう調節する。

結晶成長中は溶融帯の形がまったく変わらないようにfeedを移動し，パワー微調する。一方向または二方向からのビームによる加熱の際は溶融帯の中で温度の不均一分布はさけられないので，不都合のおこる場合はfeedの回転によって温度の均一化をはかる必要があろう。

(2) 上の簡便型と比較して本格型とも言える配置が図3.7.2に示されている。これはFejerら[7]によって開発された方法で，その後しばしば使用されている。試料部は(1)と同様なので光学系について述べる。①は発振管から出た円状のレーザ光線を円錐反射鏡で受け，さらに直角に曲げてドーナツ状の光線を送る。②は45°傾けた同心円反射鏡で直角に曲げて上方へ送る。③は同心楕円反射鏡で受けて試料の一点に集光させる。この方法ではビームが試料の一周にわたって照射されるので，温度の均一性は高く，パワーも有効に作用するので，より高融点・大径の物質まで融解できる。しかし実験前に光路の微調に手間がかかり，光学系全体にかなりの費用を必要とする。

7.3 試料径，溶融帯の長さ・形状

融液から育成された結晶の中には結晶粒界，積層欠陥，転位，ボイド，点状欠陥が存在していて，完全理想結晶に比較して低い完全度をもつ。しかし，結晶のサイズを極端に小さくすると結晶の完全度は高くなり，構造敏感な諸物性はその理想値へと漸近する。たとえば，育成した結晶中の転位密度 N は，S. V. Tsivinsky[8] によれば次の式で与えられる。

$$N = \frac{\alpha}{b}\left(\frac{dT}{dZ}\right)_0 - \frac{1}{D}\frac{2\tau_c}{Gb}$$

ここで α は線膨張係数，b はバーガース・ベクトル，$(dT/dZ)_0$ は界面での結晶軸方向の温度勾配，D は試料径，τ_c は臨界剪断応力，G は剛性率である。この式は D が細くなれば転位密度は減少し，ある太さで無転位結晶が得られることを示している。この関係は実験的に確かめられており[9]，また，無転位結晶も実際に得られている[10,11]。この例でも分かるように試料の径を細くすることは結晶の質を変える程の効果をもっている。

レーザ源は焦点距離の長いレンズで100 μm程度に絞ってエネルギー密度を高めることができるので，細径をもつ高融点結晶の育成に大きな威力を発揮する。しかし，技術的に難しい面もいくつかあって，1 mm以下の径をもつ単結晶育成の場合，特に溶融帯の安定制御はより厳密に考察されなければならない。溶融帯の体積は $\pi r^2 l = 10^{-5}$ c・c 程度なので，マクロな対流やマランゴニの流れは無視できて，それは融液の表面張力だけで保持されると考えてよい。そしてその内部では原子の拡散が起こっている。この溶融帯の安全性をより詳細に考察したのはW. Heywangであった。

彼は，細い結晶では安定な最長溶融帯 (l_{max}) は直径 d に比例して増加し，太い結晶では $l_{max} = 2.84 (\gamma/\rho g)^{1/2}$ の臨界値があることを示した[12]。ここで γ は表面張力，ρ は融液密度，g は重力の加速度である。

また，Lord Rayleigh[13] や W.G.Pfann ら[14] は無重力の下では $l_{max} = \pi d$ が成り立つことを示した。S.R.Corriell らは細い結晶に対する重力下の溶融帯の安定性は Bond 数 $B = \rho g d^2/4\gamma$ という無次元因子に支配されることを示した[15]。一方，Kim ら[16] はサファイヤやシリコンについて細い結晶育成を行い，彼らの理論的結果と一致することを実験的に確かめた。筆者の経験によれば，Feigelson らの値と同様，試料径と原料径の比は 1/2.5 前後で安定であった。また，溶融体の形状は写真 3.7.1 に示すように固液界面の上下で直径が変わらないように調節することが大切である。特に，金属のような反射率の高い物質では溶融帯の形状のわずかな変化に応じて温度が下がり，やがては固化してしまうこともあるのでその形状は厳密に一定に保たれなければならない。

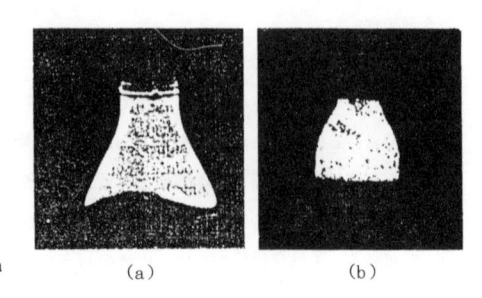

写真 3.7.1　溶融帯の形状の比較
(a) 良好形[6]
(b) 出力過剰形[23]

7.4　種々の単結晶

レーザ光を加熱源とするこの単結晶育成法は原理的には帯溶融法の変形であるから，F-Z 法の利点はすべて生かされている。すなわち，種結晶を用いた成長方位の制御，ルツボの不要性，高い温度勾配による組成的過冷却の減少，異種原子のドーピングや合金化などが可能である。例として，Co-Fe 合金を図 3.7.3 に示す。ここでは Co と Fe の原料棒（〜0.5mmφ）を並行に配置して両者の先端で Co-Fe 合金融液を作り，そこから Co-Fe 合金単結晶を育成した。組成はおのおのの原料棒の径を調整して行うが，その均一化をはかるため，育成速度を十分に小さくする必要がある。前に述べたように，レーザ加熱は微小面積に集中するため温度勾配（〜1,000 ℃/cm）は極端に高い。それゆえに試料にクラックが入ったり，破壊されることがある。育成中に生じるクラックは良質結晶を seed に用いること，長く育成するとクラックが止まることを知っていれば防ぐことができる。また，ボイドが育成結晶中に形成されることがあるが，界面不安定に起因すると考えられるので育成速度をより小さくする必要がある。このほか，できた結晶が不透明になったり，白く濁ることがある。いずれの場合も育成後の適切な熱処理は結晶の完全性を向上させるために非常に重要な過程である。以下，物質の特性で分類して育成結晶を数例紹介す

る。

7.4.1 揮発性物質

高温で蒸気圧の高い結晶は，高圧のかかる結晶炉でない限り育成困難である。MgO ($T_m = 2,800 °C$) は融液からの蒸発が激しく育成できない。Gd_2O_3 と MoO_3 に分解していて MoO_3 の蒸発が著しい。そこで，育成中の MoO_3 の蒸発分を補うように原料の中に過剰な MoO_3 を配合しておく。こうして径 200〜600 μm，長さ 10 cm ほどの $Gd_2(MoO_4)_3$ 結晶が 3.5 mm/min の育成速度で作られた[17]。

7.4.2 分解溶融する物質

ある特定の温度で，液体と固体が反応して別の固体ができる。逆に，ある個体が分解して液体と固体になる。この反応を包晶反応という。包晶は固有の融点をもたないので，直接融液から作ることはできない。したがって，この種の結晶は通常適当な融剤を使って析出させて育成する。また，組成の1つを過剰に入れて溶液から結晶を析出させる。レーザ加熱による単結晶育成法はこの溶液成長にも適用される。図 5.7.4 は包晶化合物の状態図(a)と2つの育成過程(b),(c)を示している。図 3.7.4(a)で，組成 C_1 の包晶化合物は温度 T_2 で組成 C_3 の液体Bと組成 C_4 の固体Dとで包晶反応をおこす。この包晶単結晶 (C_1) を育成する1つの方法として，組成 C_2 をもつ溶融体を組成 C_1 の固体の上下の間にはさんで，徐々に移動させる。このように feed を溶解し，同組成の結晶を下面に析出させることができる（図 3.7.4(b)）。図 3.7.4(c) は他の方法を示している。すなわち，全長にわたって組成 C_1 の feed に溶融帯を作り徐々に移動させると，最初は組成 C_4 の結晶が析出するが，次第に溶融帯の組成は C_3 に近づき，組成 C_4 の結晶と包晶反応をおこして定常状態に達する。ここでは，溶融帯の組成変化に対応してその温度が T_1 から T_2 へ変わること，C_2 の結晶析出につづいて包晶反応を通して C_1 結晶に変化することに注意して，育成速度は十分に小さくしなければならない。包晶の一例として，$Y_3Fe_5O_{12}$（YIG）結晶の育成について紹介する。Fe_2O_3-Y_2O_3 系の状態図[18]によれば，この結晶の包晶温度は 1,555 °C である。そこで，この温度以下で溶液となるよう Fe_2O_3 を過剰に加えた feed を用い，seed に YIG 結晶を用いて，レーザ加熱によって結晶育成を行った。その結果，育成速度が 0.25 mm/min では，過剰な Fe_2O_3 をストリエーションとして含む YIG 結晶が得られた[19]。育成速度は溶融帯の組成に対応した温度で，その移動中にその形状が変わらないような速度の最大を選ぶべきである。上の実験例において，育成速度をより小さくすればストリエーションは消失すると思われるので，

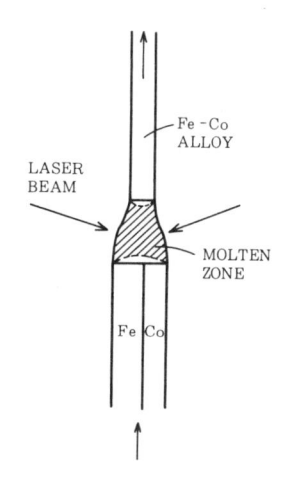

図 3.7.3　Co-Fe 合金の育成

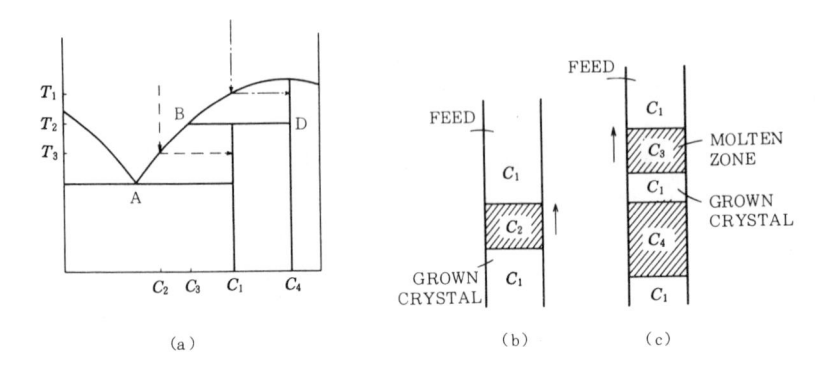

図 3.7.4　包晶化合物の育成
(a)　代表的状態図
(b)　組成 C_2 結晶を feed 間にセットした後，溶解して移動する場合
(c)　feed (C_1) を溶解して移動する場合

この方法は包晶化合物の細い単結晶育成に十分利用できる。

7.4.3　ファセットをもつ物質

一般に，浮遊帯溶融法で結晶育成する場合，固－液界面の形状はメルト側に凸である。金属のように融解の潜熱が小さい物質では，この界面はほぼ等温面に沿って湾曲している。しかし，潜熱の大きい物質では，図 3.7.5 に示すように，界面の一部が等温面から離れて低指数平面（ファセット）で構成されることがある。このファセット面上では，ステップの移動による沿面成長となるので，不純物の濃度が高くなり育成した結晶中にコアとよばれる領域を生じる。この領域の存在は結晶の均一性を著しく低下させるので，いかにしてその発生を防ぐかが融液成長の大きな問題となっている。R. S. Feigelsonら[19] の Nd：YAG についての実験によれば，育成結晶の直径が 500 μm ではコアは形成されたが，それが 200 μm 以下では消失し，組成の均一性は向上したことを報告している。レーザ加熱では，通常界面は鋭く湾曲するので，この実験結果はファセットの大きさに臨界値があることを示唆している。

7.4.4　金属性物質（CoとFe）

金属のようなレーザの吸収率が低く，熱伝導率の高い物質はこの方法が適用しにくい物質である。ここでは，筆者らが Co と Fe を選んでレーザ加熱による単結晶育成を試みた結果を紹介する[20]。0.5 mm に線引きした Co と Fe を化学腐蝕して表面に凹凸をつけて原料（feed）とした。seed の径は 100 μm 程度に細くする必要があった。理由は太い seed を溶融部に接触させると熱の移動が大きく，溶融帯が瞬間的に固化してしまうからである（一度固化した部分を再溶解することは，

熱膨張によって試料が移動してレーザビームからはずれるので，ステージの微動操作が余分に加わりほとんど不可能となる）。この細いseedが溶融部に接触して幸いにも切断しなければ，seedの径とfeedの径の比を1：2.5程に調節して単結晶の育成を行う。パワーは過剰気味にかけるので，溶融帯の形状は理想形ではない。図3.7.6は溶融帯の形状をかなり正確に描いている。図3.7.6(a)は通常の配置で，Coに比較してFeは表面の薄い層のみ溶解したことを示す。図3.7.6(b)は試みに用いた配置で，サファイヤとfeedを並行にセットして，レーザビームをサファイヤに照射しその熱で溶解したことを示す。これによって溶融帯は安定し，パワー(a)の場合の1/2に減少した。次に，育成結晶の二例を示す。写真3.

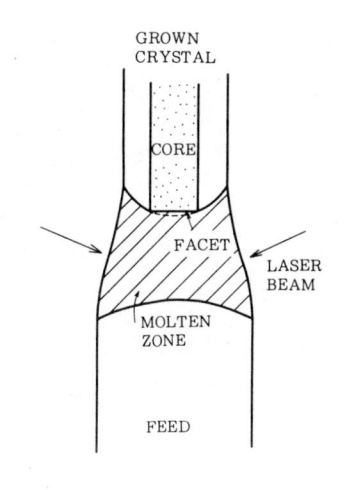

図3.7.5　ファセットをもつ固-液界面

7.2はCo単結晶とそのラウエ斑点で，その形から完全度の高い結晶であることが分かる。写真3.7.3で左は育成したままのFe，右はその腐蝕模様を示す。さらに数枚のラウエ写真からそれが単結晶であると判断される。融液からFe単結晶が作られることはきわめて珍しい。多数の試料についてのX線解析から，Co，Feともに成長方位に優先性は認められず全方位に同等に成長することが分かった。

7.4.5　その他の物質

強誘電体$LiNbO_3$は優れた非線型光学特性をもつ結晶である。固有の融点をもつので，通常の引き上げ法で大量に育成されている。種々の径の単結晶をレーザ加熱によって育成した場合，結

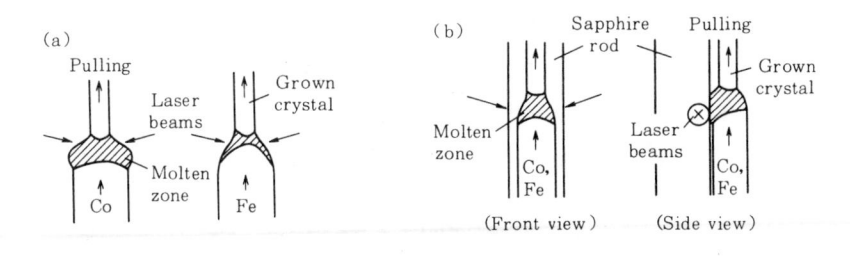

図3.7.6　試料の配置
(a)　通常の配置　　　　　　　　(b)　サファイヤと試料の並列配置

第3章 高エネルギービーム加工

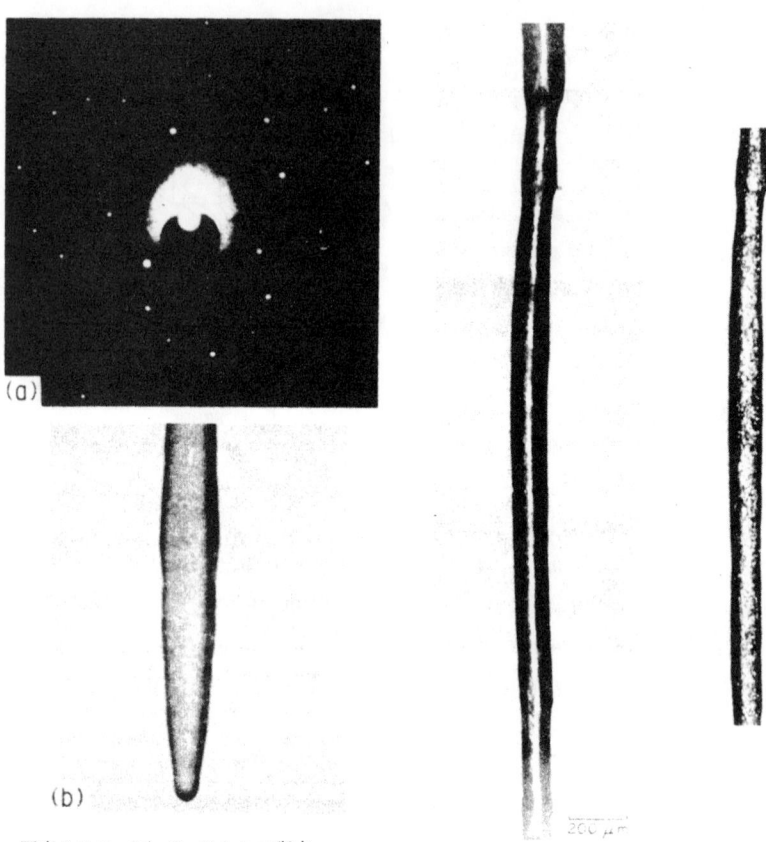

写真3.7.2 (a) Co のラウエ斑点
　　　　　(b) Co 単結晶

写真3.7.3 　Fe単結晶(左)，その腐蝕模様(右)

晶中の分域構造が変化する[21]。図3.7.7はC面（成長方向はc軸）内の分域構造を文献から模写したものである。(a)は同心円状分域構造，(b)は大部分単分域構造，(c)は完全な単分域構造を示している。また，a軸方向に成長させた場合，二分域構造をとることが分かった。

$ScTaO_4$結晶は単斜晶系に属している。しかし，D. Elwellら[22]によって，レーザ加熱による単結晶育成で準安定相である正方晶系に属する結晶が得られた。この加熱方式は温度勾配が非常に大きいので，このような相をもつ結晶が実現したと考えられている。

7.5 おわりに

加熱源としてCO_2レーザを用いた細い単結晶育成の状況を概観してきた。微細な結晶は完全性が高く，物性自体が結晶のサイズの減少に依存して変化することもありうるので，薄膜やfiberの育成は今後ますます研究されると思われる。

その時，このレーザは種々の雰囲気の下で，多くの物質を加熱・溶解するので，その長所を生かして大いに利用されることを期待する。

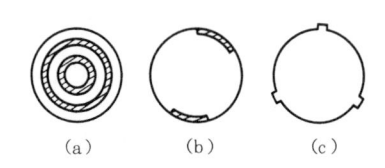

図3.7.7　$LiNbO_3$結晶のC面での分域構造[21]
(a) 径1cm　(b) 径700μm　(c) 径150μm

文　献

1) D. G. Gasson and B. Cockayne, *J. Mater. Sci.,* **5**, 100 (1970)
2) J. S. Haggerty, Production of Fibers by a Floating Zone Fiber Drawing Technique, Final Report NASA-CR-120948 (May 1972)
3) C. A. Burris and J. Stone, *Appl. Phys. Leet.,* **26**, 318 (1975)
4) K. Takagi and M. Ishii, *J. Mater. Sci.,* **12**, 517 (1977)
5) R. S. Feigelson, Growth of Fiber Crystals, Crystal Growth of Electronic Materials, Ed. E. Kaldis (North Holland, Amsterdam, 1985) p. 127
6) R. S. Feigelson, *Journal of Crystal Growth,* **79**, 669 (1986)
7) M. Fejer, R. L. Byer, R. S. Feigelson and W. Kway, *Proc. SPIE, Advances in Infrared Fibers II,* **320**, 50 (1982)
8) S. V. Tsivinsky, *Fiz. Metallov Metalloved.,* **25**, 1013 (1968)
9) T. Inoue, and H. Komatsu, *Kristall Tech.,* **14**, 1511 (1979)
10) S. Howe and C. Elbam, *Phil. Mag.,* **6**, 1227 (1961)
11) F. D. Rossi, *RCA Rev.,* **19**, 349 (1958)
12) W. Heywang, *Z. Naturf.,* **A 11**, 238 (1956)
13) Load Rayleigh, *Phil. Mag.,* **34**, 145 (1892)
14) W. G. Pfann and D. W. Hagelberger, *J. Appl. Phys.,* **27**, 12 (1965)
15) S. R. Coriell, S. C. Hardy and M. R. Cordes, *J. Coll. Interf. Sci.,* **60**, 126 (1977)
16) K. M. Kim, A. B. Dreeben and A. Schujko, *J. Appl. Phys.,* **50**, 4472 (1979)
17) W. L. Kway and R. S. Feigelson, unpublished work.
18) H. J. Van Hook, *J. Am. Ceram. Soc.,* **4**, 208 (1961)
19) W. L. Kway and R. S. Feigelson, unpublished work.

20) S. Hayashi, W. L. Kway and R. S. Feigelson, *Journal of Crystal Growth,* **75**, 459 (1986)
21) Y. S. Luh, R. S. Feigelson, M. M. Feder and R. L. Byer, *Journal of Crystal Growth,* **78**, 135 (1986)
22) D. Elwell, W. L. Kway and R. S. Feigelson, *Journal of Crystal Growth,* **71**, 237 (1985)
23) S. Hayashi, unpublished work.

(『機能材料』'87年8月号より転載)

第4章　レーザ化学加工・生物加工

第4章　レーザ化学加工・生物加工

1　レーザ光化学反応による有機合成

矢部　明*

1.1　はじめに

　レーザの特性がきわめて効果的に発揮される対象の代表格として，化学反応が挙げられ，レーザ光化学反応による有機合成の研究が活発に行われている[1)～7)]。しかし，現段階では残念ながら，有機合成そのものを工業的にプロセス化している例はまだない。それは，現行プロセスからの代替えや装置の問題，すなわち時期尚早のためであり，その将来性が否定されているのではない。むしろ，さまざまな応用分野の中にあって，レーザの化学合成プロセスは，最も幅広く大きな可能性がある対象ともいえる。したがって，現在は基礎研究に重点が置かれているのが実状であり，研究開発状況の多くはまだ量産性や経済性などを検討できる工業技術の段階には至っていない。しかし，このような状況において，近年のエキシマレーザ装置の大出力・高性能化は，化学工業プロセスの実用化技術を急速に促進させようとしている[8)～11)]。

　本節では，まず工業プロセスの開発のための研究例を優先しているが，将来性を考え，長期的な課題である基礎研究段階にあるものも取り上げた。また，研究開発状況を紹介する前に，レーザ光化学反応の基礎について解説した。それは，応用技術としての高分子材料や生体を対象とするレーザ化学加工・生物加工技術へ展開するために必須の基礎ともなるものである。

1.2　レーザ光化学反応の基礎

　現在，1,000万にも及ぶ莫大な数の有機化合物が知られ，さらに年々数10万もの新有機化合物が合成されている。その合成手法は従来（19世紀）からの熱反応によるものが99％以上であろう。有機合成のためのエネルギー源として光が登場してきたのは，水銀灯が普及してきた1950，60年代のことである。有機光化学の研究により，熱反応では合成し難い興味ある有機化合物が生まれたり，従来法とは異なる新合成法が見いだされ，高選択・高収率有機合成法として，注目されている。また，実例は決して多くはないが，工業的にも，光化学プロセスによる化学品製造が行われている。さらに，今後の重要な化学品としては，高度な機能性を有する新物質であるファイ

---

*　Akira Yabe　化学技術研究所　精密化学部

第4章 レーザ化学加工・生物加工

ンケミカルズへのウエイトが高まっており，その合成のためには，新たな合成手法が限りなく追求され，レーザ有機合成への期待が大きい．

はじめに，熱反応と光反応の違いを捉えるために，有機化合物が他の化合物に変換される反応（すなわち，合成）が起こるためのエネルギーの注入（分子の励起），分子の状態，反応経路を図4.1.1 にまとめておこう．熱反応は分子の振動準位に相当する数kcal/molのエネルギーを順次吸収させて，高い振動準位に至り原子間の振動が活発化し，ついには弱い結合が切れて，他の化合物へと変換していく．通常の熱的な反応温度で供給されるエネルギーはこれに相当し，また赤外レーザの光子（アボガドロ数 6×10^{23} 個光子：モル当り）も数kcal/molである．結合解離に至るまでには，結合解離エネルギーに相当する数10kcal/mol以上が必要であり（図4.1.2），多光子励起しなければならない．一方，電子励起状態は，基底状態にある結合軌道が高エネルギーの吸収により，一気に反結合性軌道に励起され，結合の開裂へと導かれる経路への可能性がある．このエネルギー準位は紫外光領域の光子に相当するものが多い．この場合には，媒体からの熱（反応温度）の代わりに，紫外光の照射によって起こる光化学反応となる．

それでは，図4.1.1で示された反応経路における熱反応と光化学反応のそれぞれにおいて，レーザでの励起はどのような意義があるのだろうか．すなわち，従来の熱反応や定常光での光化学反応との違い，特徴は何かに注目すべきことになる．

有機光化学の興隆時に発明されたレーザは，その精緻なエネルギー制御により，分子の振動エ

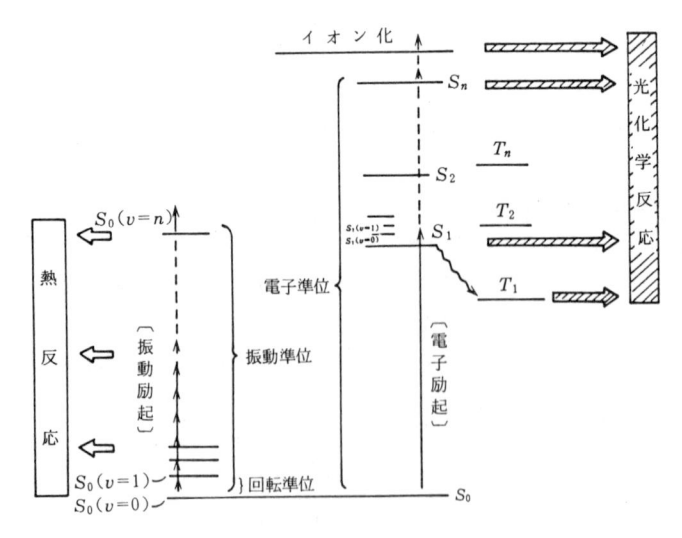

図4.1.1 振動励起過程と電子励起過程：熱反応と光化学反応

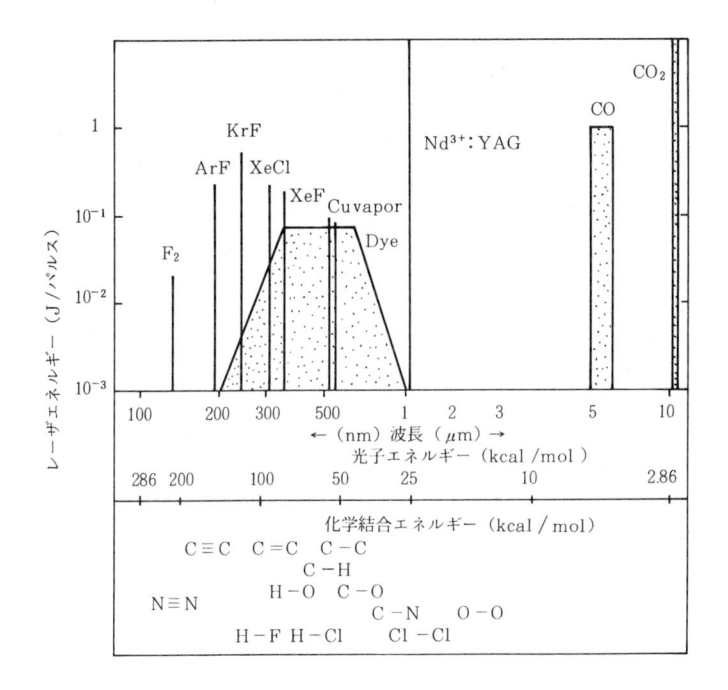

図4.1.2　化学反応用レーザと化学結合エネルギーの関係

ネルギー状態をも的確に捉えて，"状態から状態への化学（state to state chemistry）"への期待を担わされていた。しかし，通常は赤外レーザにより特定の伸縮振動モードを励起しても，分子内の速いエネルギーの再分配により，切れる化学結合は分子内の最も弱いものになる。これでは従来からの熱反応と同じ反応であり，合成反応の開発からは興味ないものであった。選択反応を可能にするためには，エネルギー再配分する緩和速度より反応速度が打ち勝つことが必要であり，どのような分子あるいは反応場で可能になるかの基礎研究が進められている[12),13)]。一方，特定の振動準位へのエネルギー注入が可能であることから，特定の同位体のみを選択的に反応させ，同位体分離できる技術として発展している[14),15)]。赤外レーザの短パルス性は，簡易で加熱速度が大きく，到達温度も高く，かつ壁効果のない優れた瞬間熱分解手法（flash pyrolysis）として，有機合成からは興味あるものである。赤外レーザの特徴と化学反応制御の可能性を表4.1.1にまとめる。

紫外レーザは，基礎化学での高速分光（laser flash photolysis）法として重要であり，N_2，色素，Nd-YAG（高調波）レーザなどを用いて，反応機構に関する研究が進められている[16)～18)]。

しかし，有機光化学反応による合成（プロセス）用としては，もっぱら水銀灯が利用されている[19]。世界的にも画期的であった例として，わが国の東レ（株）はナイロン原料（カプロラクタム）を光化学反応で合成することを検討し，東芝（株）は60kWで長寿命（平均6,000時間）の高圧水銀灯を開発し，その工業プロセスの実用化に成功している[20]。それでは，プロセス用の大出力の紫外レーザとして登場したエキシマレーザは，水銀灯と比較して，どのような特徴があるのだろうか。

表4.1.2は水銀灯とエキシマレーザの特性を比較したものであるが，最も顕著な違いは強度性に表れている。平均出力でははるかに

表4.1.1　赤外レーザの特徴と化学反応制御

レーザの特徴	化学反応場での現象	化学反応制御
高強度性	①多光子吸収 ②励起種の高濃度生成	①結合解離反応 ②励起種間の反応
単色性	①特定振動モード励起 ②特定分子の選択励起	①特定の同位体のみ反応 ②特定の分子のみを反応 ③結合選択反応
指向性	①集光照射 ②外部照射	①局所的な反応 ②壁効果の除去
短パルス性	①急熱急冷却 ②非平衡熱反応	①2次分解反応防止 ②結合選択反応

表4.1.2　エキシマレーザと水銀灯

特性	水銀灯 （700W中圧） 254nm	エキシマレーザ （KrF：100W） 248nm
強度（W/cm^2）	0.01	10^7
波長幅（nm）	約2＋その他	1
分散度（度）	360	0.1×0.2
パルス幅（s）	連続	2×10^{-8}

表4.1.3　エキシマレーザの特徴と化学反応制御

レーザの特徴	化学反応場での現象	化学反応制御
高強度性	励起種の高濃度生成 多光子吸収	①励起種間の反応 ②高励起状態からの反応 ③短寿命活性種の励起状態からの反応 ④反応速度の増大
単色性	選択的励起	①結合選択反応（波長依存性反応） ②光平衡生成物分布における高収率化（波長依存性プロセス） ③副反応の防止 ④熱放射を含まないので冷却が不要
指向性	高指向性の光照射 外部照射	①励起種の局所的な生成，微細場反応 ②反応容器における壁効果を除去 ③多重反射による高効率光吸収
短パルス性	超高速光反応に対応	①非平衡状態からの結合選択反応 ②活性中間体の捕捉 ③生成物の2次反応防止
コヒーレント	高強度偏光照射	①光学活性体の選択励起，不整合成 ②配向分子の選択励起

1 レーザ光化学反応による有機合成

水銀灯が上回るものの（水銀灯では 40～60 kW のものまで実用化されている），単位面積，単位時間あたりの強度（フルエンス）では，10^9 倍も大きい。その他，単色性，指向性・集光性，短パルス性などから，期待できる化学反応制御の特徴を表 4.1.3 にまとめた。定常光では困難な光励起状態に係わる反応機構に対する本質的な特徴は，レーザに特異的な新規合成反応が期待できる。また，工業的な観点から，2次反応防止や反応管での壁効果がないことは，高収率・高選択光化学プロセスの実用化に向けて重要になる。

1.3 赤外レーザによる有機合成

1.3.1 パルス熱分解反応

赤外レーザによる振動励起状態からの反応として，結局は通常の熱反応と同じ生成物を与える結果になってしまうのでは，合成的にも意味がない。しかし，パルス性を活用して合成法として意義のある反応系が期待できる。

l-リモネンを赤外レーザ反応の増感剤である SiF_4 を経由して，パルス熱分解させると，イソプレンが生成する。しかし，CO_2 の CW 光では，生成したイソプレンの2次分解を引き起こしてしまう[21]。

$$l\text{-リモネン} \xrightarrow[SiF_4]{nh\nu} 2\ \text{イソプレン}$$

酢酸シクロブチルにパルス幅とフルエンスを調整した CO_2 レーザの 1,078.6 cm^{-1} パルス光を照射すると，シクロブテンが得られる[22]。従来の熱分解法では，シクロブテンが開裂したブタジエンまで分解してしまう[23]。すなわち，シクロブテンからブタジエンへの活性化エネルギーの方が，酢酸シクロブチルからブタジエンへのエネルギーより小さいので，自発的な2次反応が進行してしまう。パルスレーザでの急加熱急冷却は，2次反応を起こさせない。

$$CH_3-\underset{\underset{O}{\|}}{C}-O-CH\underset{CH_2}{\overset{CH_2}{\diagup}}CH_2 \xrightarrow{\underset{1078.6\,cm^{-1}}{h\nu}} \underset{\text{シクロブテン}}{\begin{array}{c}CH_2-CH\\|\quad\ \ \|\\CH_2-CH\end{array}}$$

酢酸シクロブチル　→　シクロブテン（熱分解）↓　ブタジエン $CH_2=CH-CH=CH_2$

このような手法は従来からの flash pyrolysis であるが，レーザにより選択的な励起が可能になり，有用な有機合成への展開が期待できる。

ポリマーへの応用例として，ポリアミド酸の脱水（縮合反応）によるイミダゾールのポリマー化は，通常の熱処理では80～85％までであるが，3.06 μ パルスレーザ（ガスレーザ）照射により完全にイミダゾールポリマーとなったことが報告されている[24]。

1.3.2 選択的熱反応

レーザ化学の初期において，赤外レーザによる結合選択励起での化学反応の研究が非常に活発に行われた[25), 26)]。一般的には，結合選択励起からの結合選択反応は困難であったが，通常の熱反応より高選択・高収率な合成や振動励起状態からの波長依存性反応などが見いだされている。

ハロゲン化炭化水素の赤外多光子解離に関する研究が盛んに行われている。これらの中で，合

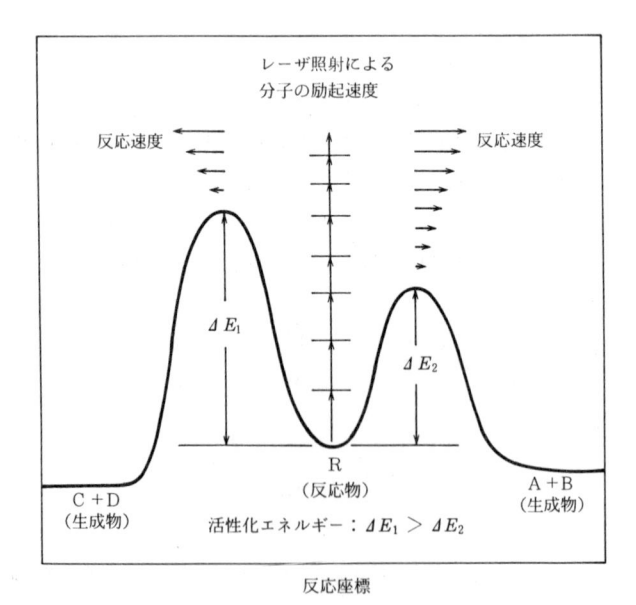

図4.1.3 二つの反応経路をもつ分子の赤外多光子解離における反応選択性

成的に注目される例は，一つの分子において異なる活性化エネルギーでの反応経路が2つあり，それらがレーザ照射条件により制御できることである。例えば，1,2-ジクロロ-1,1-ジフロロエタンでは，脱HClとHFとの過程があるが，レーザ強度が10^8W/cm^{2}以下では，おもに脱HCl反応しか起こらない。しかし，$5×10$W/cm^{2}程度になるとHFの脱離反応も同じ確率で起こるようになる[27),28)]。この機構は図4.1.3により解釈される。HCl脱離の活性化エネルギーは，HF脱離に比較して低く，照射強度が低く分子の励起速度が遅い場合には，活性化エネルギーを超えれば，次の光子の吸収を受ける前に，HCl脱離が進行する。しかし，強度が大きく励起速度がHCl分解速度を上回るようになると，高い振動準位への励起確率も高まり，高い活性化エネルギーであるHF脱離反応も起こりはじめる。

$$H-\underset{\underset{Cl}{|}}{\overset{\overset{H}{|}}{C}}-\underset{\underset{Cl}{|}}{\overset{\overset{F}{|}}{C}}-F \xrightarrow{mh\nu} \underset{Cl}{\overset{H}{}}C=C\underset{F}{\overset{F}{}} + HCl$$

$$H-\underset{\underset{Cl}{|}}{\overset{\overset{H}{|}}{C}}-\underset{\underset{Cl}{|}}{\overset{\overset{F}{|}}{C}}-F \xrightarrow{nh\nu} \underset{Cl}{\overset{H}{}}C=C\underset{Cl}{\overset{F}{}} + HF$$

1.4 紫外レーザによる有機合成
1.4.1 光誘起連鎖反応

連鎖反応とは，反応の開始（開始過程）で生まれた活性種の一個が反応原料と反応し，目的の生成物を一分子合成すると共に，新たにその活性種も再生される（成長過程）ものである。通常は活性種は，何回かのサイクルを果たした後，他の反応（停止過程）により失活する。この繰り返しは数万回以上にもなる反応もあり，今，一光子で活性種が一個生まれ，連鎖数が10,000回とすると，量子収率（光子一個で合成される目的の化合物の分子数，連鎖反応や触媒反応以外の通常反応では1以下）は10,000となる。光子価格が高いレーザプロセスにとって，量子収率の大きな連鎖反応は光子価格が〔1/量子収率〕となるので，工業プロセスの経済性上きわめて有利になる（図4.1.4）[29)]。

反応の機構として，通常は開始過程がエネルギー的に最も高く，熱反応での高温を必要とし，以降の成長過程では開始過程のエネルギーを必要としない（参照：下記の塩化ビニル合成の反応式）。そこで，この開始過程を熱反応の代わりに光化学反応を用いることにより，反応系全体の低温化が図れる（図4.1.5）。

光誘起連鎖反応により，反応温度の低温化は，①エネルギー的に有利であり，②副反応が抑制

第4章　レーザ化学加工・生物加工

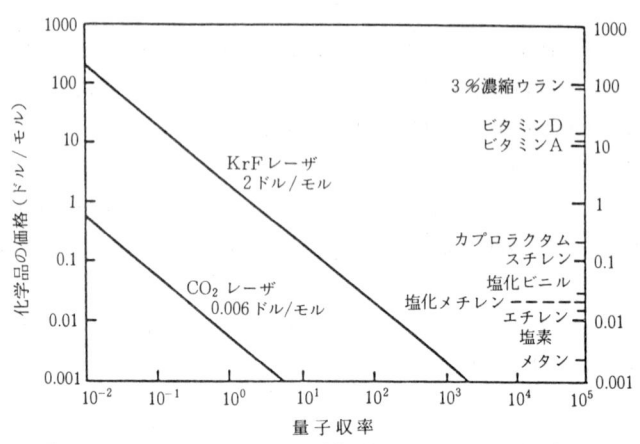

図 4.1.4　レーザ化学プロセスの経済性に及ぼす量子収率の効果

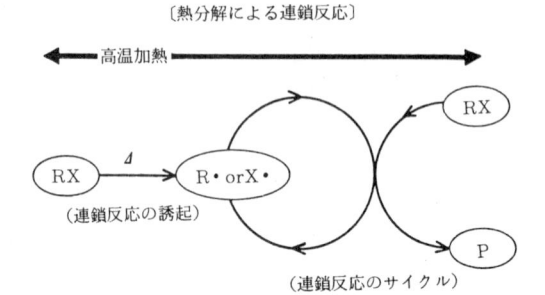

〔熱分解による連鎖反応〕

〔レーザ誘起連鎖反応〕

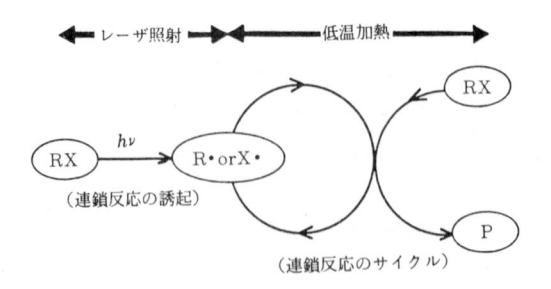

(RX：原料，R・orX・：活性中間体，P：生成物)

図 4.1.5　レーザ誘起連鎖反応による低温化

$$\underset{\text{1,2-ジクロロエタン}}{\mathrm{H-\underset{\underset{Cl}{|}}{\overset{\overset{H}{|}}{C}}-\underset{\underset{Cl}{|}}{\overset{\overset{H}{|}}{C}}-H}} \xrightarrow[-HCl]{h\nu} \underset{\text{塩化ビニル}}{\mathrm{\underset{H}{\overset{H}{C}}=\underset{Cl}{\overset{H}{C}}}}$$

<反応機構>　　　　　　　　　　　　　ΔH（kJ/mol）

（開始過程）　$CH_2ClCH_2Cl \longrightarrow CH_2Cl\dot{C}H_2 + \dot{C}l$ ： 334

（生成過程）$\begin{cases} \dot{C}l + CH_2ClCH_2Cl \longrightarrow CH_2Cl\dot{C}HCl + HCl ： -24 \\ CH_2Cl\dot{C}HCl \longrightarrow CH_2=CHCl + \dot{C}l ： 94 \end{cases}$

（停止過程）　$\dot{C}l + CH_2Cl\dot{C}H_2 \longrightarrow CH_2=CHCl + HCl$

でき，あるいは③目的の生成物が熱的に不安定である場合などに2次分解が防止できるなどの利点があり，高収率合成法となる。

　研究例としては，エキシマレーザ装置が製品化されて，いち早く1979年に，西ドイツのMax Planck研究所がジクロロエタンから塩化ビニルを合成するプロセスを発表した[30)～32)]。現在は，その実用化へ向けたパイロットプラントの検討に入っている（図4.1.6）。従来の内部照射型の水銀灯プラントと比較してきわめて簡易であり，通常の熱反応炉の一部に光学窓を取り付けた簡単な機構で示されている。この成果を化学工業界では注視している。それは，同様な機構による光誘起連鎖反応の長所を生かし，工業化プロセスを目的とした素材化学品の合成のために，多くの研究開発が試みられているからである（表4.1.4）[33)～40)]。

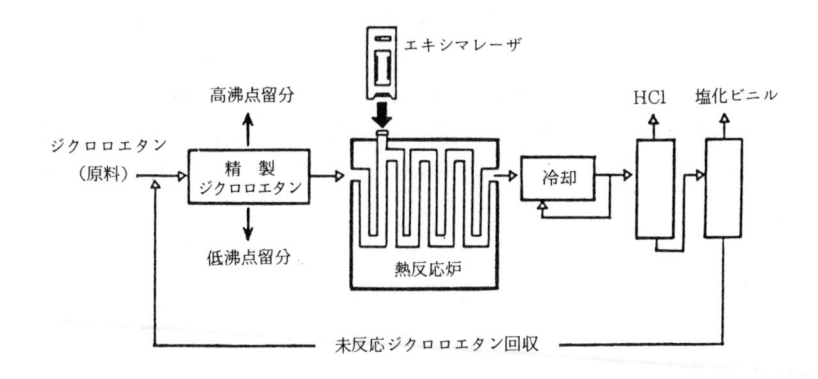

図4.1.6　レーザ誘起連鎖反応による塩化ビニル製造プラント

表 4.1.4　レーザ誘起連鎖反応の研究状況

合　成	反　応	レーザ	研究機関
塩化ビニル	$CH_2ClCH_2Cl \longrightarrow CH_2=CHCl$	ArF KrF XeCl	Max Planck Inst. Dow Chemical USSR
フッ化ビニリデン	$CF_2ClCH_3 \longrightarrow CF_2=CH_2$	ArF	Max Planck Inst.
クメンハイドロパーオキサイド	$C_6H_5CH(CH_3)_2 + O_2 \longrightarrow C_6H_5C(CH_3)_2OOH$	XeF	Exxon Dow Chemical
t-ブチルハイドロパーオキサイド	$t\text{-BuH} + O_2 \longrightarrow t\text{-BuOOH}$	KrF XeF	Dow Chemical
塩化メチル	$CH_4+Cl_2 \longrightarrow CH_3Cl$ $(CH_3Cl \longrightarrow CH_2=CH_2)$	KrF XeCl	Standard Oil
スチレン	$C_6H_5CH_2CH_3 \xrightarrow{\cdot OH} C_6H_5CH=CH_2$	ArF	Standard Oil
メタノール	$CH_4+O_2 \longrightarrow CH_3OH$	ArF	Los Alamos Lab. 東京大学富永研
アリルクロライド	$CH_2ClCHClCH_3 \longrightarrow CH_2=CHCH_2Cl$	KrF	化技研/三井東圧
トリクロロエタン	$CH_3CHCl_2 + Cl_2 \longrightarrow CH_3CCl_3 + CH_2ClCHCl_2$	Ar^+ Kr^+	Dow Chemical

1.4.2　光触媒反応

触媒は目的物への反応を促進させ，多くの化学品製造プロセスで貢献している。いかに高選択・高収率合成が可能になるか，現在も化学工業では触媒の開発が重要課題となっている。触媒の中には，光励起により活性が高まる光触媒反応も多く見いだされている。光触媒反応は連鎖反応と同様に，光励起で活性化された触媒種が繰り返し（ターンオーバー過程）生成物を与えるので，量子収率は1以上となり，光子価格での経済性は有利となる。通常光と比較して，レーザでの長所は，高強度性により高励起状態からの新活性種の生成あるいは短寿命の触媒活性種を高濃度に生成させたり，単色性により反応に必要な触媒活性種の励起にのみ光照射され，生成物の分解反応を防止できる可能性などがある[41]。

金属カルボニル錯体，例えばFe$(CO)_5$のN_2またはXeFレーザ照射により，高活性な触媒種が生成され，量子収率1,000で1-ペンテンの異性化反応が起こった[42]。

水性ガスのシフト反応，

$$CO + H_2O \longrightarrow H_2 + CO_2$$

は合成ガス中の水素濃度を高める重要な工業プロセスであるが，現行法では酸化触媒（Fe_2O_3など）を用いて約400℃，30気圧という高温高圧下で行われている。一方，Cr$(CO)_6$または，

1 レーザ光化学反応による有機合成

W(CO)$_6$の塩基性H$_2$O/メタノール混合溶媒中，N$_2$レーザ照射により，5〜65°Cというきわめて穏和な条件で水素濃度が1.4〜2.1倍にも高められた[43]。

1.4.3 光重合反応（ポリマー合成）

各種材料として大量に生産されている多種多様なポリマー（高分子化合物）の合成には，多くの化学的方法が行われているが，光重合反応は低温で行えるので，純度の高いもの，重合度の高いものなどの品質の優れたものが得られたり，熱反応では合成し難いものを可能にしたり，高効率のポリマー合成法として期待される。また，レーザのビーム性を活用して，印刷製版，塗料，保護膜，マイクロリソグラフィなどの光硬化性ポリマーへの応用という重要な技術が進展している[44]。

レーザによるポリマー合成の例は，まだ多くない。スチレンを液体窒素温度で，ルビーレーザの倍波（347.2nm）を照射して，高分子量（約36万）のポリマーを得た[45]。この反応は重合開始剤を使用せずに，スチレンの2光子吸収によるラジカル開裂からの連鎖反応による重合と推定される。

メチルメタクリレートのメタノール溶液に室温でルビーレーザ照射して，分子量約70万のポリメ

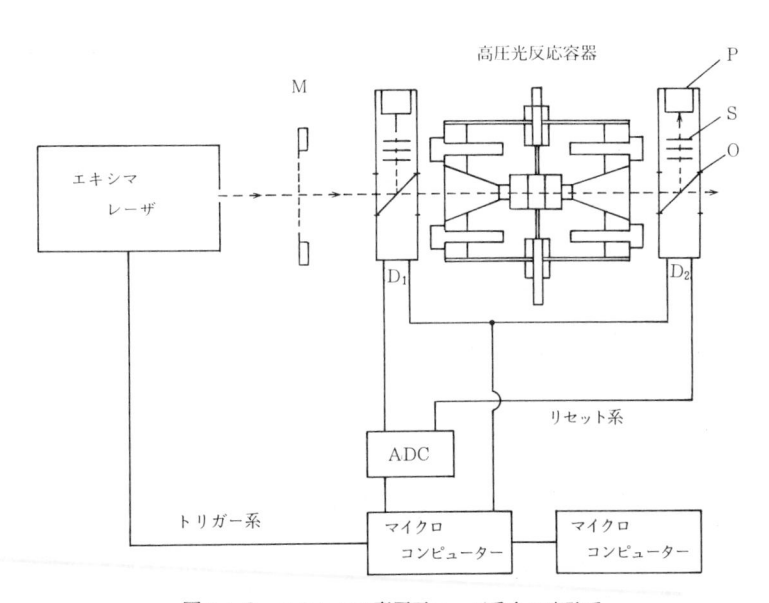

図4.1.7　エチレンの高圧下レーザ重合の実験系
P：フォトダイオード，S：散乱板，Q：石英板，D$_1$, D$_2$：レーザエネルギー検出器，M：金属ネット，ADC：ADC：AD変換器

チルメタクリレート (PMMA) が得られた[46]。

エポキシアクリレート樹脂 (オリゴマーと重合開始剤アセトフェノン誘導体含有) の光硬化が, N_2 レーザ照射で試みられ, 10^8 mol/ℓ·s というきわめて速い速度での重合が見られた[47]。

エチレンを3,200 bar, 190〜230 ℃の液相下において, KrFレーザ (照射して, 量子収率数1,000で触媒の全く含まれない高純度ポリエチレンを得た (図4.1.7)[48]。

電荷移動錯体 (電子供与体: 2-ビニルナフタレン, 電子受容体: フマロニトリル, 溶媒: スルホラン) にパルスN_2あるいはAr^+レーザを照射して, 分子量約8万の共重合体を得た[49]。

可視光領域のレーザ (He-Ne, 色素, Ar^+, ルビーなど) や紫外レーザ (N_2, XeClなど) などの各種光源を使用するために, 増感剤としてエオシンなどのキサンテン系色素を加えて, メチルメタクリレートの光重合が研究されている[50]。

光触媒ルテニュウムカルボニル錯体を用いたプロピレンオキサイドの重合が, XeFレーザ照射で試みられている[51]。

1.4.4 波長依存性光反応

波長依存性光反応とは, 反応基質に異なる波長領域の光を照射した場合に, 異なる生成物が得られたり, 生成物分布に著しい差が見られるものである。紫外光領域のエネルギー遷移に対応する電子スペクトルは, 通常の多原子分子では幅広く数nm程度では電子励起状態からの反応に違いは見られない。また, ある分子において電子励起の遷移モーメント方向により吸収帯に違いが

あるが，それらの異なる励起に対する反応の波長依存性が見られる例は少ない。

しかし，光反応系で目的化合物へ至るまでに中間体が関与する逐次反応では，多くの場合に照射光源により最終生成物の収量が影響され，合成的に興味ある。この機構での具体例として，ビタミン D_3 の高収率化がレーザ照射で研究されている。ビタミン D_3 の合成は7-デヒドロコレステロールを原料として，水銀灯照射で行われているが，通常は副生成物（ L_3, T_3 ）との平衡状態に達して，目的のビタミン D_3 の前駆体である P_3 の収率は28～35％止まりである（図4.1.8）。そこ

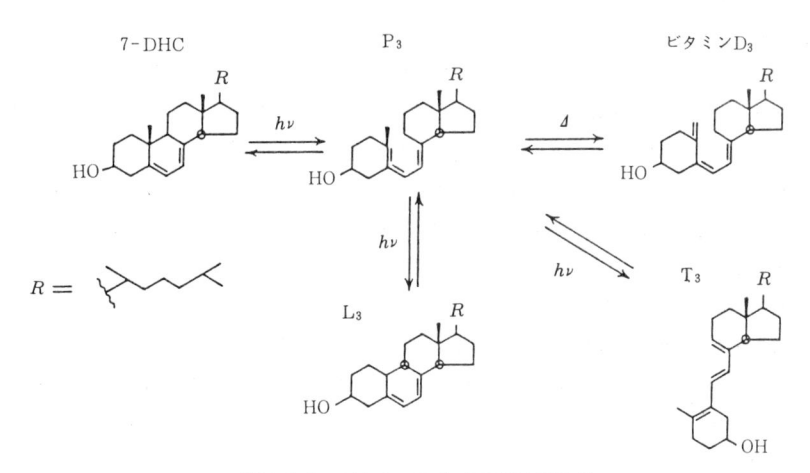

図4.1.8 ビタミン D_3 合成の光反応過程

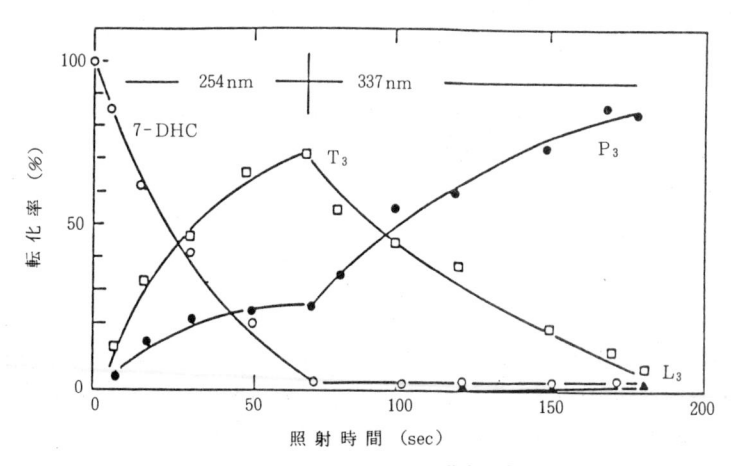

図4.1.9 ビタミン D_3 合成の2段階光反応プロセス

で，反応混合物の光吸収の差を利用して，反応初期はKrFレーザで照射し，P_3とL_3との混合物による平衡に達する。次いで，L_3のみが光吸収するN_2レーザ照射によりL_3からP_3を生成させるという2段階光反応法が研究された。これにより，最終的に90%以上の収率でビタミンD_3が合成できた（図4.1.9）[52)～54)]。この例は，基質固有の波長依存性反応ではなく，反応系全体での生成物分布において波長効果が現れる反応であり，多くの光プロセスでの光平衡状態での目的物の高収率化を促す可能性があり，レーザの単色性の実際的な利用法として興味深い。

1.4.5 低温光反応

光化学反応では熱は本来不要であり，光照射により生成した活性な反応中間体を安定化させ，後続の反応を誘起させるためには，低温が望まれる場合がある。特に化学反応は低温下でも進むことから，熱的に不安定な生成物を合成する手法として価値があり，熱反応では合成不可能な数数の新規有機化合物が合成されてきた。さらに，水銀灯では，必要な紫外光の他に，長波長領域の熱放射も伴うので，反応槽の冷却が必要になる。また，水銀灯において，反応に有効な単色光や狭い領域の光を取り出したのでは，弱い光による長時間の反応となり，熱不安定物を保持するのは困難になる。そこで，熱放射を伴わないエキシマレーザの単色紫外光は，純度の高い光反応に集中できるので，理想的なエネルギー源となる。

研究例として，熱的に不安定な中間体を経る反応や熱的不安定な化合物の合成として，生体関連化合物が挙げられる。医薬品として注目されるプロスタグランジンを最終目標としたエンドパーオキシドの合成が研究された。反応原料の熱分解反応では180℃程度の高温が必須であり，生じた熱的不安定な中間体（ビラジカル）の酸素との反応は困難であり，目的のエンドパーオキサイドは得られない。効率よく増感剤としてベンゾフェノンを添加し，ベンゾフェノンのみが光吸収するAr^+レーザの351.1と363.7 nm光照射により，パーオキサイドが73%の高収率で得られた[55)]。

$$\underset{\text{アゾアルカン}}{\text{N=N環}} \xrightarrow[\text{O}_2/\text{ベンゾフェノン}]{h\nu} \underset{\text{エンドパーオキサイド}}{\text{O-O環}}$$

（注）プロスタグランジンエンドパーオキサイド

さらに，同様な反応として，松の樹皮を食い荒す甲虫の駆除のためにフェロモンの一種であるフロンタリンの合成が研究された。出発原料のアゾアルカンを400℃気相中での熱分解法では収率40%であるが，増感剤ベンゾフェノンの添加によるAr^+レーザ（363.7 nm）照射による−40℃での反応で，100%の収率となった[56)]。

1 レーザ光化学反応による有機合成

フロンタリン

1.4.6 レーザ特異的反応

　レーザの特徴を通常光と比較して最も顕著に現れているのは，強度（フルエンス：単位面積・単位時間当たり輝度）であり，10^7から10^9倍もの違いがみられる（表4.1.2）。このレーザの高強度性が，光化学反応の本質的で特異的な反応制御性をみせる。表4.1.3で示した機構による具体的な反応が報告されはじめている。それらの多くは基礎有機化学的な合成例であるが，化学合成上興味深いのはアミノ酸の直接合成である。

　マレイン酸のジアンモニウム塩の水溶液を短パルス・高強度のNd-YAGレーザの第4高調波（266 nm，30 ps，2 mJ）を照射して，アスパラギン酸が量子収率0.4という高い効率で得られた[57]。また，マレイン酸の水溶液の照射では，リンゴ酸が得られた[58]。これらの機構は，2光子吸収による高励起状態からの反応である。

　従来の定常光による一光子の光化学から，高強度紫外レーザでの多光子光化学への展開が容易になり，今後有機合成側からのアプローチにより，さらに合成法として価値ある反応が見いだされる可能性が高い。

マレイン酸　→（$2h\nu$，NH_3水溶液）→　アスパラギン酸

マレイン酸　→（$2h\nu$，H_2O）→　リンゴ酸

　レーザの高強度性は不均一系での反応にも効果的である。シクロヘキセン（液相）と分子状イオウS_8（固相）の反応系にNd-YAGの第4高調波（266 nm，ピーク出力　5 MW/cm²）を照射して，エピサルファイドを得た[59]。イオウは266 nmには強い吸収もあり，多光子吸収により活性な原子状三重項状態 S(^{3}P)となり，ラジカル反応を経て，エピサルファイドがかなり効率良く（量子収率～0.15）合成できる。非常に簡易な手法であり，合成的に興味深い。

　メシチルオキサイドとアクリロニトリルの付加反応は，Nd-YAGによるパルス355 nm，Ar⁺

第4章　レーザ化学加工・生物加工

シクロヘキセン ＋ S(^{3}P) ⟶ ⟶ シクロヘキセンエピサルファイド

レーザによる351.1nmそして高圧水銀灯での照射という3つの場合の収率は、それぞれ15％，0.2％，0.4％であり顕著な差を見せた[60]。水銀灯ではアクリロニトリルのポリマー生成が主となり，レーザではポリマー生成はなく，レーザの単色性によるメチルオキサイドの選択的励起が有効であった。また，パルスと連続光の違いは，前者による多光子吸収過程での機構が推定される。

1.4.7　新たなレーザ化学の手法

レーザの特徴を活用するために，単なる水銀灯での光照射の手法をそのままレーザに置き換えただけでなく，新たな手法を導入したレーザ化学合成法が試みられている。

USA，海軍研究所のD.C.Weberらは，パルス超音速分子ビーム（pulsed supersonic beam）とエキシマレーザ光分解とを組み合わせて，高分子膜の表面で化学反応させる手法を研究している[61]。アジ化水素（HN_3）を分子ビームパルスとして放出させ，これと同調させたArFあるいはKrFレーザビームで照射することにより，99％収率でNHラジカルが生成する。このNHラジカルをポリアセチレン膜に衝突させると，C=C結合への割り込み反応とHの移動反応が起こった。その結果，反応部位の電気伝導性が低下した。この手法は，レーザのビーム性と高強度光の特徴を活用し，このような膜の局所化学反応が可能になったもので，今後，さまざまな分子ビームや膜へと展開することにより，材料科学における発展性の高い技術として注目される。

HN_3 —KrFレーザ→ HN· ＋ N_2
アジ化水素　　　⇓分子ビーム
ポリアセチレン膜

USA，Cincinnati大学のR.M.Wilsonらは，レーザ・ジェット・光化学（Laser-Jet Photochemisty）による有機合成の新しい手法を始めている[62),63)]。反応原料の液体を100μm径のノズルから高速で流出させ，このビームにAr$^+$レーザの集光した光（10^{22}～10^{23}フォトン/cm^2・s）を照射して，第1の光子により反応活性な中間体を生成させ，ノズルを経過する間に第2の光子が

照射できる条件となる。こうして，高濃度の液体原料の 2 光子吸収が効率良く起こさせ，活性化学種をさまざまな系で制御できるので，新しい合成経路を開く手法として注目される。

$$\underset{\underset{CH_3}{}}{\overset{Ph}{\underset{}{C=O}}} \xrightarrow[h\nu]{(第1光子)} \underset{(活性化学種)\ o-キシリレン誘導体}{\overset{OH}{\underset{CH_2}{C-Ph}}} \xrightarrow[[O]]{(第2光子)\ h\nu} アントロン$$

1.5 今後の課題

　レーザ化学合成の実用化のために，エキシマレーザの進展が注目されるが，まだまだ研究層は少ない。従来，化学分野でのレーザ化学研究は反応の解析あるいは分析化学に重点がおかれており，モノ作りに向けての体制は乏しいのが実状であった。しかし，エキシマレーザは化学プロセス向きとしての特徴を有している。今後，有機合成側からのアプローチを目指す研究の増大することが予測される。そして，これらの中から実用化プロセスが登場するのも時間の問題ともいえる。

　しかし，そこに至るまでの問題点を最後にまとめておこう。

(1) 装置開発：化学合成用の 100 W 以上の大出力，耐久性に富むエキシマレーザの開発。

(2) 工業規模での量産性の検討：高濃度ガスあるいは高濃度溶液反応系に対する高効率反応槽の開発。

(3) 新反応の開拓：レーザの特徴を活用する反応系の探索。物理化学系でのモデル反応から有機合成への展開。結合選択反応の拡大は長期的な課題。

(4) レーザ反応制御の一般化：レーザ化学の基礎研究の進展による化学反応制御技術への展開。特に，分子ビームやレーザ・ジェット・光化学のアイデアに見られるように，レーザの空間的，時間的，エネルギー的に優れた制御性と特異的な反応場との組み合わせによる新たな手法への期待。

　これら多くの課題があるが，研究開発の段階としてまだ創始期的な面もあり，今後限りないアイデアにより実り多い成果も期待できる段階であり，発展性の高い分野といえよう。

第4章　レーザ化学加工・生物加工

文　献

1) 徳丸克己, 北村彰英, "レーザーと化学反応"(化学総説26), p.153 (学会出版センター, 1980)
2) M. J. Berry, "Future Sources of Organic Raw Materials-CHEMRAWN 1", p.269 (Pergamon, 1980)
3) A. Kaldor, R. L. Woodin, *Proc. IEEE*, **70**, 565 (1982)
4) 真嶋哲朗, 荒井重義, 有機合成協会誌, **42**, 912 (1984)
5) 大内秋比古, 矢部 明, レーザー研究, **13**, 746 (1985)
6) 片山 章, 化学経済, No.4, 32 (1985)
7) D. L. Andrews, "Lasers in Chemistry", p.164 (Springer, 1986)
8) 矢部 明, "エキシマレーザ最先端応用技術", p.225 & 254 (シーエムシー, 1986)
9) 矢部 明, ファインケミカル, No.20, 5 & No.21, 15 (1987)
10) K. Kleinermanns, *et al.*, *Angew. Chem., Int. Ed. Engl.*, **26**, 38 (1987)
11) 増原 宏, 化学, **43**, 310 (1988)
12) 片山幹郎, 応用物理, **51**, 441 (1982)
13) E. Thiele, *Opt. Eng.*, **19**, 10 (1980)
14) 荒井重義, 石川洋一, 大山俊之, レーザー研究, **13**, 707 (1985)
15) 柴 是行, 有沢 孝, 化学経済, No.7, p.27 (1987)
16) 木村克美 他編, "ナノ, ピコ秒の化学"(化学総説24)(学会出版センター, 1979)
17) 花崎一郎, 吉原経太郎, "レーザーと化学反応"(化学総説26), p.153 (学会出版センター, 1980)
18) 増原 宏, レーザー研究, **13**, 722 (1985)
19) M. Fischer, *Angew. Chem., Int. Ed. Engl.*, **17**, 16 (1978)
20) 伊藤昌寿, 工業化学雑誌, **72**, 77 (1969)
21) D. Garcia, *et al.*, *J. Am. Chem. Soc.*, **100**, 6111 (1978)
22) A. Yogev, *et al.*, *J. Am. Chem. Soc.*, **94**, 1091 (1972)
23) H. H. Nguyen, *et al.*, *J. Am. Chem. Soc.*, **103**, 6253 (1981)
24) S. G. Il'yasov, *et al.*, *Sov. J. Quant. Electron.*, **4**, 1287 (1975)
25) J. I. Steinfeld, "Laser-Induced Chemical Processes", p.243 (Plenum, 1981)
26) W. C. Danen, *Opt. Eng.*, **19**, 21 (1980)
27) Y. Ishikawa & S. Arai, *Chem. Phys. Lett.*, **103**, 68 (1983)
28) Y. Ishikawa & S. Arai, *Bull. Chem. Soc. Jpn.*, **57**, 681 (1984)
29) K. V. Reddy, *Proc. SPIE-Int. Soc. Opt. Eng.*, **458**, 53 (1984)
30) J. Wolfrum, *et al.*, German Patents, 293853 (1981)
31) J. Wolfrum, *et al.*, *Proc. SPIE-Int. Soc. Opt. Eng.*, **458**, 46 (1984)
32) M. Schnelder, *et al.*, *Proc. SPIE-Int. Soc. Opt. Eng.*, **669**, 110 (1986)
33) J. B. Clark, *et al.*, *Proc. SPIE-Int. Soc. Opt. Eng.*, **458**, 82 (1984)
34) V. Yu. Baranov, *et al.*, *Sov. J. Quantum. Electron.*, **13**, 913 (1983)
35) R. G. Bray, *et al.*, *Proc. SPIE-Int. Soc. Opt. Eng.*, **458**, 75 (1984)
36) K. V. Reddy, *et al.*, *Proc. SPIE-Int. Soc. Opt. Eng.*, **458**, 53 (1984)

37) A. Kaldor, *NATO Adv. Study Inst.* San Miniato, Italy (1982)
38) S. L. Baughcum, et al., *Proc. SPIE-Int. Soc. Opt. Eng.*, **669**, 81 (1986)
39) Y. Oshima, et al., *Chem. Lett.*, 203 (1988)
40) A. Ouchi, et al., *Chem. Lett.*, 917 (1988)
41) 森山広思, PETROTECH (石油学会誌), **10**, 148 (1987)
42) R. L. Whetten, et al., *J. Am. Chem. Soc.*, **103**, 6253 (1982)
43) B. H. Weiller, et al., *J. Am. Chem. Soc.*, **107**, 1597 (1985)
44) 矢部 明, 日本写真学会誌, **49**, 215 (1986)
45) Yoh-Han Pao, et al., *Appl. Phys. Lett.*, **6**, 93 (1965)
46) S. L. Chin, *Phys. Lett.*, **36A**, 271 (1971)
47) C. Decker, *J. Polymer Sci., Poly. Chem. Ed.*, **21**, 2451 (1983)
48) M. A. Williamson, et al., *Polymer Sci., Poly. Chem. Ed.*, **20**, 1875 (1982)
49) E. Chesneau, et al., *Angew. Makromol. Chem.*, **135**, 41 (1985)
50) H. Brackemann, et al., *Makromol. Chem.*, **187**, 1977 (1986)
51) D. J. Perettie, et al., *NATO ASI Ser. B.*, **105**, 251 (1984)
52) V. Malatesta, et al., *J. Am. Chem. Soc.*, **103**, 6781 (1981)
53) W. G. Dauben, et al., *J. Am. Chem. Soc.*, **104**, 355 (1982)
54) N. Gottfried, et al., *Chem. Phys. Lett.*, **110**, 335 (1984)
55) R. M. Wilson, et al., *J. Am. Chem. Soc.*, **100**, 2225 (1978)
56) R. M. Wilson, et al., *J. Am. Chem. Soc.*, **103**, 206 (1981)
57) V. S. Letokov, et al., *Appl. Phys.*, **B26**, 243 (1981)
58) E. V. Khoroshilova, et al., *Appl. Phys.*, **B31**, 145 (1983)
59) C. Bertaina, et al., *Tetrahedron Lett.*, **26**, 5521 (1985)
60) F. Lemaire, et al., *Tetrahedron Lett.*, **27**, 5847 (1986)
61) D. C. Weber, et al., *J. Chem. Soc., Chem. Commun.*, 912 (1987)
62) R. M. Wilson, et al., *J. Am. Chem. Soc.*, **109**, 4741, 4743, 7570 (1987)
63) R. M. Wilson, et al., *J. Am. Chem. Soc.*, **110**, 982 (1988)

(『機能材料』'89年5月号より転載)

第4章　レーザ化学加工・生物加工

2　レーザの医療応用の概要

末永徳博 *

2.1　はじめに

1960年メイマンによって発明されたレーザは1961年には眼科の光凝固装置として医療にいち早く応用された。

1970年にはCO_2レーザを利用した外科用レーザメスが開発され脳神経外科・形成外科・耳鼻咽喉科・産婦人科とその応用の範囲を広げていった。

脳神経外科では脳腫瘍の摘出に，またマイクロスコープとの組み合わせによりレーザマイクロサージェリーができるようになった。形成外科においてはアザ，入墨のアブレージョンに，また血管腫の治療にも使われている。耳鼻咽喉科ではラリンゴスコープとの組み合わせで喉頭部のポリープの除去にその威力を発揮した。産婦人科ではコルポスコープ・ラパロスコープとの組み合わせでも広く使われている。歯科口腔外科では舌腫瘍の切除にもCO_2レーザの特徴を十分に生かした出血の少ない，また視野を十分確保できる非接触の手術を可能としている。

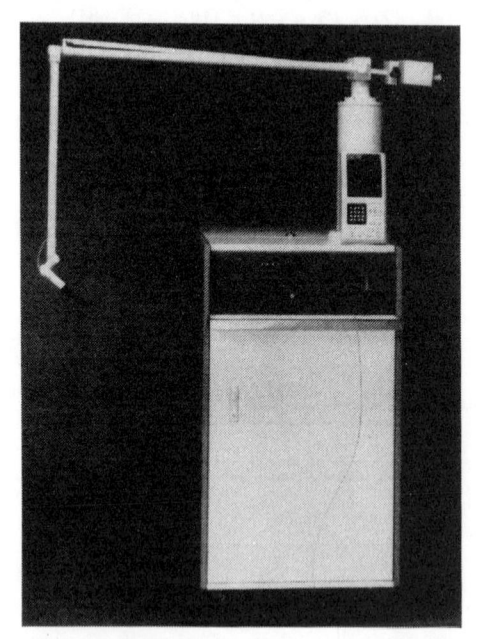

写真4.2.1　YAG-CO_2複合タイプレーザメス

---

* Norihiro Suenage　日本赤外線工業（株）

2 レーザの医療応用の概要

　1972年にはNd-YAGレーザが開発され，主にレーザ凝固装置として用いられた。CO_2レーザメスのミラージョイント式導光路と違いフレキシブルな石英ファイバーを導光路に使用したことによってその応用はさらに広がった。特に内視鏡との組み合わせにより胃・十二指腸の止血，気管支・食道の狭窄にその威力を発揮した。近年では非接触から接触タイプの石英ロッドが開発され凝固のみならずメスとしても多用されている。

　1975年にはArレーザの波長（454 nm～514 nm）が赤色に選択的に吸収される特長を利用し赤アザの治療に使われはじめ大いに注目を集めた。1980年にはいるとAr-Dyeレーザ，金蒸気レーザによる光化学治療（光線力学的治療），エキシマレーザ，COレーザ・CO_2とYAGの複合タイプ・パルスダイレーザと次々に新しいレーザの医療への応用が開発されてきた。近年ではHe-Neレーザ・半導体レーザがソフトレーザとして疼痛の治療に創傷の治癒に利用されている。

表4.2.1　医用レーザの分類（治療）用

	種類	発振方式	波長 nm	出力 nm	用途
固体レーザ	ルビー	パルス Qスイッチ	694	1.0 W	アザの治療 眼科用光凝固
	Nd-YAG	CW パルス	1096	1～100	レーザコアギュレーター 内視鏡用レーザコアギュレーター 外科手術用レーザメス 眼科用，血管形成
気体レーザ	Al GA AS 半導体	CW	780 830 904	0.01～0.1	疼痛治療レーザ
	He-Ne	CW	628	0.001～0.1	疼痛治療用レーザ針 赤外レーザ用ガイド光として
	Ar	CW	451.5 541.5	0.5～10	眼科用光凝固 アザの治療 血管形成
	クリプトン	CW	476.2 647.1	0.5～5	眼科用光凝固
	CO_2	CW パルス	10600		外科手術用レーザメス 水虫治療装置
	CO	CW	5300		外科手術用レーザメス
	エキシマ	パルス	308		癌治療 眼科 血管形成
	金蒸気	パルス	628	1～10	癌治療
液体レーザ	色素レーザ	CW パルス			癌治療 アザ治療

第4章 レーザ化学加工・生物加工

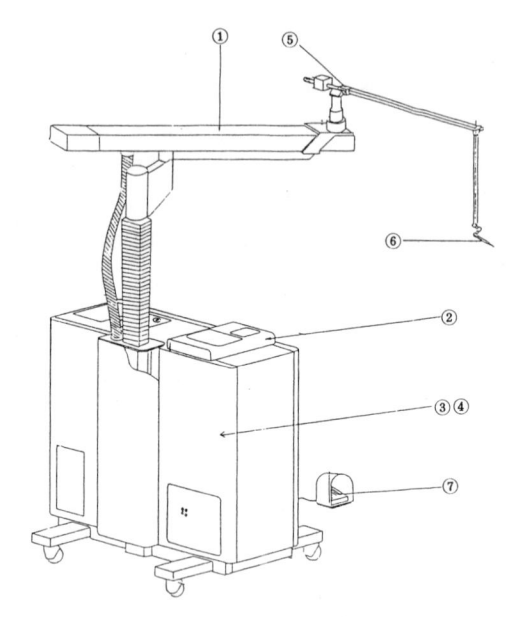

図 4.2.1　CO_2 レーザのしくみ

2.2 レーザメスのしくみ

2.2.1 CO_2 レーザメス（図 4.2.1）

① レーザ発振部　　○ガス供給タイプ
　　　　　　　　　○ガス封切タイプ
② コントロール部　○コンピュータ内蔵型デジタルタイプ
　　　　　　　　　○アナログタイプ
③ レーザ電源部
④ 冷却装置　　　　○冷却水循環タイプ
　　　　　　　　　○油冷タイプ
⑤ 光導光路部　　　○多関節ミラージョイントタイプ
　　　　　　　　　○フレキシブルファイバータイプ
⑥ ハンドピース　　○各種焦点タイプ
　　　　　　　　　○屈折タイプ
⑦ フットスイッチ　○一段踏込み式
　　　　　　　　　○2段踏込み式

2 レーザの医療応用の概要

⑧ ソフト　　　　　○マイクロスコープアタッチメント
　　　　　　　　　○コルポスコープアタッチメント
　　　　　　　　　○マイクロスキャンニング装置

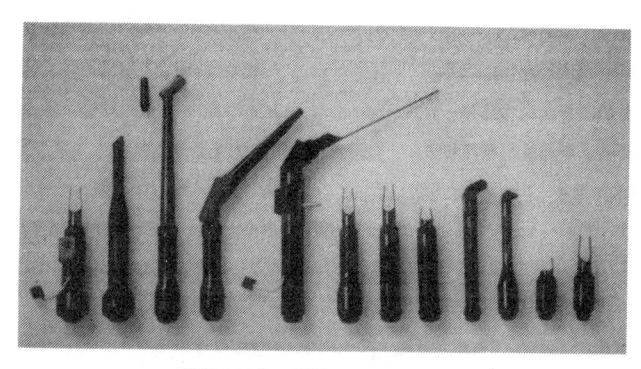

写真 4.2.2　各種ハンドピース

2.2.2　CO_2 レーザ光と生体作用（図 4.2.2）

生体組織に CO_2 レーザ光が照射されると，その波長（10.6 ミクロン）の特性で 90 % 以上 が組織に吸収される。さらにそのレーザビームをレンズを用いて集光すると，集光部分のパワー密

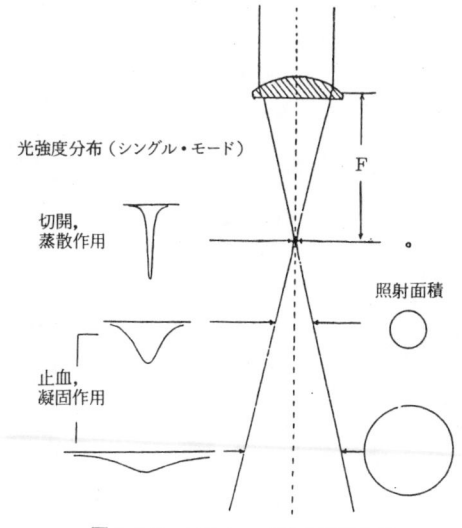

図 4.2.2　CO_2 レーザ光と生体作用

第4章 レーザ化学加工・生物加工

度は$10^4 \sim 10^6 \, \mathrm{n/cm^2}$に達する（フォーカスビーム）。この大きなパワー密度を持ったレーザが組織に吸収されると，組織は急激な温度上昇を起こす。そのためレーザ光照射部位は瞬時的に気化蒸発する。この作用によって，組織の切開および蒸散が可能になる。

一方焦点をずらしてレーザ光を照射した場合（Defocus）にはレーザ光のパワー密度は低くなり，組織の気化，蒸散は起こらなくなり，照射部位には熱変性やタンパク凝固が生じる。この作用により止血・凝固が可能になる。

2.2.3 CO_2レーザメスの応用

(1) 一般外科　肝切除（楔状切除）　北海道大学第一外科佐野先生

肝の辺縁部に対して行うのに好都合な方法であるが，もっと多く行われている。肝漿膜から肝実質にかけてCO_2レーザメスフォーカスビーム出力20 W～30 Wで一気に予定部位に対して肝切離を行う。レーザメス肝切離で注意しなければならないのは，切離の開始と共に切離部位が緊張するように，両側面の肝を牽引するようにすることである。

(2) 肛門部疾患（痔核）　東京慈恵会医科大学第1外科　石井先生

肛門拡張術を行い，肛門開口器を挿入する。切除する最も大きな痔核を視野に出し，生食100

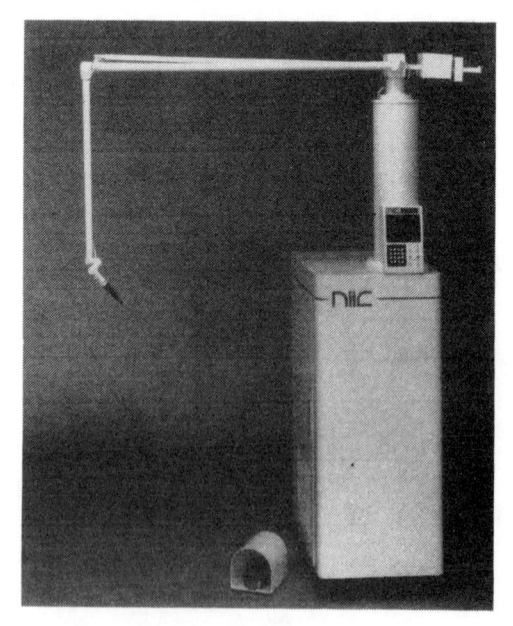

写真4.2.3　CO_2レーザメス

mlに微量のボスミンを加えた液を痔核を中心として皮膚，粘膜に向けて注射をする。クロームメッキをほどこした鉗子で痔核をはさみ持ち上げる。痔核以外の皮膚粘膜には，生食ガーゼを用いカバーする。これはレーザの散乱による副損傷を予防するためである。鉗子を外方に保持しながら歯状線より1〜2cm口側で直腸動脈を結紮する。次にレーザの出力15W，デフォーカスビームとし皮膚側から結紮した手前まで紡錘型にデザインをしレーザで切除する。術後1日目から食事，坐浴・入浴を行え，術後より創部の浮腫はまったくなくこれが術後の疼痛を誘発させない原因と考えられる。

(3) 脳神経外科（髄膜腫・脳腫瘍）　大阪成人病センター脳神経外科　神川喜代男先生

髄膜腫の表面を露出し，周囲を湿綿片で被う。通常径3cmくらいの露出面があれば，そこから腫瘍を摘出しうる被膜にCO_2レーザのデフォーカスビームを照射すると，被膜が収縮するとともに表面の細い血管が凝固，閉塞するのが観察される。レーザ照射にさいしては，周辺の脳に熱効果が波及せぬように生理食塩水を注いで冷却することを怠ってはならない。さらに本格的に腫瘍へのレーザ照射を開始する。出力は20W〜60Wまで状況に応じてフォーカス，デフォーカスを使いわけ蒸散と凝固を使いわけるのがコツである（図4.2.3）。

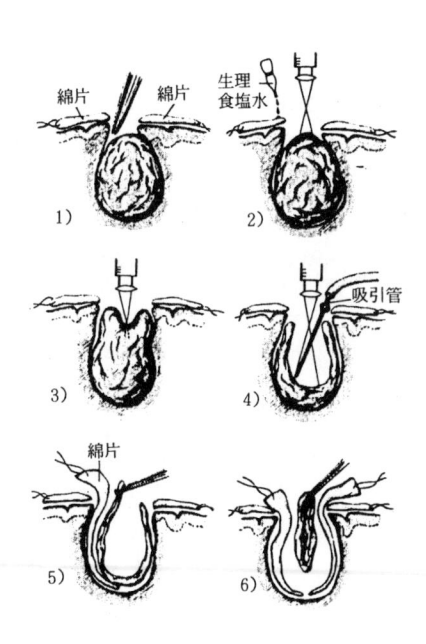

図4.2.3　髄膜腫のレーザ手術

第4章　レーザ化学加工・生物加工

(4)　耳鼻咽喉科（咽喉腫瘍の切除）　防衛医科大学耳鼻咽喉科　井上鉄三先生

　　喉頭ポリープおよび結節は手術用顕微鏡下において容易にレーザで除去することができる。ラリンゴスコープ下非接触に視野をさまたげることがなく頭頸部領域の悪性腫瘍および良性腫瘍の摘出にさいしては，不可欠の手術となる。

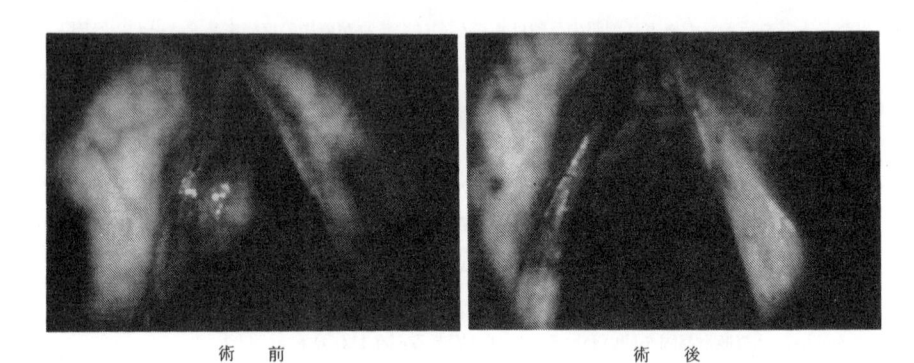

術　前　　　　　　　　　　　　　術　後

写真 4.2.4　喉頭ポリープの除去

(5)　産婦人科（子宮腟部びらんへの応用）　東京逓信病院産婦人科　下平和夫先生

　　婦人が疾病のうち一番恐れるものは子宮癌である。子宮腟部おもに外子宮口に発生する。そして成熟婦人の 20％はここに子宮腟部びらんをもっている。子宮腟部びらんを完全治療することにより子宮癌への道程を中断することができる。CO_2 レーザの出現によりコルポスコープと組み合わせることによりびらんのレーザ治療が行われている（図 4.2.4，図 4.2.5）。

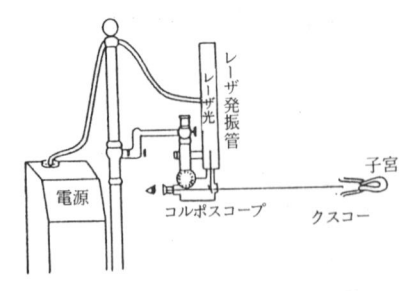

図 4.2.4　レーザとコルポスコープの組み合わせ

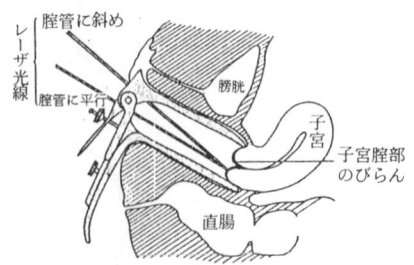

図 4.2.5　子宮腟部のびらん治療

2 レーザの医療応用の概要

(6) **歯科口腔外科（舌腫瘍の切除）慶応大学医学部口腔外科　朝波惣一郎先生**

舌の場合非常に血管に富んでいるために，切開時に多量の出血予想される。この出血をいかにして抑えるかが問題になる。CO_2レーザメスを使うことにより従来の手術方法の約半分くらいの出血に抑えることができる。もう一つの特徴として癌細胞の転移を防ぐこともあげられる。

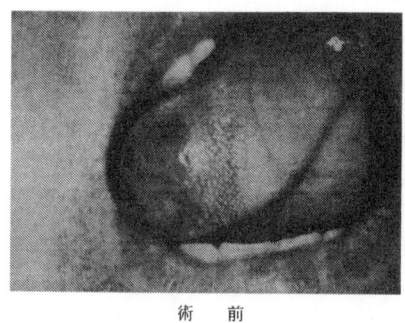

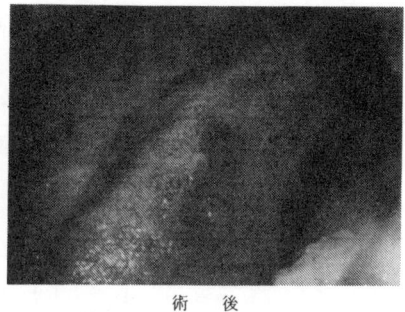

術　前　　　　　　　　　　　　　術　後

写真 4.2.5　舌腫瘍の切除

(7) **形成外科（扁平母斑レーザアブレージョン）**

扁平母斑の治療法としては(1)ドライアイス療法，(2)グラインダーによる削皮療法，(3)レーザ照射によるアブレーション療法がある。その中でもCO_2レーザは組織への深達性も少なく有効な治療法である。レーザ照射をコンピューターコントロールによる図形スキャナーにて，任意の形態の照射野を設定，照射深度をコントロールして治療することもできる。

写真 4.2.6　レーザ付けスキャナー

2.3 Nd−YAGレーザコアギュレーター（図4.2.6）

Nd−YAGレーザはその導光路にフレキシブルな石英ファイバーを使うことによってCO_2レーザの多関節マニピレーターと違い内視鏡との組み合わせを実現した。従来消化器内部の疾患は開腹手術を主体とした方法で治療をしてきたが，Nd−YAGレーザの出現により，開腹しないで径内視鏡的手術を可能にした。このことは手術拒否患者，高年齢のため手術が不可の患者，合併症で手術ができない患者でも手術が可能となった。

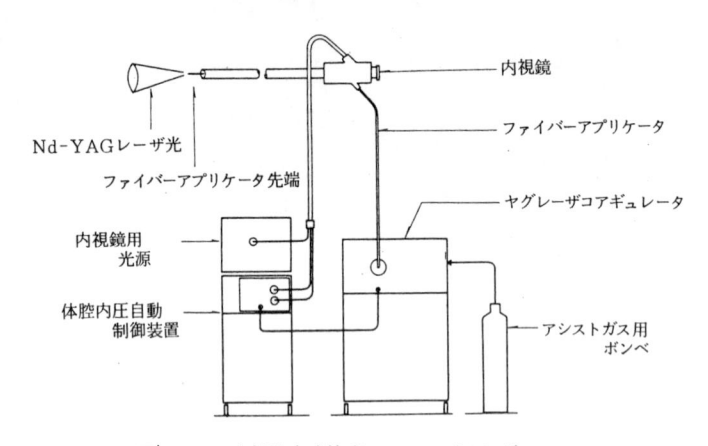

図 4.2.6 内視鏡方式治療システムダイヤグラム

2.3.1 Nd−YAGレーザ光の生体作用

CO_2レーザとちがってNd−YAGレーザは波長 $1.06\mu m$ と短く，組織の透過率が大きく，なおかつ組織内における光の散乱が大きい。したがって，周辺組織の熱凝固層は厚い。Nd−YAGレーザはCO_2レーザに比較して切開能力，蒸散能力は落ちるが，止血能力でははるかにすぐれている。

○応用ソフト
　　＜1＞　内視鏡用ファイバー　　胃内視鏡用
　　　　　　　　　　　　　　　　　気管支内視鏡用
　　　　　　　　　　　　　　　　　膀胱鏡用
　　＜2＞　外科用ロッドメス
　　＜3＞　内視鏡用接触型ファイバー
　　＜4＞　外科用レンズ集光ハンドピース
　　＜5＞　マイクロスコープ用アタッチメント

2 レーザの医療応用の概要

<6> レーザサーミア用接触チップ

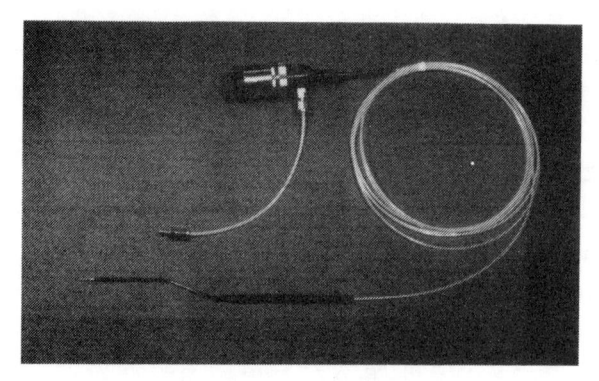

写真 4.2.7　YAGレーザソフト接触タイプロッドメス

2.3.2　Nd-YAGレーザコアギュレーターの応用

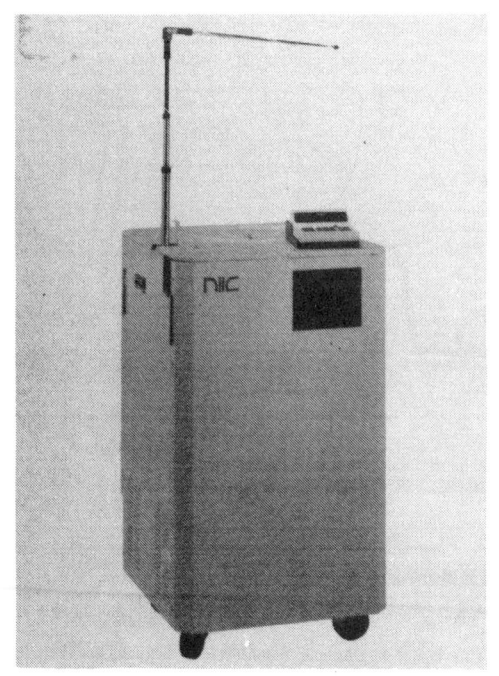

写真 4.2.8　YAGレーザコアギュレーター

第4章 レーザ化学加工・生物加工

(1) 消化器癌治療

　Nd-YAGレーザは石英ファイバーによって導光できる。その特徴を生かしファイバースコープによって癌の治療に使われる。Nd-YAGレーザは出力が大きいのでその熱作用を利用し腫瘍の焼灼する手法がとられる。レーザの出力は非接触の場合40 W～70 W，接触の場合10 W～15 Wの出力で行われる。

(2) 気管支腫瘍治療

　気管支ファイバースコープによってYAGレーザを導光し腫瘍を焼灼。レーザ照射は腫瘍の程度により数回に分割して行いその出力は熱量（ジュール）によって判断する。

(3) 膀胱腫瘍治療　日本大学泌尿器科　岸本孝先生

　Nd-YAGレーザは水を100％透過する性質を持っている。膀胱をウリガール水にて灌流しつつ，膀胱ファイバーを使い腫瘍の位置，大きさを確認しながらNd-YAGレーザの照射を行う。レーザ照射の方法は最初に腫瘍部に照射，腫瘍脱落後，腫瘍床に対して照射を行う（図4.2.7）。

(4) 脳神経外科　京都大学脳神経外科　半田肇先生

　Nd-YAGレーザの脳神経外科における適応例は，髄膜腫，血管芽腫，神経膠腫などである（図4.2.8，図4.2.9）。

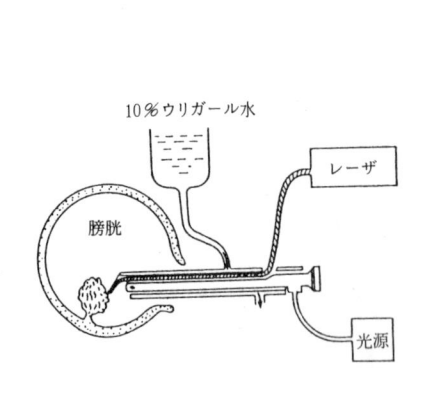

図4.2.7　経尿道的レーザ手術装置

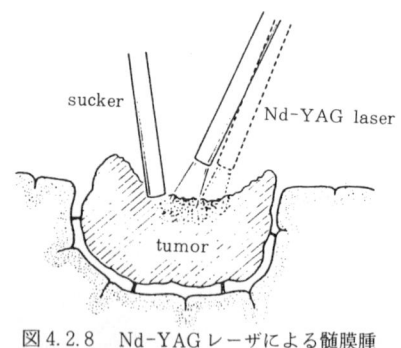

図4.2.8　Nd-YAGレーザによる髄膜腫の摘出
（Nd-YAGレーザ照射と同時に凝固壊死に陥った部分を吸引する）

2.3.3　レーザによる光線力学的治療

　CO_2レーザ，Nd-YAGレーザがその熱エネルギーによる組織の破壊を目的であるとするなら，アルゴンダイレーザやエキシマダイレーザ・金蒸気レーザは，腫瘍親和性を持つヘマトポリフェリン誘導体（HPD）との化学作用によって組織（主として癌組織）を破壊するレーザである。

2 レーザの医療応用の概要

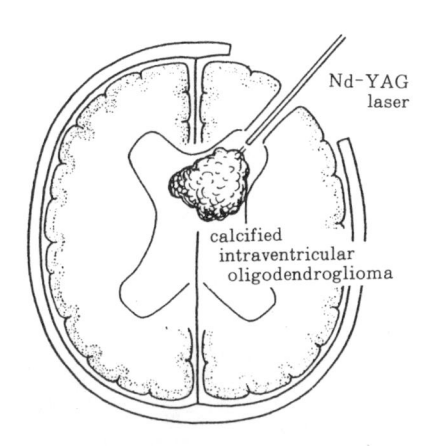

図4.2.9 Nd-YAGレーザを用いると，脳室内深部腫瘍も容易に，脳表をほとんど傷つけることなく摘出することができる

(1) 食道癌光線力学治療

HPDを静脈注射にて投与し，48時間後にアゴンダイレーザ，波長630 nm 出力300 mW～400 mWにて約5分間照射する。治療対象としては癌の深達度が上皮内，粘膜内にとどまるものとする。照射されたレーザとHPDとが光化学作用をおこし癌組織を壊死にいたらしめる。

(2) 金蒸気レーザ

アルゴンダイレーザと同じように628 nmの波長を持ち光線力学的レーザ治療器として用いられる。アルゴンダイレーザとの違いはパルス発振であるのと高出力が可能であるために深達性がすぐれている。

写真4.2.9 金蒸気レーザ装置

2.4 その他のレーザ治療器
2.4.1 フラッシュダイレーザによる赤アザの治療

単純性血管腫の治療では，正常な組織はなるべく損傷せず，異常に増殖した血管だけを選択的に破壊するのが理想である。従来用いられていた，アルゴンレーザでは連続発振のため，十分なピークがえられず，ゆっくりと加熱するため，血管だけでなく正常組織にまで熱影響が及び，瘢痕化の原因となっていた。フラッシュダイレーザは，パルス発振で数 kW 以上のピーク出力が得られ，波長も 590 nm と血管に吸収されやすく，赤アザのみを破壊するレーザである。

写真 4.2.10　Flash Dye レーザ装置

2.4.2 レーザ血管形成術（図 4.2.10，図 4.2.11）
＜動脈硬化性血管狭窄の治療にレーザ＞

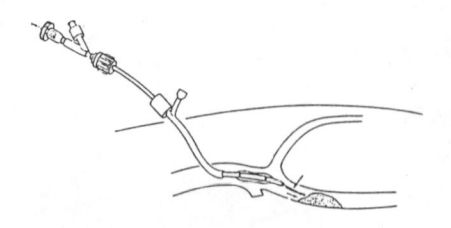

図 4.2.10

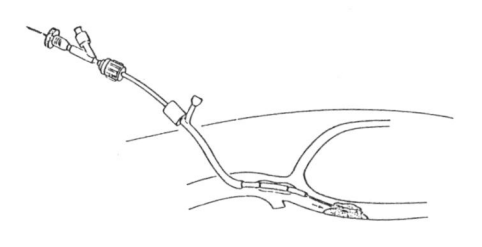

図 4.2.11

コレステロールなどの沈着により狭窄した血管をファイバーにて誘導されたレーザを照射することで，アテロームを気化し狭窄を解除し，血流を復活させる治療。
使用されるレーザ装置はアルゴンレーザ，Nd-YAG レーザ，エキシマレーザがある。

2.5 ソフトレーザによる疼痛の治療

従来からのレーザ光の熱エネルギーを主としたレーザメスに対しレーザ光の刺激によって生体を活性化させるレーザ治療器がある。熱エネルギーを利用するレーザメスに対し，ソフトレーザと呼ばれその出力は 0.01 W 〜 0.1 W の出力の範囲で使われている。

2.5.1 ソフトレーザの種類

① 半導体レーザ

波長　　780 nm
　　　　830 nm
　　　　904 nm

発振モード　連続発振
　　　　　　パルス発振

出力　　20 mW
　　　　30 mW
　　　　60 mW
　　　　100 nm

写真 4.2.11　ソフトレーザ治療器

② He-Ne レーザ
　　波長　　　632.8 nm
　　発振モード　連続
　　出力　　　 8 mW
　　　　　　　 6 mW
　＜ソフトレーザの応用＞
　各種の痛み止め　非感染性筋肉痛（腰痛・肩痛）
　　　　　　　　　歯の痛み（知覚過敏症・虫歯痛）
　　　　　　　　　関節リューマチ
　生体機能の回復・増進
　　　　　　　　　難治性潰瘍の治癒
　　　　　　　　　創傷治癒促進

2.5.2　ソフトレーザの禁忌事項
① 妊娠または妊娠している可能性のある人
② 悪性腫瘍のある人
③ 心臓疾患のある人
④ 出血素因の高い人
⑤ 新生児・乳児
⑥ 高齢者で非常に体力が弱って，医師が不適当と認めた人
⑦ その他の疾患で非常に体力が弱って，医師が不適当と認めた人

2.5.3　レーザサーミア

　レーザハイパーサーミアの略称で，ハイパーサーミアとは温熱療法と呼ばれる癌治療法の一つである。癌細胞は 42°～43°C に加温されるとその熱作用により壊死する。細胞の加温装置としてマイクロ波，RF波がある。レーザも熱源として利用されている。ファイバーによって導かれた，Nd-YAGレーザを癌組織に刺入し局所的に加温する。このことをレーザサーミアと呼ぶ。

2 レーザの医療応用の概要

文　献

1) 東京大学教授渥美和彦監修,「レーザーの臨床」, メディカルプランニング
2) 「医学のあゆみ」, 第124巻, 第5号「レーザー医学」, 金原出版
3) 東京医科大学教授早田義博監修,「レーザー腫瘍マニュアル」, サイエンスフォーラム
4) 日本レーザー医学会, 渥美和彦編集, 日本レーザー医学会誌

第5章　レーザ加工周辺技術

第5章 レーザ加工周辺技術

1 CO_2レーザのメンテナンス技術

金岡 優*

1.1 はじめに

　加工用CO_2レーザは，1980年代になって大出力化，ビーム品質の安定化，光学部品の寿命向上などの性能向上が図られ，レーザ加工機が切断，溶接，熱処理の各種加工分野へ積極的に導入され始めた。

　国内における加工分野は，切断が約75％と主流を占めるが，その目的は大きく変化しつつある。従来，レーザ切断は数量の少ない特殊部品や，量産プレス加工前の試作部品を対象としていた。ところが，ニーズの多様化を背景とした本格的な多品種少量生産時代を迎え，ロット数の少ない（数千個以下）実製品そのものの切断へCO_2レーザ加工機の導入が活発化している。このように現在ではレーザ加工機の特殊機としての位置付けから，汎用工作機としての位置付けに変わりつつある。

　しかし，レーザ加工機は他の工作機械に比べ，加工品質に影響を及ぼす要因となるものが非常に多いため，加工不良の改善や防止のための技術も難しくなる。ここでは，すでに生産現場でレーザ加工機を使用している人を対象に，以上のような問題解決のために，加工品質を左右する各種要因とその加工品質を最適な状態で一定に維持するための注意事項について述べる。

1.2 切断品質に影響を及ぼす要因

　切断品質には，図5.1.1に示すような数多くの要因が影響を及ぼしており，これらの要因が多かれ少なかれ積み重ねられ，最終的な切断品質として現われる。その結果，単純にカタログ値で示されるテーブル精度のままで加工することは難しいし，あらゆる形状が同一条件で加工できるとは限らない。加工品質を最良にするためには，まずこれらの要因と加工品質との因果関係を正確に把握しておかなければならない。また，加工目的に応じて要因の占有割合が異なるので，加工目的が高精度加工か，加工時間の短縮か，厚板切断なのかなどを明らかにして要因の最適化を図らなければならない。

---

* Masaru Kanaoka　三菱電機（株）　名古屋製作所　レーザ製造部

第5章 レーザ加工周辺技術

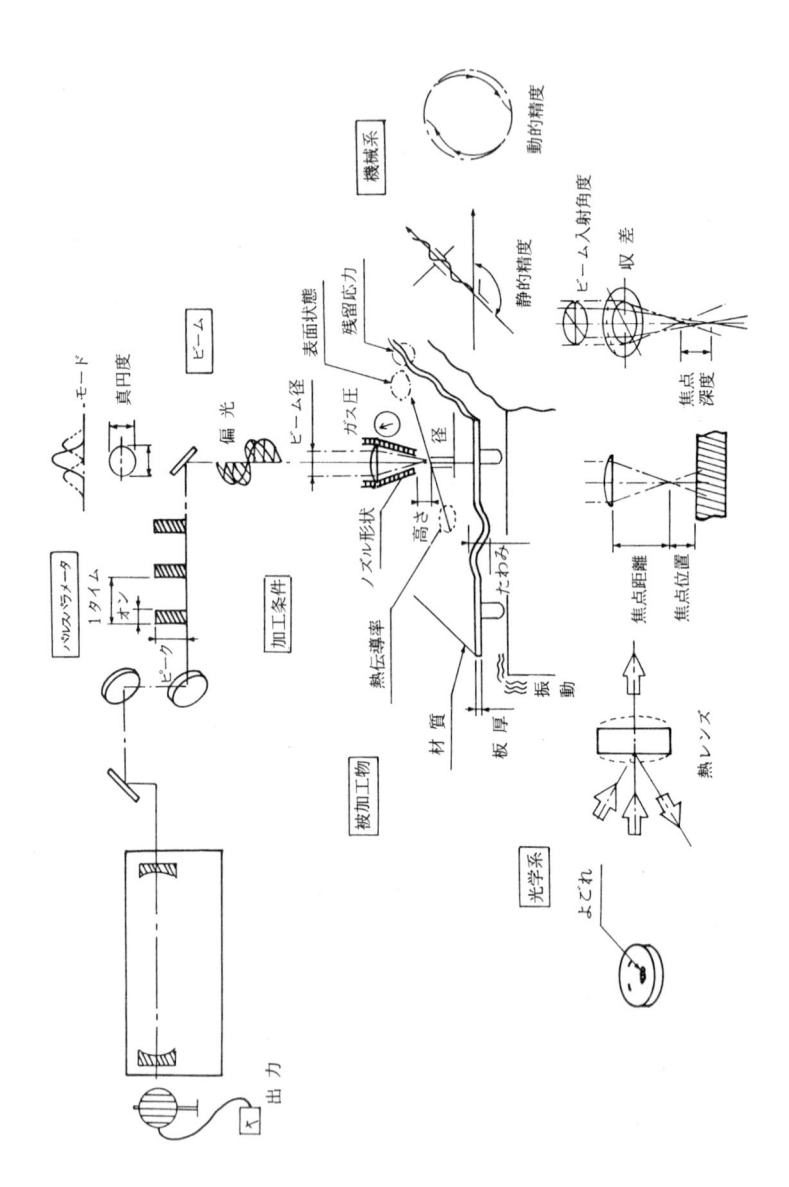

図5.1.1 切断品質に影響を及ぼす要因

1　CO_2 レーザのメンテナンス技術

加工品質を一定に維持するためには，基本的に満足のできる加工品質を得るための条件設定と，その品質の得られた機械性能と加工条件を維持さえすれば良いわけである。加工条件の出力，速度などデジタル的に管理できるものは，常に一定に設定することは容易であるが，変化が徐々に進行する光学部品の劣化や，加工条件でも数値で管理できないノズル芯出し，焦点出しなどには注意が必要になる。

以上のことを考慮して，高精度切断を行う上でとくに重要と思われる要因とその特性について次に述べる。

1.2.1　機械精度

機械精度は静的精度と動的精度に分けられる。静的精度は機械が静止指令点にどの程度正確に止まるかを表わす精度であり，それには「位置決め精度」と「繰り返し精度」の2つがある。例えば静的精度が悪いと，穴−穴間のピッチ精度や対辺間寸法精度が悪くなる。静的精度は具体的にはカタログや仕様書に明記されている。これに対して，動的精度は機械がどの程度指令された軌跡に近く動くかを表わす精度のことで，加工速度が速いほど，あるいは同じ速度でも小Rや小穴ほど精度は悪くなる。タレットパンチプレスでは動的精度はさほど問題にされないが，レーザ加工では加工ヘッドや加工テーブルの動きの良し悪しが切断精度を決めるために，静的精度と同様に非常に重要である。

図5.1.2は動的精度の一例を示したものである。加工速度の増加とともに真円度は悪くなるが，その悪化の度合は穴径によって異なることを知っておかなければならない。そのため穴加工では加工速度を低速，中速，高速などのように，穴径にかかわらず一括設定するのではなく，要求される真円度を得るために穴径に応じて速度を決める必要がある。

レーザ切断では高速加工においても高精度に加工できることが望ましい姿ではあるが，現実はそうでない以上，使用中の加工機がどの程度の動的精度なのかを把握しておくことが必要になる。余談ではあるが，ワイヤ放電加工機がレーザ加工機に比べ，はるかに加工精度が高いのは，7〜8mm/minとレーザ加工機の1/10〜1/1000の極低速でしか加工できないために，動的精度がほとんど無視できることも一因である。現在，レーザ加工機の加工で高精度切断を目的とする場合は，レーザの切断能力としてはかなり遅い500mm/min以下の速度設定にすることが多いが，これは上記のことを考慮したためであり，動的精度を向上させる技術開発が今後の課題であろう。

1.2.2　ビーム品質

加工品質に影響を及ぼすビーム品質には集光特性を左右するビームモードとビーム径，切断溝幅の方向によるばらつきにはビーム真円度，切断溝の傾きには被加工物への照射ビームの傾きと偏光，長期間の安定加工には出力変動などの要因が考えられる。

ビームモードには比較的小出力でありながら加工レンズによる集光性が良く，高エネルギー密度

第5章 レーザ加工周辺技術

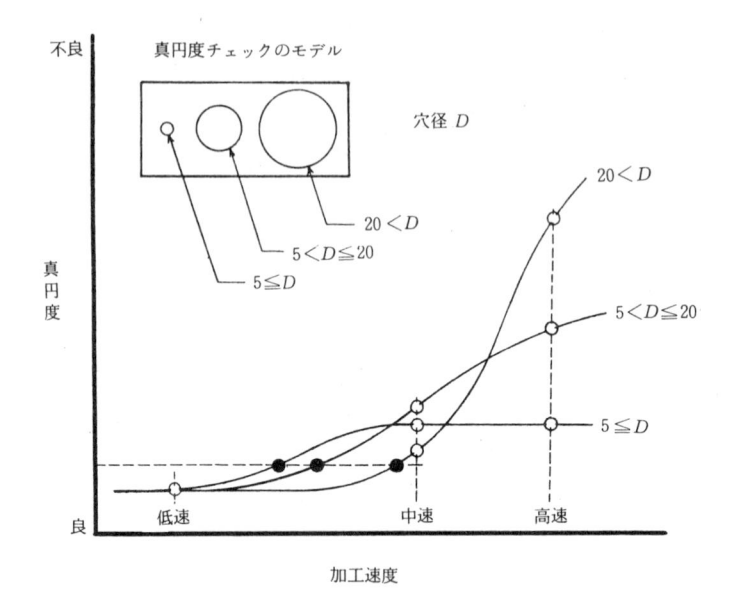

図5.1.2 真円度と加工速度の関係

が得られるシングルモード，出力強度のピークを複数もち集光性はシングルモードより劣るが，出力は5kWと大出力が得ることのできるマルチモード，発振器出口ではリング状の出力分布をなすがレンズで集光すると高エネルギ密度が得られ，通常5kW以上の大出力機で用いられるリングモードがある。これらビームモードおよびビーム径は発振器の構造によって決まるため，一般にはユーザが目的に合わせて初期の段階で仕様を決めて選定するため，後での変更は難しい。

　ビーム真円度については，シングルモード用発振器の構造上，発振器出口での真円性は十分確保されているが，ビームを加工テーブルまで伝送する光路系内に不純ガスが混在したり，ベンドミラーの固定方法が原因でミラーがひずみ，真円度の悪くなることがある。その結果，切断溝幅にはテーブルの走査方向でバラツキが生じ，NCの工具補正（オフセット）機能だけでの補正は不可能になる。不純ガス雰囲気中に加工機が存在する場合，上記の現象の発生を防止するために，光路系内をドライエアーでパージし，ミラーホルダーはミラーの固定（保持）の方法によってひずみが発生しない構造にしたり，冷却機能を持たせ熱ひずみを防止する構造をとっている。

　高精度切断には切断溝が垂直であることが理想であるが，現状のレーザ切断では若干の傾きが発生する[1]。傾きには図5.1.3に示すように，(a)の実際には垂直方向に切断溝が生じても，表面と裏面の切断溝幅が異なるために切断面が傾く場合と，(b)の切断溝がもともとある程度の傾き

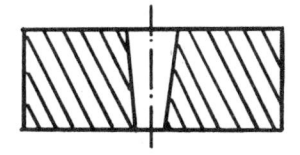

1 CO_2レーザのメンテナンス技術

(a) 上・下切断溝幅の差による場合 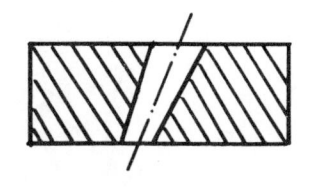　　(b) 切断溝自体が傾く場合

図5.1.3　切断溝の傾き

をもって生じることで切断面が傾く場合がある。(a)については,被加工物表面位置での集光ビーム径が影響しており,改善のためには集光スポット径をより小さく絞ることのできる短焦点レンズを用いる。図5.1.4は板厚2mmのSPCCを加工レンズの焦点距離を変えて切断したときの,被加工物表面と裏面の切断溝幅およびその差(テーパ)を示したものである。f 2.5″レンズは最もテーパが小さく,高精度切断が可能であるが,逆に焦点深度が浅く,焦点位置の変動に対する切断溝幅の変化が長焦点レンズに比べて大きいことや,加工中のスパッ

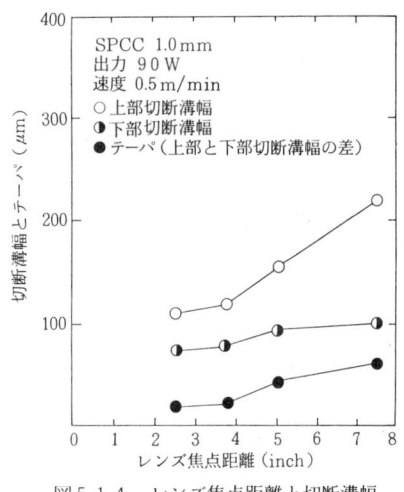

図5.1.4　レンズ焦点距離と切断溝幅

タが付着しやすいなどの欠点もあり,無条件に短焦点レンズが良いとは断定できない。通常,f 3.75″〜f 5″の加工レンズを標準とし,f 2.5″レンズは特別の場合のみに限定している。

(b)の現象が生じる原因には被加工物へ照射されるレーザビームの傾斜と偏光が考えられる。レーザビームの傾斜には,

1) レンズ中心とビーム中心が異なる
2) レンズへの入射ビームが傾いている
3) レンズが傾いて取りつけてある

などが考えられる。このレーザビームの傾きをチェックするためには,図5.1.5に示すように焦点位置と焦点を大きく変化させた位置で,アクリルまたは耐火レンガ上にビームを照射し,焼きつけられたビームパターンの中心位置ずれの有無で確認すればよい。焦点位置変化量100mmで中心位置のずれ量が2mm以内であれば通常の加工で影響はないが,それ以上のずれが発生して

第 5 章　レーザ加工周辺技術

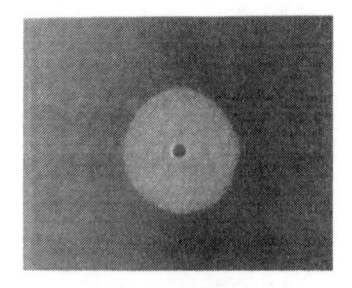

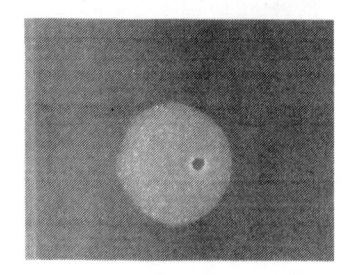

写真 5.1.1　ビーム傾きのチェック，傾きのある場合と，ない場合

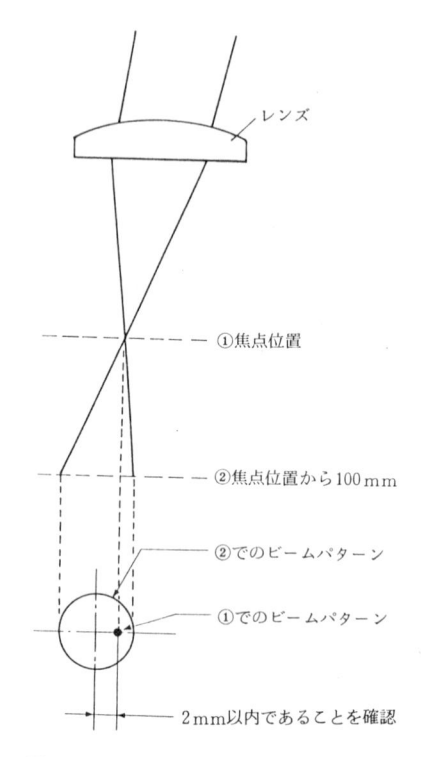

図 5.1.5　レーザビームの傾きの確認方法

いる場合はビームの伝送路やレンズの取り付けの再調整を実施すべきである。写真 5.1.1 は上記の方法でビームの傾をチェックし，ビームが大きく傾いている場合と傾きのない場合のアクリルバンパターンである。

　偏光も切断溝の傾きの大きな原因になる[2]。最近のレーザ切断システムでは円偏光化がなされ，切断の方向によって切断品質が変化したり，切断面が斜め切れになるなどの問題は大幅に改善されてきた。しかし，円偏光化とは円偏光に近づける技術であり，実際には円偏光に近い楕円偏光になっている。

　筆者らの経験では切断面の面粗さは円偏光度が 65～70% 以上であれば，実用上問題とはならないが，切断面の傾きを少なくするには円偏光度は大きい方が良い。偏光が原因による切断面の傾きは，切断方向によって傾き度合が異なること（方向によっては全く傾斜しない）と，切断方向が逆になると傾斜方向も逆になることが特徴である。図 5.1.6 には偏光の影響による切断溝の傾きを示すが，偏光度は小さい（悪い）ほど，またワークの板厚が厚いほど図中の $|l_1 - l_2|$ は大

きくなり,加工精度は悪化する。図 5.1.7 は板厚 2 mm の軟鋼における円偏光度と,切断方向を変化させた時の $|l_1-l_2|$ の最大値との関係を示す。また,図 5.1.8 には同一偏光度でワーク(軟鋼)の板厚を変えて切断した場合の板厚と $|l_1-l_2|_{max}$ の関係を示したものである[3]。偏光度の加工精度に及ぼす影響は具体的には,正 8 角形の対辺間寸法がばらついたり,あるいは穴を切

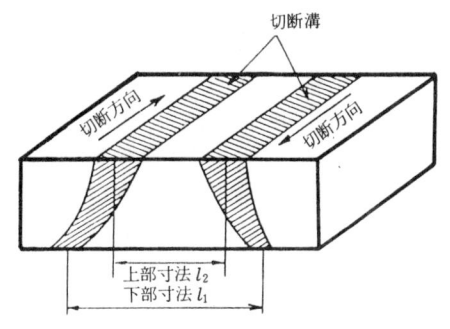

図 5.1.6 偏光の影響による切断溝の傾き

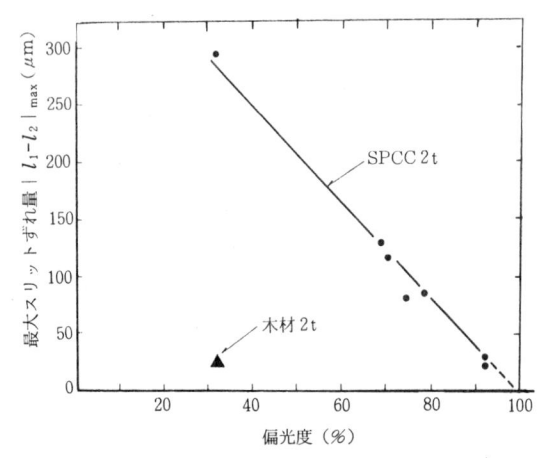

図 5.1.7 円偏光度と最大スリットずれ量の関係

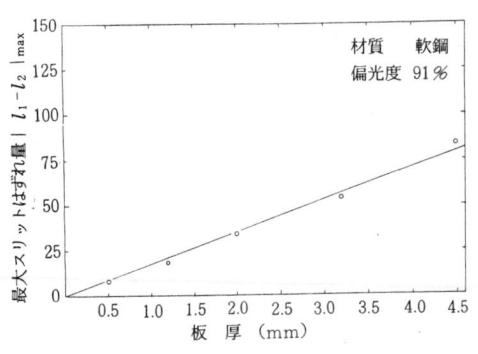

図 5.1.8 板厚と最大スリットずれ量の関係

第5章 レーザ加工周辺技術

断した場合に，表面側は真円に近いが，裏面側は楕円になるなどの影響がでてくる。偏光の影響は基本的には切断面の傾斜によるものであるから，板厚が厚くなるほど影響は大きくなる。

1.2.3 出力安定度

出力の変動も，もちろん切断溝幅を変動させたり，バーニング発生の大きな要因である。出力の変動には，ビームが発振器から出射した後の加工ヘッドまで導びかれる途中での変動と，発振器出力そのものが変動する場合がある。前者の原因はベンドミラーの汚れによる出力減衰が最も多いが，突発的に切断が不可能になるのではなく，むしろ加工品質が徐々に悪くなるため，加工条件範囲の広い薄板加工ではなかなか気づかない。通常は発振器出口の出力値と加工ヘッド部での出力値を直接測定し，その差からミラーの汚れ具合を判断する方法をとる。とくに，大出力機での加工において，ミラーを汚れた状態で使用すると，ミラー表面のビーム照射位置で焼き付けが起こりミラーの破損につながることがあるので，出力変動のチェックと，もし汚れの生じていることが判明した場合のクリーニングは頻繁に行う必要がある。

発振器出力の変動には，レーザガス循環用のブロア故障，不純ガスの発振器内への混入，光学部品の劣化などで原因が複雑になり，一般のユーザで対応することは難しくなるため発振器メーカ側に処置を任せることが望ましい。ただし，最近ではレーザ加工機の設置されている環境や，加工中の反射光による出力変動は発振器内の出力値を常時検出し，その出力の変動に応じて放電電流を瞬時に制御する出力制御法をとっており，銅やアルミなどの高反射材料の加工において大きな効果をあげている。

1.2.4 光学部品

光学部品には大きく分けて，発振器内の部品と伝送路の部品および加工部品とがあるが，ここでは加工品質に大きな影響を及ぼしているにもかかわらず，発見が難しい熱レンズ作用を起こすPRミラーと加工レンズについて説明する。

熱レンズ作用とは光学部品に油分，スパッタ，ヒュームなどが付着したり，コーティング膜の劣化などで光学部品の熱吸収率が増加し，加工中の切断溝幅変化，面粗度変化，バーニング発生の原因になったり，さらには最悪，光学部品が破壊するおそれがある。

熱レンズ作用の発生を調べるためには，まずPRミラーと加工レンズのどちら側に発生しているかを判断する必要があり，通常はPRミラー側から確認する。簡単な方法としては熱レンズ作用の発生は光学部通過後のビームモードの乱れとして現われるため，ビームモードアナライザーを光路途中に設置し，リアルタイムにモードの変化を観察するのが良い方法であるが，ビームモードアナライザーを一般ユーザーで装備することは難しい。

一般のユーザでも簡単に実施可能な方法としては図5.1.9に示す方法がある。(a)では発振と同時にビームをPRミラーに通過させ，熱レンズの発生していない状態で，バンパターンを取る。

1 CO_2レーザのメンテナンス技術

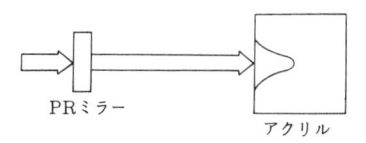

(a) 発振と同時にビームモードを調べる

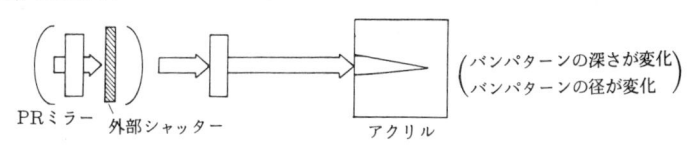

(b) PRミラーに熱負荷を与えた後,ビームモードを調べる

図5.1.9　PRミラーの熱レンズの調べ方

(b)ではPRミラーの外側のシャッターを閉めて発振させ,PRミラーに熱負荷を与えてから,(a)と同じ条件でアクリルにバンパターンをとる。以上の操作で(a)と(b)のモードパターンに差異がなければ,PRミラーに熱レンズが発生していないことになり,もし,発生していればクリーニングを施す必要がある。

　加工レンズの場合は,レーザ溶接と同じ手法でビードオンプレートを行い,ビードが安定して得られるかどうかで確認する。焦点位置を被加工物表面に設定し,最大出力で,アシストガスにはArを用いて,図5.1.10の例に示すように約600mmほど走査させ,始点から終点までのビード幅やビーム照射位置から発生する光の輝度に変化があるかどうかの確認をする。もし熱レンズが発生していれば,ビードが徐々に細くなり,全くビードの得られない状態になる。

　以上の操作で熱レンズ作用が確認された場合は,光学部品のクリーニングが必要になるが,一度熱レンズ作用が発生すると光学部品の完全な復旧は難しいため,発生を予防するための定期的

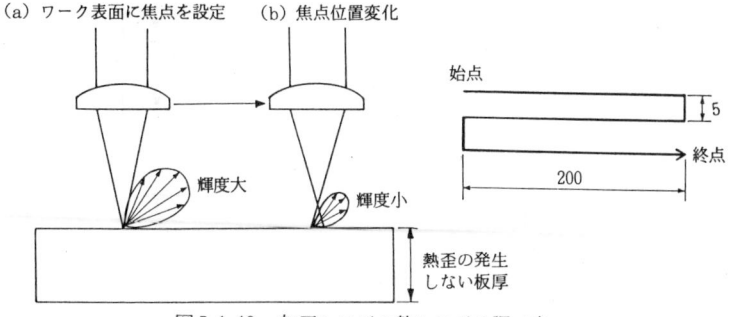

図5.1.10　加工レンズの熱レンズの調べ方

なクリーニングが重要である。PRミラーのクリーニングは，発振器内部側と外部側の2面あるが，ユーザ側の作業としては比較的容易な作業で済む外部側の面に限られる。クリーニングを実施するうえでの注意事項は，光学部品表面のほこりでクリーニング中に逆に傷をつけてしまうことである。そのため，光学部品はクリーニング前に完全にほこりを除去し，アセトン（99.9％以上）を含ませたレンズクリーナーで拭き作業を行う。この場合もレンズクリーナーは一度拭くごとに新しい物と取り換えて，傷の付かないように注意しなければならない。

1.2.5 加工条件

レーザ切断において"きれいに切断する"ことの目的だけであれば，切断条件の設定は比較的容易であり，レーザ加工機メーカが提出する加工条件どおりに条件設定すれば間違いはない。それほど最近のレーザ加工機は安定してきており，加工条件範囲も広い。むしろレーザ加工機を使用する側では，効率の良い最適な加工が実施できるように条件を選択し，使い分けることに注意を払う必要がある。加工精度を必要とする形状では，すでに述べたように，加工テーブルの動特性を考慮して条件設定しなければならない。パルス加工条件の設定でも各種パラメータの加工に及

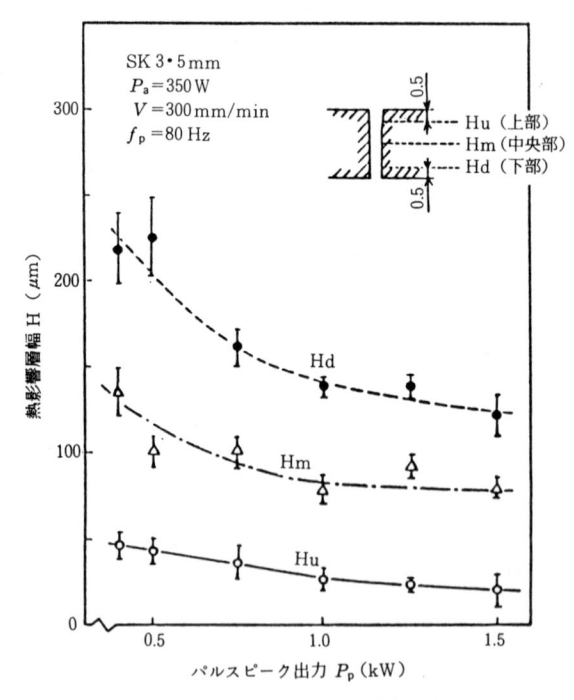

図 5.1.11 パルスピーク出力と熱影響層幅の関係

1 CO_2レーザのメンテナンス技術

ぼす影響を十分理解した上で，条件設定する必要があり，以下には代表的なパルスパラメータについてその加工特性を示す[4),5)]。

図5.1.11は板厚5 mmのSK 3を切断した場合のパルスピーク出力値と熱影響層の関係，写真5.1.2は切断溝横断面写真を示す。硬化層は切断溝の両側に沿ってほぼ均等に発生しており，上部から下部に向ってその幅は増加している。低いピーク出力値では下部への入熱が多く，下部硬化層Hdは0.25mmにも達し，切断面の粗れも著しい。しかし，ピーク出力値が高くなるほど低入熱に加工でき，シャープなエッジ加工や厚板の安定加工に適する。

図5.1.12と写真5.1.3はパルス周波数と熱影響の関係を示したものである。パルス周波数を変化させても上部および中央部での熱影響層幅H_u，H_mはほぼ一定であるが，下部熱影響層幅H_dは周波数を下げるに従い減少する。このことから被加工物への入熱を下げる加工にはパルス周波数を低く設定する必要がある。

実用的な切断品質の評価としては，切断面粗さも重要な因子である。図5.1.16は板厚1 mm，3.2 mm，6 mmの軟鋼を切断した場合のピーク出力値と面粗さの関係である。ただし，面粗さは板厚方向に変化するため，被加工物表面から0.3 mmの上部R_uと，裏面から0.3 mmの下部R_d

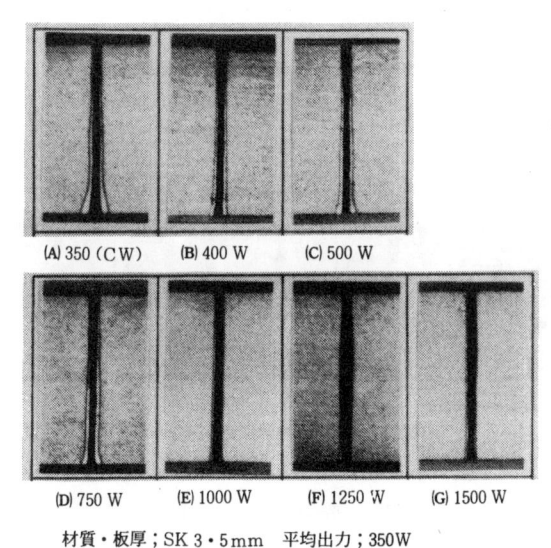

(A) 350 (CW)　(B) 400 W　(C) 500 W

(D) 750 W　(E) 1000 W　(F) 1250 W　(G) 1500 W

材質・板厚；SK 3・5mm　平均出力；350W
加工速度；0.3m/min　ピーク出力；(A) 350W(CW)
(B) 400W，(C) 500W，(D) 750W，(E) 1000W
(F) 1250W，(G) 1500W

写真5.1.2　パルスピーク出力に対する切断溝幅と熱影響層

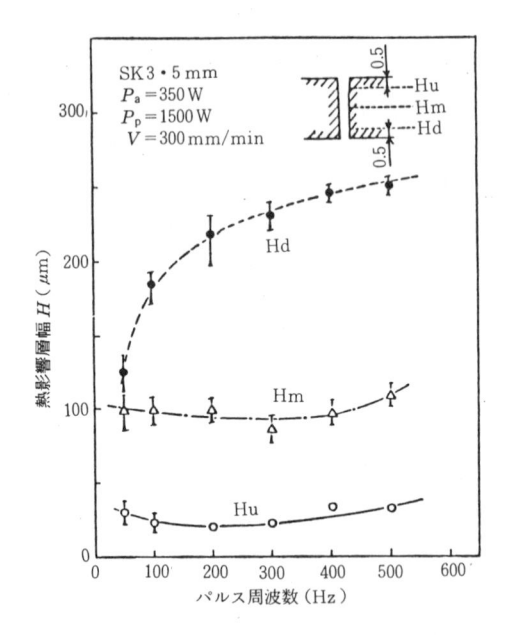

第5章　レーザ加工周辺技術

図 5.1.12　パルス周波数と熱影響層幅の関係

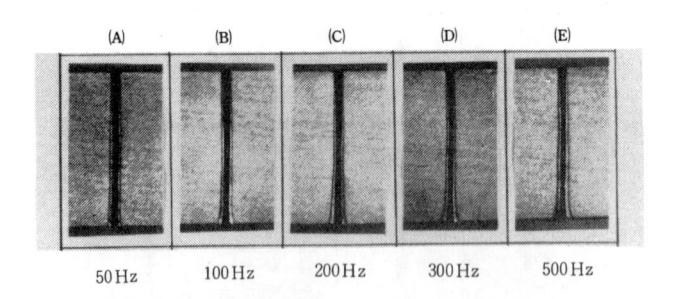

写真 5.1.3　パルス周波数に対する切断溝幅と熱影響層

材質・板厚；SK3・5mm　　平均出力；350W
加工速度；0.3m/min　　ピーク出力；1500W
パルス周波数；(A) 50Hz, (B) 100Hz, (C) 200Hz, (D) 300Hz, (E) 500Hz

1　CO₂レーザのメンテナンス技術

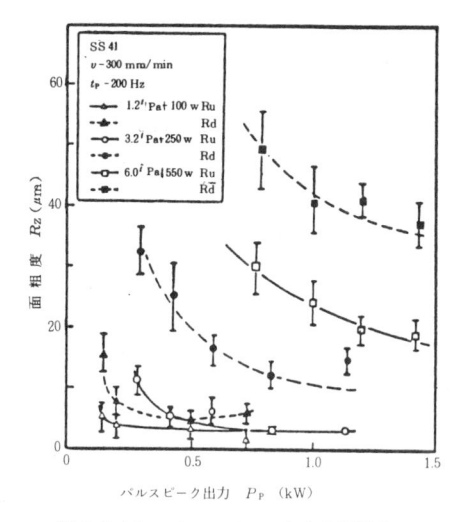

図 5.1.13　パルスピーク出力と面粗さの関係

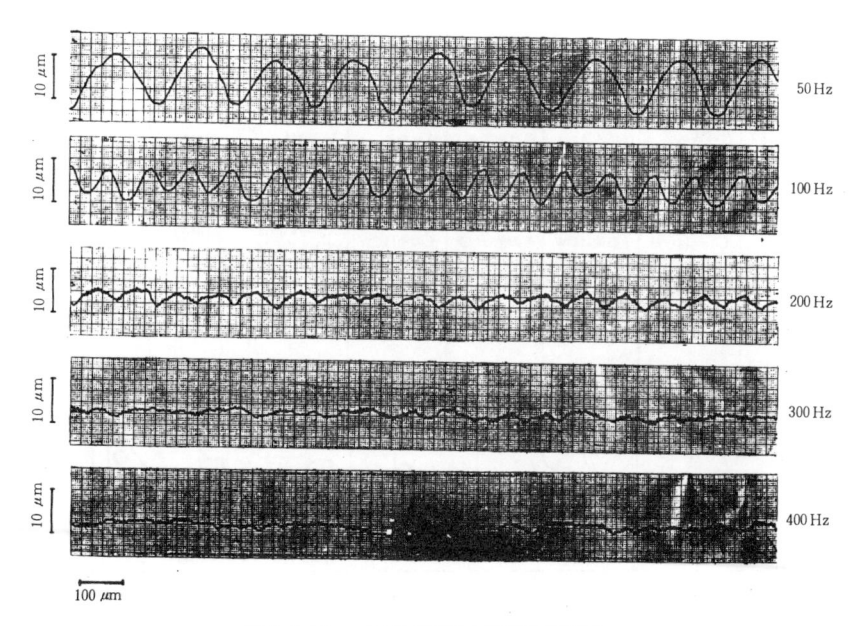

図 5.1.14　パルス周波数と面粗さの関係

第5章　レーザ加工周辺技術

の2箇所について，十点平均粗さR_zで測定した。どの板厚の加工においてもピーク出力値が高くなるほど面粗度は良好になる。

図5.1.14は軟鋼2mmのパルス切断において，パルス周波数を変化させた場合の上部面粗さである。切断面にはドラグラインが規則正しく並び，その間隔はパルス周波数と加工速度によって決まるピッチにほぼ一致する。このため面粗さを良好にする加工ではパルス周波数を高い値に設定する必要がある。

このようにパルス切断は低入熱高精度加工に適用しており，逆にCW切断は高速加工に適用するのが基本になる。実際の加工では一つの形状でも加工中にパルスとCWを切換えて用いたり，同一形状でも板厚に応じてパルス加工かCW加工かの使い分けも必要になる。

図5.1.15は5つの形状を例にとって，各板厚ごとに出力形態の使い分けを示したものであり，被加工物の板厚が厚くなるほど，また小穴やシャープエッジ部でパルス加工使用の頻度が高い。

板厚	1mm	2mm	3.2mm	4.5mm	6mm	9mm	12mm
図形1	CW	CW	CW	CW	CWまたはパルス	パルスが基本場合によってはCW	パルス
図形2	小穴はパルスその他はCW	小穴はパルスその他はCW	小穴はパルスその他はCW	小穴はパルスその他はCW	小穴はパルスその他はパルスまたはCW	パルス	パルス
図形3	小穴とエッジはパルスその他はCW	小穴とエッジはパルスその他はCW	小穴とエッジはパルスその他はCW	小穴とエッジはパルスその他はCW	小穴とエッジはパルスその他はパルスまたはCW	パルス	パルス
図形4	小穴はパルスその他はCW	小穴はパルスその他はCW	小穴はパルスその他はCW	小穴はパルスその他はCW	太線部分および小穴はパルス，その他はパルスまたはCW	パルス	パルス
図形5	パルスが基本精度無視すれば外周はCWで可	パルスが基本精度無視すれば外周はCWで可	パルス	パルス	パルス	パルス	パルス

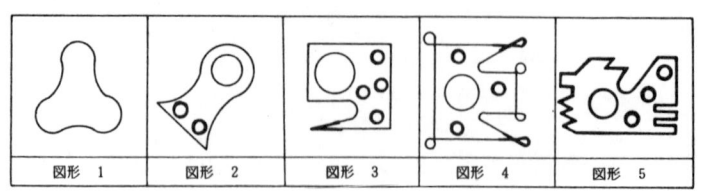

（図中の太線はパルス加工）

図5.1.15　パルス加工，CW加工およびパルスとCW併用加工の例

1.3 おわりに

本稿では，レーザ加工において加工品質に影響を及ぼす要因と，加工精度の向上および維持を目的とした加工機使用上の留意点について述べた。加工機は各メーカーごとの機種や方式の違いのため，必ずしも全機種について当てはまらない場合もあろうが，加工性能の向上や維持のための参考としてお役に立てて頂きたい。

文　　献

1) 木谷ほか，プレス技術，**24**, (9), 26 (1986)
2) 木谷ほか，三菱電機技報，**61**, (6), 468 (1987)
3) M. Kanaoka, Report on Current CO_2 Laser Application in Japan, SPIE, Vol.952, Laser Technologies in Industry, 600 (1988)
4) 木谷ほか，三菱電機技報，**61**, (6), 468 (1987)
5) 金岡ほか，"レーザ切断性能に及ぼすパルス特性の影響"，第109回溶接法研究委員会資料 (1986)

2 YAGレーザのメンテナンス技術

数藤和義*

2.1 YAG（イットリウム，アルミニウム，ガーネット）レーザ

YAG（イットリウム，アルミニウム，ガーネット）レーザは，CO_2（炭酸ガス）レーザとともに工業用加工レーザとして進歩を遂げてきた。

しかし，レーザ加工機は一般のユーザーにとっては，まだまだ手のかかる代物である。一体何に手がかかるかと言えば，寿命のある部品があるためである。

一般のテレビ，ラジオ，コンピュータ等が，故障しないのは，大量生産による高度な品質管理と高性能，高品質の半導体製品であり，そのものがエレクトロニクスの集合体である。

レーザにおいては，エレクトロニクスの関与するところは少なく光学部品，機械部品がほとんどである。光学部品は，YAGロッド，ミラー，ランプ，レンズ，光ファイバー等である。

一定の時間を経過すると，消耗するものや，使用環境により劣化するものがある。部品が劣化すると性能を維持することができなくなり，メンテナンスの必要が生ずる。もちろん部品を交換すれば元の性能に戻すことができるが，部品を交換すると光軸がずれるため再調整の必要が有る。またユーザーで簡単に，交換できるものもある。ユーザーでできるメンテナンスとメーカーで行うメンテナンスに分けて説明したい。

写真 5.2.1　ML‐2310A，ML‐23.10A

2.2 ユーザーメンテナンスとメーカーメンテナンスの区分けとその方法

2.2.1 ユーザーメンテナンス

(1) ランプ交換

---

*　Kazuyoshi Sutou　宮地レーザシステム（株）技術部

2 YAGレーザのメンテナンス技術

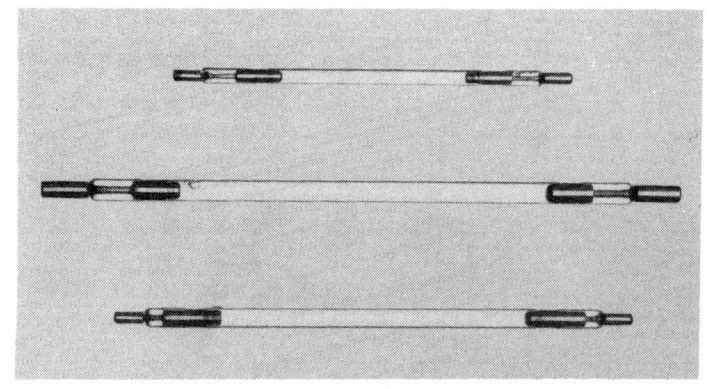

（丸文株式会社提供）
写真 5.2.2

　YAGレーザはXe（キセノン）またはKr（クリプトン）ガスを封入したランプによって励起される。

　CW（連続発振）YAGレーザにはKrアークランプが使用される。

　ガス圧は，2atm～8atmで各メーカーにより仕様が異なる（1mmHg＝1Torr＝1/760atm）。ランプの寿命は使用時間で表される。使用状況により異なるが，200～2,000時間位である。一般的にランプに流す電流を下げて使うと寿命が伸びると言われている。パルスYAGレーザの励起ランプは，XeフラッシュまたはKrフラッシュランプが使用される。

　ガス圧は，Xeランプは400～700Torr，Krランプは700～1,500Torrで，各メーカーにより仕様が異なる。

　寿命はフラッシュした回数により表される。使用状況により異なるが，10万～1,000万回くらいである。

　ランプ交換は各メーカーの解説を十分に読んだ後行う。

＜交換方法＞
1) 電源を切り冷却装置を止める。
2) 発振器カバーを取り外す。
3) アクリルブロックのフタを外す。
4) 楕円筒を外す。

　この状態で内部目視チェックを行う。

　目視チェック

　a) 楕円筒金メッキに異状はないか。

第5章　レーザ加工周辺技術

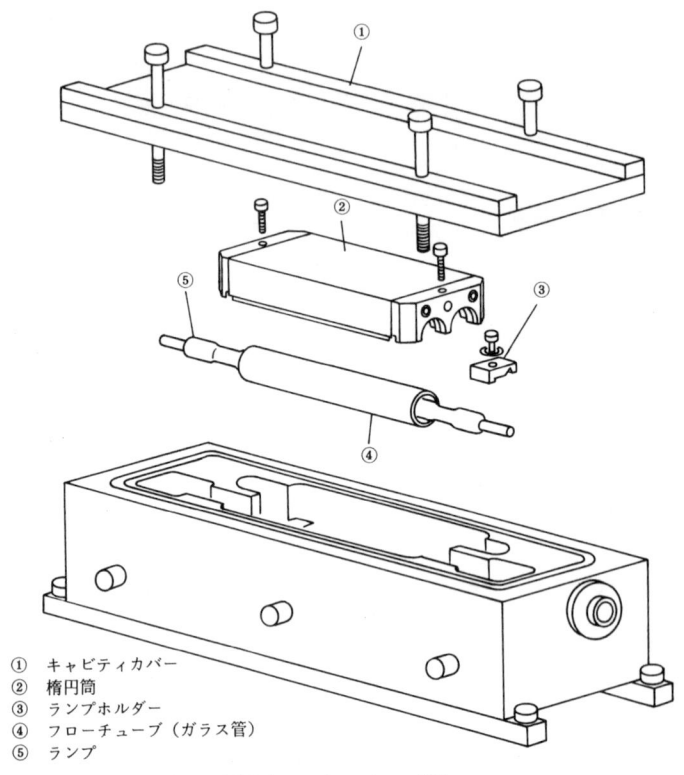

① キャビティカバー
② 楕円筒
③ ランプホルダー
④ フローチューブ（ガラス管）
⑤ ランプ

図 5.2.1　キャビティ構造

b) フローチューブにヒビワレがないか（ランプの発する紫外線によりヒビの入ることがある）。

c) ランプホルダーに異常はないか。

　　a), b), c)のチェックで異常と思われたらメーカーに相談されることが望ましい。

5) ランプを取り外し、新ランプをセットする。ランプはアルコールで清掃し素手で持たないこと。また極性に注意。

6) 楕円筒を元に戻し、アクリルブロックのフタを取り付ける。

7) 電源を入れ、冷却装置を作動する。

　　アクリルブロックより水漏れのないことを確認する。

8) アクリルブロック内の空気が抜けたら、ランプをフラッシュし、エージングを行う。

9) 発振器カバーを取り付ける。

2 YAGレーザのメンテナンス技術

(2) イオン交換樹脂交換

イオン交換樹脂は冷却装置内の純水の純水度を上げる働きをする。

純水の純水度を上げるということは，純水の絶縁性を高めることでもある。

これは発振器キャビティ中にランプがあり，ランプをフラッシュさせるために高電圧が必要であり純水の純水度が低下していると高電圧がリークしランプがフラッシュしなくなるのである。

イオン交換樹脂はアニオン樹脂とカチオン樹脂とを1：1または2：1の比で混合したものであり，樹脂をつめかえるタイプと，カートリッジ式のものとがあり，最近ではカートリッジ式になりつつある。

寿命の判定は，純水度を数値で規定し，設定した数値以下になったら交換という方法が良い。

数値を知るにはテスターで測る方法と，冷却装置に測定器が付属している場合とで少し異なる。目安としてテスターで測る時はテスターを高抵抗測定レンジにし，テスタ棒先端を10mmほど純水の中に入れ，（＋）（－）の間隔を10mmで抵抗測定を行う。この時の抵抗値が500kΩ以上であれば良しとする。

写真5.2.3 イオン交換樹脂

導電率計が付属されている場合は数値として$2\mu s/cm$以下を良しとする。交換はつめかえ式は容器の中身を交換すれば良くカートリッジ式はカートリッジそのものを交換する。

注意として，レーザ装置を納入後長期使用しない場合や冬期に長期間運転停止するような時は，純水を抜いた方が良い。

純水はポンプを回さずにそのまま放置すると，どんどん純水度が悪くなり，最悪の場合水アカがついたり，細菌が発生したりする。1日1回2～3時間運転すると純水度を保つことができるため，レーザを使用しない時でも冷却装置だけは少し動かしておいた方が良い。冬期の水抜きは凍結のおそれがある時である。水が凍ると発振器内部を破損するため，冬季は気を使ってほしい。

(3) 水フィルター交換

水フィルターの役目は発振器キャビティ内にゴミや汚れ等が流入するのを防ぐ。

除去能力としては，$5\mu m$の物が良く使用される。実装状態を写真5.2.4に示す。

交換時期は，イオン交換樹脂と同じで良い。交換方法も同様である。

第5章 レーザ加工周辺技術

イオン交換樹脂　　　　水フィルター

写真5.2.4　イオン交換樹脂
　（カートリッジタイプ）左
　　水フィルター　　　右

写真5.2.5　光ファイバー実装状態

(4) 純水交換

イオン交換樹脂を交換しても純水度が上らない場合純水交換を行う。

この時，水アカ等も同時に清掃する。交換時期は6カ月～12カ月くらいを目安とする。

(5) 光ファイバー交換

光ファイバーはYAGレーザの出力エネルギーを，効率良く伝達するものであり，使い勝手が良い反面こわれやすいという欠点もある。こわれる場合はどんな場合かというと以下のようになる。

○光ファイバーに無理な力が加わった。

○入射側でYAGレーザの光軸がずれた。

○出射側で光ファイバーを出射ユニットより外し，気がつかずにレーザを出した場合。

○加工物からの反射光により出射側光ファイバーの端面が損焼する場合。

光ファイバーを交換する時に注意すること。

1) YAGレーザの発振が正常かどうか，バーンパターンにより確認する。

同時にガイド光のHe-NeレーザがYAGレーザ光と同軸上にあることを確認する。

2) 入射レンズ中心にHe-Neレーザ光が通ること。この時ミラーの厚みによるゴースト像に惑されないこと。図5.2.2に示す。

3) 光ファイバーを交換後入射レンズを通して観察光学系にてファイバー端面を見てHe-Neレーザ光の光点がファイバーの中心にくるように入射レンズの$X-Y$軸の調整を行う。

　（注）　調整中はYAGレーザを絶対に発射してはいけない（目の安全のために）。

2　YAGレーザのメンテナンス技術

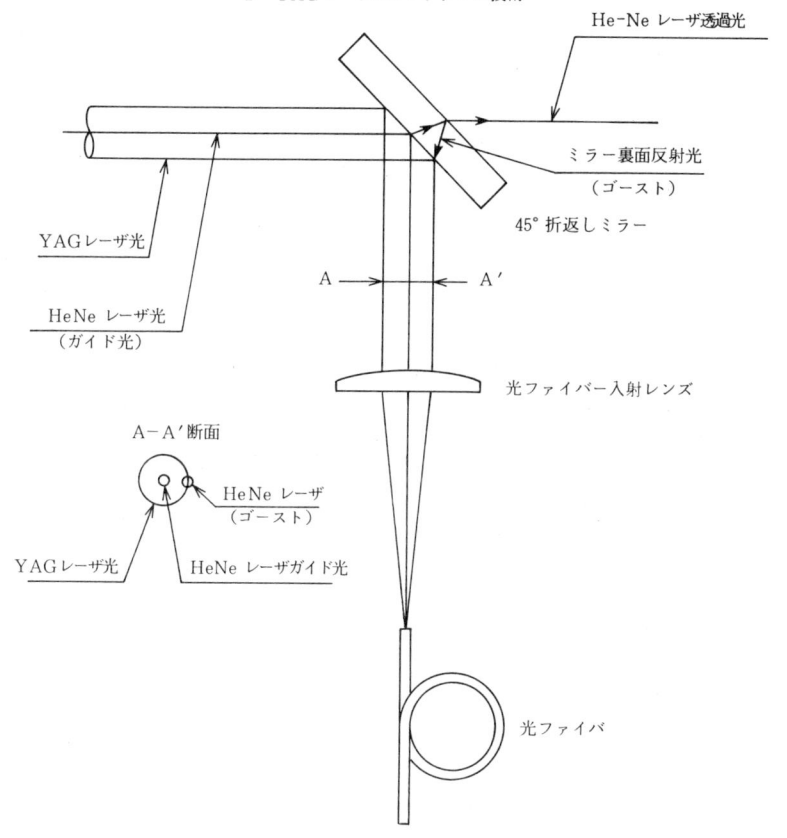

図5.2.2　He-Neレーザ光（ゴースト）

(6) 保護ガラス交換

　保護ガラスは出射光学系先端のレンズを，加工時発生する，ベーパー（Vapor：金属蒸気）から守る働きをする。このベーパーが保護ガラスに付着してレンズを保護するわけだが，ベーパーがどんどん付着してくると，付着したベーパーにレーザ光が当り反射して，ファイバー出射側に戻ることがある。

　この状態になると加工もパワー不足のため不良を出すことになり加工上もうまくない。ひどくなると光ファイバー出射側端面を焼損することもある。

　保護ガラスの交換はキャップによりネジ込む方式とスライド方式とがある。交換時期は，汚れの状態を加工回数ごとにデータを取り，加工状態が劣化する前に取り換えるのが良い。またエアーブロー等を行い，保護ガラスが汚れないようにするのも一つの方法である。

第5章 レーザ加工周辺技術

レンズ　　　　保護ガラス
　　　　　　　30×75mm

スライド式

保護ガラス
30mmφ

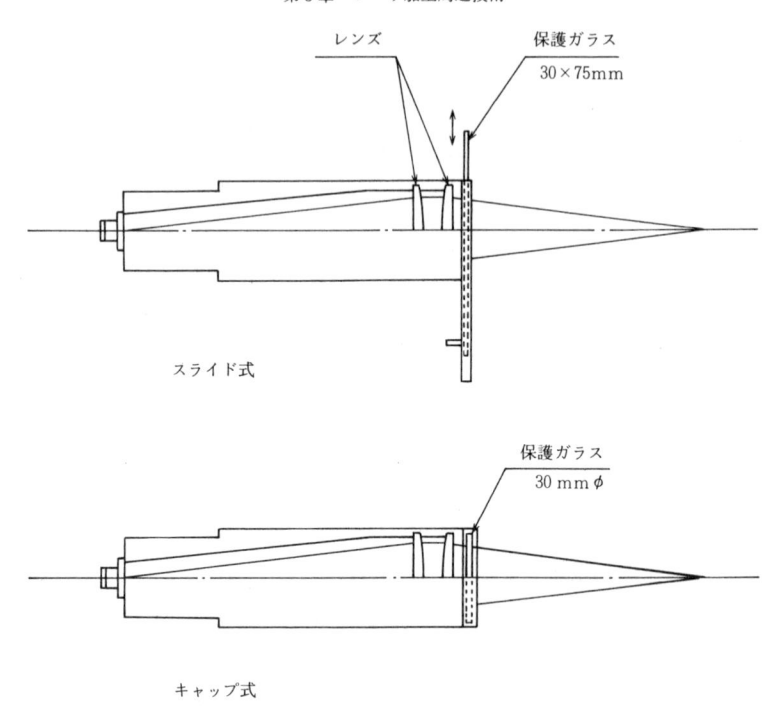

キャップ式

図5.2.3　保護ガラス実装図

2.2.2　メーカーメンテナンス

(1)　YAGレーザ発振調整

　YAGレーザの出力は発振調整が正しく行われているかどうかで大きく違ってしまう。要はYAGロッドと共振用ミラー1組とを，平行に合わせることである。

　基本調整はHe-Neレーザにて行う。図5.2.4を参考にしていただきたい。

○シャッターを開き，YAGロッド中心にHe-Neレーザ光が通るようにする。

a) YAGレーザ出射側ミラーM_4より20〜30cm離れた所に白い紙を置く。

b) M_2のミラーをYAGレーザ光軸（予想線）と45度の傾きになるようにセットする。

c) M_1のミラーを調整し，白い紙にHe-Neレーザ光が届くようにする。

　（注）　M_1，M_2のミラーは図5.2.4のようになっている。ダイヤルD_1を時計方向に回すと，He-Neレーザ光は下方に向き，反時計方向に回すと上方に反射される。ダイヤルD_2は左右方向の調節用である。

d) M_1を調整しYAGロッドにHe-Neレーザ光を通す。

2 YAGレーザのメンテナンス技術

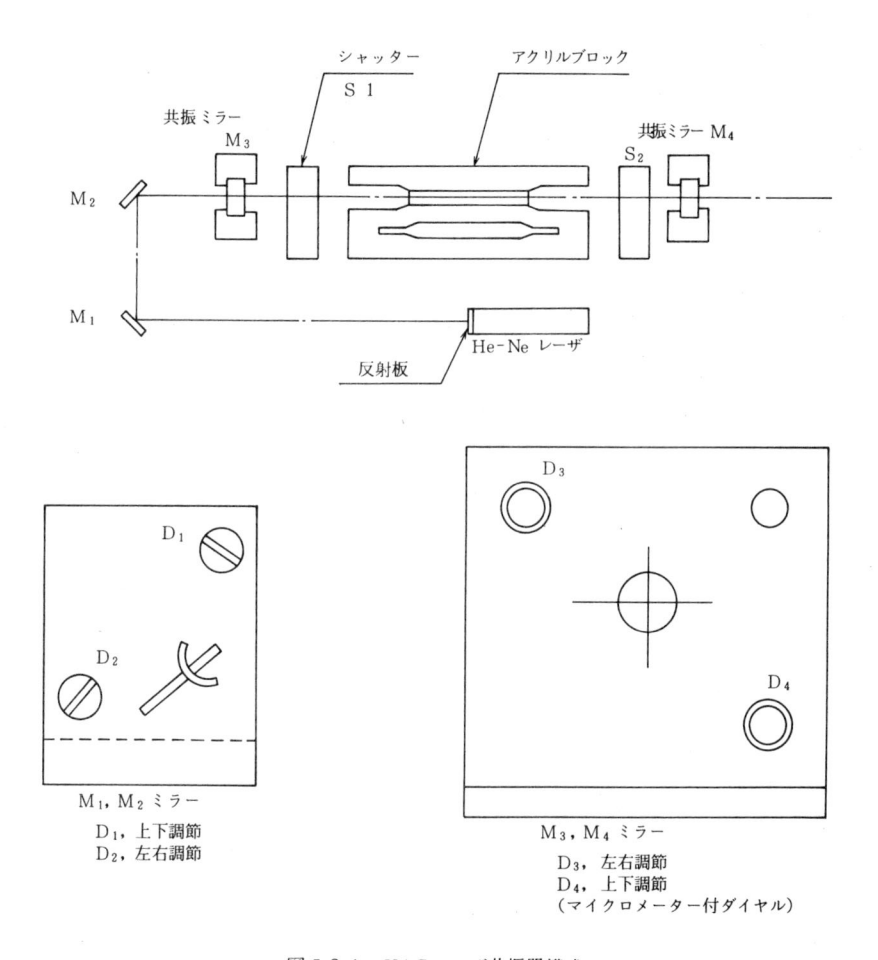

図 5.2.4　YAGレーザ共振器構成

　その後ロッドホルダーのヘリをHe-Neレーザ光にて確認する。これはダイヤル$D_1 D_2$にてロッドを通過したHeNeレーザ光を，左右上下に振る。そうするとHe-Neレーザの光点が消えるところがロッドホルダーのヘリであり左右上下の中心がロッド中心である。

e) He-Neレーザの出口にロッド端面の反射光が戻るようM_2のミラーで調整する。

　この調整を行うと，d)で求めた中心が移動するため再度，d)の調整を行う。次にe)を行い何回か繰り返しd)e)の調整を行いロッド端面の反射光とHe-Neレーザ光が同軸上にあるよう調整する。

第5章　レーザ加工周辺技術

f）共振ミラー調整

　M_4ミラーを調整し，He-Neレーザ出口の反射板中心にM_4ミラーの反射光が戻るように調整する。中心に近くなると干渉縞が発生する。完全に中心にくると同心円上の干渉縞となる（図5.2.5，図5.2.6参照）。

　同様にM_3ミラーを調整する。

g）ランプをフラッシュできる状態に電源を操作する。

　ランプ電圧は可能な限り低くする。パルス幅の設定は0.5ms～1.0msに設定する。M_4ミラーから20cm～30cm離れたところに黒い紙を置きランプをフラッシュする。

　黒い紙が焼けたらM_3を調整し，焼いたパターンが丸くなるよう調整する。

図5.2.5　HeNeレーザ反射板投影像

ロッドの反射像をHe-Neレーザの中心に合わせるとロットホルダ中心の像がずれる（YAGレーザ出口の中心）ので，M1にてまた，中心に合わせる。そしてまた，反射板の像を合わせる。この繰り返しで双方中心に合わせる。

(2) 共振用ミラー交換

　YAGレーザ発振器の出力が低下した場合発振調整を行ったり，ランプを新品に交換しても出力が低い場合，ミラーの焼損がパワー低下の原因として考えられる。

　ミラーが焼損する原因としては次の通りである。

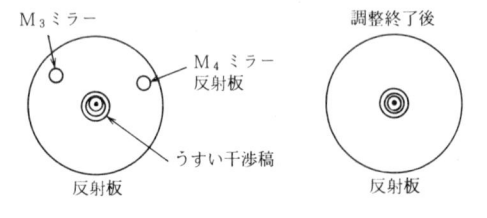

図5.2.6　調整完了の投影像

a）使用環境により光路にゴミやホコリが入りミラーの表面に付着した場合。

b）YAGロッドの熱レンズ効果によりミラーのある一部分にレーザ光が集中し，ミラーの許容される強度を越えた場合。

c）冬期レーザ装置が冷えていて始業時，暖房が入り気温の上昇にレーザ装置が追従せず，内部に結露を起こした場合，ミラーに水蒸気が付着したまま，ランプをフラッシュするとミラーは焼損する。

＜ミラー交換方法＞

①ミラーホルダーをYAGレーザ発振器より外す。

②ミラーを固定するネジをゆるめネジを取り外し，ミラーを外す。

③新品のミラーをクリーニングする。

○綿手袋をはめミラーの側面を持ちエアーブローする（カメラ用の手動タイプが良いフロンガスを使用のものもあるが，まれに液状になって出てくることがあるので注意する）。
④エアーブローで落ちないゴミやホコリがあった場合はアセトンでクリーニングする。レンズペーパーにアセトンを一滴落としミラーの表面にレンズペーパーを置くとアセトンが拡がりミラー面にレンズペーパーが張りつく。これを素早く引いてアセトンが残らないようにしてクリーニングする。
⑤ミラーの蒸着面を確認する。

蒸着面の判断は慣れればさほど難しくない。ミラーに蛍光灯を写して見ると反射面ならば蛍光灯の色が変色して見える。反射面でないならば蛍光灯の色は変わらず見える。
⑥ミラーホルダーに蒸着面を間違えないようにして装着する（YAGロッドの端面と蒸着面が向かい合うようにする。パッキンを入れネジを締める。ミラーホルダーを元の位置に戻し固定する。
⑦発振調整を行いその他の光軸調整を行う。

(3) YAGロッド交換

YAGロッドは無理な使い方をしない限りは破損しないものであるが他の故障によっては破損する場合もある。破損の要因を次に列記する。

○電源が故障しランプに過大な入力がかかりランプの爆発を誘発しキャビティ内部が爆発の影響で破損同時にYAGロッドも破損。

○冷却装置の故障により冷却されなかったためランプおよびYAGロッドの破損を生じた。

○YAGロッドの結晶が均一でなく光学的熱的歪を持ち破損した。

○ランプ交換作業中にキャビティ内に物を落下させ，YAGロッドを破損。

○使用環境によりロッド端面にゴミやホコリが付着し端面のAR（無反射）コーティングを焼損した。

○冷却水の温度が冷たい時，YAGロッド端面に結露を起こし，その状態で使用したため，ロッド端面のARコートを焼損した。

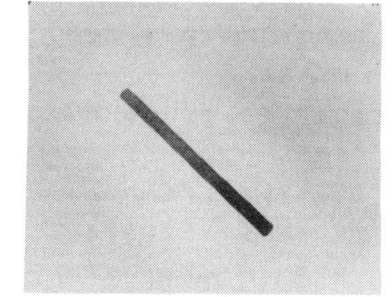

写真 5.2.6　YAGロッド
三井石油化学工業㈱提供

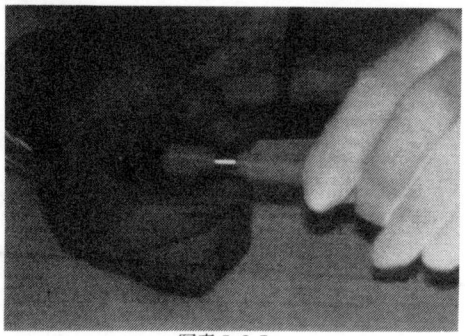

写真 5.2.7

第5章 レーザ加工周辺技術

○ロッドホルダー水漏れによりARコートがはがれた。

＜交換方法＞

① キャビティ内の水を抜く。
② ロッドホルダーをキャビティより抜く。
③ ロッドホルダーを分解する。
　○ キャップを外しロッド，Oリング，バックアップリングとに分ける。
　○ ロッドホルダーおよびキャップを清掃後乾燥する。
④ 新品のYAGロッドにキャップを最初に入れる。
⑤ Oリングをロッドにはめる（新品を使う）。
⑥ バックアップリングを入れる。
⑦ ロッド端面をクリーニングする。
　レンズペーパーにアセトンまたは，エチルアルコールとエーテルを1：1に混合したものを一滴落す。
　○ YAGロッド端面にレンズペーパーを置くとアセトンが拡がり端面にレンズペーパーが張り付く。
　○ レンズペーパーを引きアセトンを残さないようにふき取る。
⑧ キャップをロッドの端面近くまで引っ張ってくる（ロッドの押えしろは3〜5mm）。
⑨ ロッドホルダーを軽くネジ込んで行く。最後にしっかりとキャップを締めつけキャビティーに戻す。

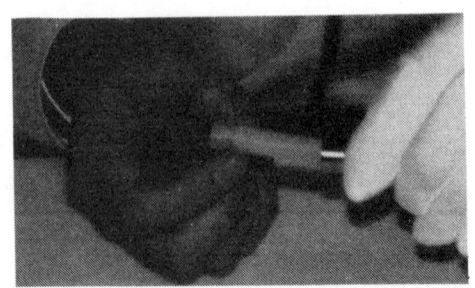

写真 5.2.8

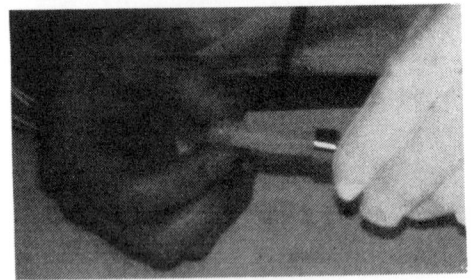

写真 5.2.9

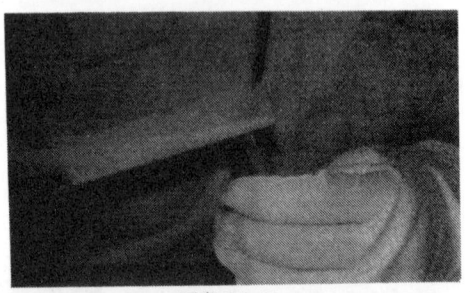

写真 5.2.10

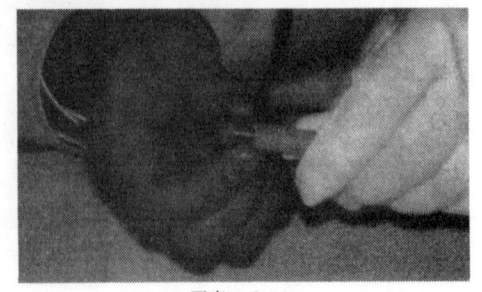

写真 5.2.11

2 YAGレーザのメンテナンス技術

⑩キャビティーの組立終了後水漏れの有無を確認する。

⑪発振調整，光軸調整を行い完了

(4) 集光楕円鏡筒交換

集光楕円鏡筒はランプから発生する光エネルギーを効率良くYAGロッドに集光するためのもので各メーカーにより違うが，金メッキ，セラミック，蒸着膜，等の反射材料が使用されている。

なかでも金メッキが数多く使用されている。この集光楕円鏡を交換しなければならない要因は以下の通りである。

○金メッキがはがれた（ランプ爆発等により楕円筒鏡面が荒されることがある）。

○鏡面メッキ部分にピンホールがあり，そこからサビが発生した。

○純水が汚れ，水アカが付着しその汚れを落せない時。

＜交換方法＞

①キャビティーの水を抜く。

②ロッドホルダーを抜く。ランプも外す。

③楕円筒を取り外す。

④新しい楕円筒を取り付ける。

⑤ロッドホルダーを取り付ける。

⑥ランプを取り付ける。

⑦楕円筒をはめ込み，キャビティーのフタを取り付ける。

⑧ポンプを回し水漏れの有機を確認する。

⑨発振調整を行い，光軸調整を行って完了。

(5) YAGロッド用フローチューブ交換

YAGロッドの周うを被うガラス管のことを，フローチューブと呼ぶ。このガラス管の役目はYAGロッドの冷却と，ランプから発生する紫外線からの保護が目的である。

材質はパイレックスが多い。

このフローチューブは，ランプの強力な光にさらされているため，長期間使用すると疲労劣化しガラス管にヒビが入る。最悪の状態では割れるが，その前に出力低下となってしまうため，加工状態が悪くなる。

＜交換方法＞

集光楕円鏡筒交換と同じ手順で行う。

2.3 加工ソフトとメンテナンス

最近のレーザ加工は一日一日と進歩し，従来の方法と違った加工法も開発されつつある。また

第5章　レーザ加工周辺技術

レーザ光の性質が加工に重大な影響を与えることがわかってきた。

　例えば，溶接を取り上げると，加工条件を見つけ，システムを組むために必要なファクターは以下のようになる。

1) 被溶接物　　　　a 材　質
　　　　　　　　　b 厚　さ
　　　　　　　　　c メッキの有無
　　　　　　　　　d 不純物の有無
2) 溶接方法　　　　a スポット溶接
　　　　　　　　　b シーム溶接
3) 加工部溶接方法　a 重ね溶接
　　　　　　　　　b つき合せ溶接
　　　　　　　　　c すみ肉溶接
4) 加工部仕様　　　a スポット径
　　　　　　　　　b 溶け込み深さ
　　　　　　　　　c 溶接強度
　　　　　　　　　d 仕上り状態
5) 光ファイバー　　a ステップインデックスファイバー（SI）
　　　　　　　　　b グレーテッドインデックス（GI）
　　　　　　　　　c ファイバー径
6) 出射光学系　　　a スポット径
　　　　　　　　　b 焦点深度
　　　　　　　　　c 集光角度
　　　　　　　　　d ワークディスタンス（加工物からの距離）
7) 同時多点加工の有無

　以上のようにかなりの項目にわたり選んで行かなくてはならない。

　1），2），3），4），7）まではユーザー側であらかじめ決めることである。

　5），6）はメーカー側で決めることであるが，溶接実験等により変更しなければならない場合も出てくる。

　実際ユーザーに相談を受けることが数多くあるが，各メーカーによりシステム設計が違うため，加工条件が大きく違う場合もあり得る。またYAGレーザ溶接で重ね溶接の場合板厚が0.8mm以上になるとレーザ光の立上り時間が溶接性に大きな影響を与える。

　0.8mmというと，30Jくらいのエネルギーが必要であるが，立上り時間が早いと強度が出な

い。これは最初の立上り部分で穴アキとなり，後の部分で穴の部分を溶融させるため，ナゲットに空隙が生じる現象がある。

レーザ光の立上り時間がゆっくり上がるようにすると，レーザ光による加熱時間とワークの溶融時間とが一致し穴アキにならずに溶接可能となり強度が良くでるようになる。

これは一例であるが，従来難しいとされたことが，簡単にできるようになって行く。

加工技術の開発が進むにつれて従来の常識がひっくり返ることもしばしばあることと思われる。

2.4 おわりに

今回はYAGレーザ発振器の主要部品についてのメンテナンス，要因，交換方法等について記述した。

YAGレーザはすでに完成したと思われているが，まだまだ未解決の部分も多く，より一層の改良に努力して行きたいと思う。

第5章 レーザ加工周辺技術

3 ホログラフィーによる三次元変形測定

鈴木正根*

3.1 はじめに

レーザホログラフィー干渉計測の産業分野への応用は，表5.3.1に示すように多岐にわたっている。利用する際の手法や装置も完備し，工業計測装置としての地位も確実なものになってきている。いままで測定が不可能であったり，または困難であった測定が，ホログラフィー干渉測定法によって可能になったような例が多々見られる。

表5.3.1 ホログラフィー干渉計測応用分野例

応用分野	応用例
航空，宇宙	ハニカム板の欠陥探査，構造材料（たとえばFRP）の試験，構造解析，タービンブレードの振動モード測定，溶接・接着法の試験研究，ロケット本体非破壊検査，風洞試験
自動車	車体構造研究，油圧部構造研究試験，騒音対策研究，エンジン構造研究，自動車部品溶接部・接着部試験，排気ガス研究，内燃機関燃焼ガス研究，安全構造研究
重工業，造船，建設	溶接法研究，構造解析，タービンブレード振動モード測定，流体計測
工作機械，精密機器	剛性（熱・静・動）測定，構造解析，部品試験，治工具変形計測，内面円筒度計測，加工変形計測
電機・電子	発電用タービンブレード振動モード測定，モータ振動モード測定，変圧機振動モード測定，部品構造解析，溶接・接着試験，スピーカ振動モード測定，オーディオ機器構造解析，回路部品非破壊検査，回路欠陥探査
楽器	振動モード測定，接着試験研究
化学，化学機械	混合流体測定
タイヤ，ゴム	タイヤ試験，タイヤ振動モード測定，接着法研究，接着欠陥探査
プラスチック	成型品構造解析，材料試験
医学，歯学	生体計測，インプラント法研究，歯科材料試験，硬組織（歯骨など）特性試験
その他	薬剤充填研究

1971年に筆者らがホログラフィーカメラを世に送り出してから，2つの大きなピークが見られた。1つは音響産業，とくにスピーカー関連への利用で，これによって音響機器が大きく改良されたといわれている。もう一つのピークは自動車産業における利用で，騒音対策，燃費対策に大きな力を発揮し，自動車産業においては欠くべからざる測定法となってきている。他の産業への利用も見られるが，音響産業・自動車産業ほどではない。

今後は，これらの産業を支える工作機械，IC関連機器，超精密加工関係に拡がっていくように

* Masane Suzuki　富士写真光機（株）光学研究室

3 ホログラフィーによる三次元変形測定

思われる。

このような背景の上にたってホログラフィー干渉法の原理，手法および応用について述べる。

3.2 ホログラフィーの原理および測定手法

3.2.1 原 理

ホログラフィーの原理を従来の写真法と比較すると，ホログラフィーも写真法の一種であるが，従来の写真法とは大きく異なる。従来の写真法では光波の振幅のみしか記録できなかったのに対しホログラフィーでは光波の振幅と位相の両成分を干渉縞のコントラストと干渉縞のできる位置とで記録している。この記録媒体をホログラムと呼ぶ。

図5.3.1にホログラムの記録時と像再生時の配置図を示す。図(a)においてレーザから出る光を物体光と参照光に分け，物体に当たって拡散反射する物体光 O と参照光 R とを同時に乾板に記録し，ホログラムを作成する。乾板の透過度が露出光の強度に比例するとすれば，ホログラムの透過度分布は，

$$|O+R|^2 = (O+R)(O^*+R^*)$$
$$= OO^* + RR^* + OR^* + O^*R$$
$$= |O|^2 + |R|^2 + OR^* + O^*R$$

で表わされる。

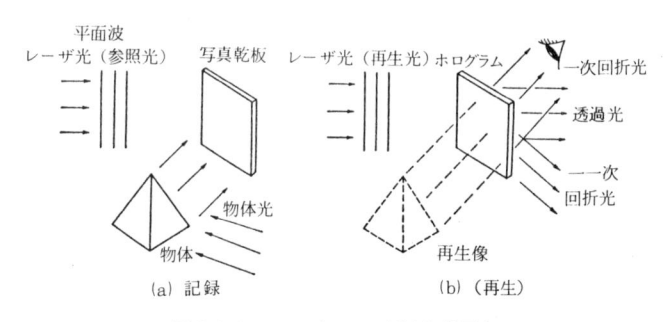

図5.3.1 ホログラムの記録と像再生

ホログラムに再生光を照射すると再生像ができる。再生光と参照光が同じ平面波であるとすればホログラムからの透過光は，

$$|O+R|^2 R = |O|^2 R + |R|^2 R + O|R|^2 + O^* R^2$$

となる。この式の第3項をみると，R は参照波面であるため $|R|^2$ は一定値であり，したがって第3項は物体光 O の分布に比例した透過光が出ることを示している。すなわち再生されたホログ

第5章　レーザ加工周辺技術

ラムからの透過光は物体からの拡散光 O と同じ分布となり，再生することによって物体があたかもそこに存在するかのように見える。すなわちホログラムから再生される映像は映像的には物体と等価である。この映像的には物体と等価である点を利用して干渉測定を行うことができる。これをホログラフィー干渉測定という。

ホログラフィー干渉測定を理解するためには，いままでからある干渉測定法と対比してみるとよくわかる。図5.3.2にホログラフィー干渉法をトワイマン干渉法と対比して示す。トワイマン干渉法では光源 S からの単色光をビームスプリッタ BS で分割し，それぞれ M_1 および M_2 の2つの鏡で反射させて得られる波面を再びビームスプリッタ BS で重ねて干渉させる。そのため M_1，M_2 のうちの一方，たとえば M_1 を基準の面とし，M_2 の変形を干渉縞の変化として観測することができる。M_1，M_2 の一方または両方が粗面の場合には，無数の微細な干渉縞を生じて変形による縞は観察できない。このため，干渉縞を観察できるためには，M_1，M_2 はともに鏡面でなければならない。

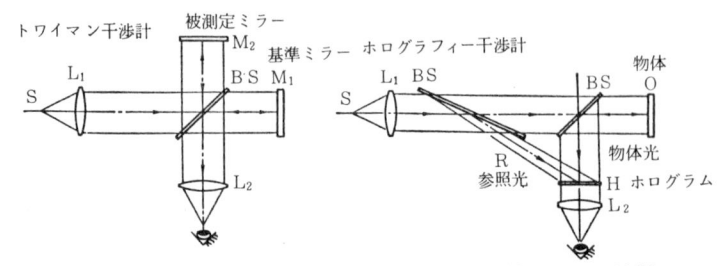

図5.3.2　ホログラフィー干渉法とトワイマン干渉法の対比

L_1：コリメータレンズ，L_2：結像レンズ，BS：平透鏡，S：レーザ光源

これに対し，ホログラフィー干渉法では，図に示すように，変形前に O で反射した光（物体光）と，BS で反射して直接感光材料 H に向かう参照光 R の波面とで O を感光材料 H（ホログラム）に記録しておき，変形後の O の面からの物体光波面と干渉させる。O は鏡面の場合はもちろん，拡散反射する粗面の場合でも，変形前と変形後の波面の微細構造はまったく同一で，このため，変形に相当する巨視的な変化だけが生じるため，変位量だけが干渉縞として現われる。

したがって，ホログラフィー干渉法では同一物体について，変化前と変化後の変化量を干渉縞として測定でき，しかも粗面でも，またウィンドーガラス越しにでも測定できるというすぐれた特徴がある。

3 ホログラフィーによる三次元変形測定

3.2.2 測定手法

干渉測定を大別すると，物体表面形状に応じた干渉縞を形成して形状を測定する形状測定，加熱加圧等によるＡ状態からＢ状態に一方的に変位する変形を測定する変形測定，加振等によるＡ状態とＢ状態の間を短時間に交互に移り変る振動を測定する振動測定とがある。

(1) 形状測定に使われる手法

単一露光による三次元物体を記録することによって形状を測定することもできるが，干渉縞による等高線表示による方法が一般に使われる。代表例としてチルト法，液浸法，計算機ホログラム法について述べる。

①チルト法

図5.3.3にチルト法の原理図を示す。ホログラフィーでは二重露光することができる。第1露光し，その後ホログラム乾板をわずか傾けるか，物体光をわずか傾け，第2露光を行い，現像処理し，ホログラムとし，このホログラムから像再生をすると，三次元物体の等高線が得られる。等高線間隔は傾け量によって変化する。

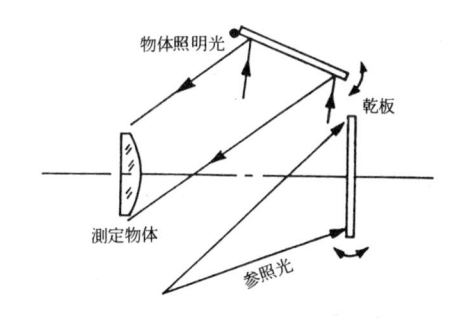

図5.3.3 チルト法

②液浸法

二重露光することができるのがホログラフィーの特徴であるが，これを生かして図5.3.4.に示すように，ウィンド付き液浸容器の中に三次元物体を入れて溶液の屈折率を変化させて光路長に変化を与えて形状を測定する方法が液浸法である。最初に屈折率n_1の媒質を充たし第1露光を行い，次に屈折率n_2の媒質を充たし第2露光を行い，現像処理し，ホログラムとする。このホログラムから像再生すると，三次元物体の等高線が得られる。そのときの波長λは次式で与えられる。

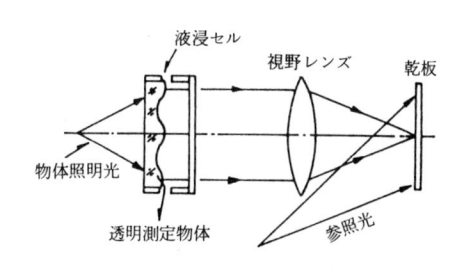

図5.3.4 液浸法

$$\lambda = 2\lambda_0 / \{n_1(1+\cos r_1) - n_2(1+\cos r_2)\}$$

λ＝使用波長　r＝入射角

第5章　レーザ加工周辺技術

③　計算機ホログラム法

　レンズやミラーのような幾何学的にはっきりした形状の物体においては，レーザ光線が当たった場合，これから反射してくる光の波面は正確に計算機で計算することができる。このことより計算機によってホログラムを作り，ゲージホログラムとし，これを用いて等高線干渉縞を作ることができる。図5.3.5に計算機ホログラム法の光学配置図を示す。計算機ホログラム法では，ホログラムの回折効率の向上，製作時間の短縮，セッティング誤差の解決法などが課題である。

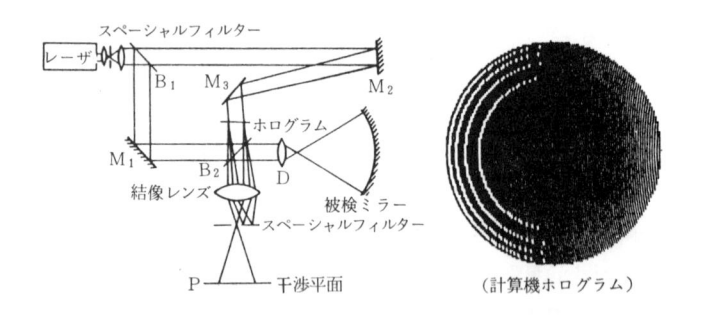

図5.3.5　計算機ホログラム法

形状測定に使われる手法はこれ以外に，二波長法，サンドイッチ法などがある。

(2)　変位測定に使われる手法

①二重露光法

図5.3.6に二重露光法の概念図を示す。ホログラム記録乾板に変形前の状態と変形後の状態を

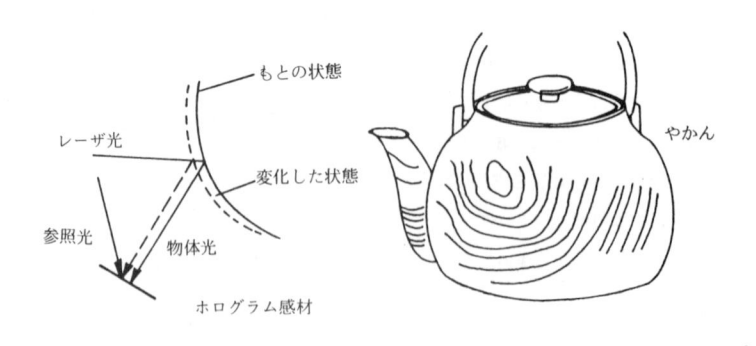

図5.3.6　二重露光法概念図（熱変形の例）

二重露光し,再生すると,変形量に応じた干渉縞が物体上に見える。縞の間隔は使用レーザ光の $\lambda/2$ となり,変形量の大きなところは干渉縞の密度が高くなる。変形の状態をパターンで表わしたものとなる。

② 実時間法

変形前の状態を撮影し,その場で現像処理し再生すると,再生像と元の物体が重なり,次に物体に変形を与えてホログラムを通して観察すると,変形量に応じた干渉縞を物体上に見ることができる。縞間隔は二重露光法と同じ $\lambda/2$ となる。

(3) **振動測定に使われる手法**

① 時間平均法

正弦波振動する物体からの光波の位相変化を,その振動周期より充分に長い時間にわたってホログラム記録すると,振動の振幅分布を干渉縞として測定できる。ホログラムから得られる再生像の強度は,振動振幅について0次ベッセル関数の2乗に比例して変化する。物体の任意点での振動振幅を a とすると,再生像における強度 I は,次式に従って変位する。

$$I \propto C J_0^2 [(4\pi/\lambda) a]$$

J_0 は0次ベッセル関数,振幅と強度の関係を図5.3.7に示す。図において振動変位がないノーダルラインは強度が最も高く,振幅が増加するに従い,ほぼ a が $\lambda/4$ ごとに,明暗をくり返し,余弦的に強度が低下する。時間平均法の特徴はノーダルラインを明瞭に表わすことで,振動測定の基本となる手法として使われる。

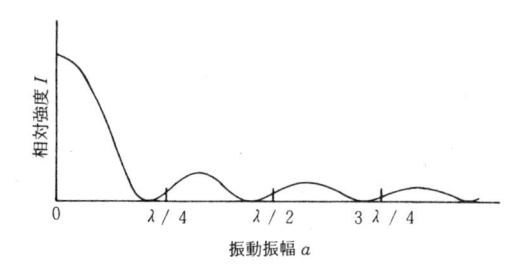

図5.3.7 時間平均法における振動振幅と干渉縞強度

② 実時間時間平均法

静止状態で撮影し,その場で現像処理し再生すると,再生像と物体が重なる。次に物体を振動させホログラムを通して振動物体を観察すると,物体上に振動振幅に比例した干渉縞が形成され,

時間平均法と同じく，ノーダルラインおよび振動振幅分布の測定ができる。実時間法であるため待ち時間なしで共振点探査や欠陥探査に使われる。

③参照光位相変調法

時間平均法では振動の位相の判定はできない。参照光位相変調法を加えることによって位相の判定ができる。図5.3.8に示すように参照光光路中の一つのミラーをピエゾ振動子などを用いて物体の振動に同期させて振動させ，時間平均法を行う。位相変調を行うと，振動ミラーと同振幅，同位相の物体上の点が見かけのノードになる。

ウーハーのスピーカーのコーン紙のように揺らぎながら振動するようなものの振動モードを測定する場合には図5.3.9に示すようにスピーカーの中心にミラーを貼り，そのミラーを参照光光路中に置き，スピーカーを振動させる。スピーカー上のミラーと同振幅・同位相の部分が見かけ上のノードとなり，ウーハーのような音圧によって大きく揺れ動くような物体でも測定が可能となる。

④ストロボ法

物体の振動に同期してレーザ光をパルス状に変調させホログラムを作る。図5.3.10にストロボ法におけるストロボ発光状態を示す。パルス幅を小さくする（振動波長の1/40程度）ことによって物体が露光時間中に静止しているのと同等となり，静止物体における二重露光法で静的変形を撮影した場合と同じことになる。いま振幅aの最大と最小の位置でストロボ記録したとすると，その強度Iは次式に従って変化する。

$$I \propto \cos^2[(4\pi/\lambda)a]$$

すなわち，干渉縞は正弦的強度変化に従ってできる。そのために，振幅が大き

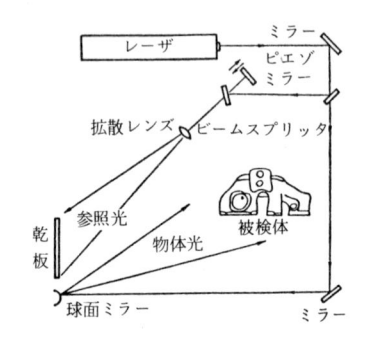

図5.3.8　参照光位相変調法

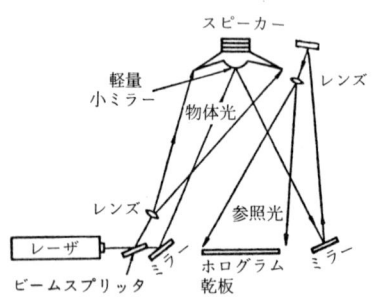

図5.3.9　参照光位相変調法（フジ式）

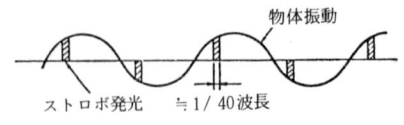

図5.3.10　ストロボ法におけるストロボ発光状態

3 ホログラフィーによる三次元変形測定

くなっても強度は低下せず,縞間隔は$\lambda/4$となる。しかし干渉縞からはノーダルラインの判断はできない。

⑤実時間ストロボ法

静止状態の物体を撮影し,その場で現像処理し物体を振動させ,ストロボ法によって物体を照明してホログラムを通して物体を観察すると,物体上に振動振幅に比例した干渉縞が形成される。連続記録を行えば,振動の各フェーズにおける変位状況なども見ることができ,定常振動している物体の振動状態測定法としては最も優れている。

⑥ダブルパルス法

非定常振動物体の振動測定には,時間平均法,ストロボ法をベースとした手法を使うことができない。非定常振動物体の測定には,物体の振動に同期させてレーザ光を短時間内に2度発光させるダブルパルス法を用いる。図5.3.11にダブルパルス法におけるダブルパルス発光状態を示す。パルス幅は極端に小さくする(ナノセカンドオーダー)。このため,露光時間中物体が静止しているとみなすことができ,二重露光法で静的変形を撮影したと同じことになる。瞬時間の振動の変形パターンを測定することになる。この測定の場合にはパルスレーザを使用する。

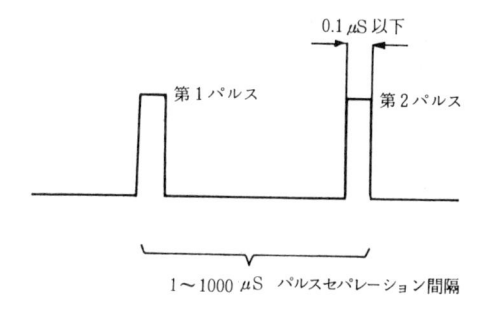

図5.3.11 ダブルパルス法におけるダブルパルス発光状態

3.3 ホログラフィー干渉計測装置

ホログラフィー干渉計測装置は,実験用の装置から産業計測用の装置へと発展している。形状測定,変位測定,定常振動測定には連続波レーザが使われ,非定常振動測定にはダブルパルスレーザが使われている。ここでは産業面で普及している連続波レーザを用いているホログラフィーカメラ(FHL X−Ⅱ型)と非定常振動測定用として使用されているパルスレーザホログラフィーカメラ(FHP 1002型)について述べる。

(1) 連続波レーザホログラフィーカメラ

産業用の連続波レーザホログラフィー装置として満たさなければならない条件としては,次のようなことがあげられる。

①撮影被写体面積はϕ 3000 mm 程度まで撮れること。

第5章　レーザ加工周辺技術

②無段階に小さな物体から大きな物体まで撮影できること。
③ホログラフィー干渉計測専用機として構成できること（干渉計測除振定盤装置は計測被写体に応じて大きさを自由に変えられること）。
④蛍光灯程度の照明下で撮影できること。
⑤プロセスタイムが短く，できれば実時間で計測できること。
⑥現像はできれば乾式であること。
⑦ホログラフィー計測手法として，多くの手法が利用できること。
⑧露光時間が短いこと。
⑨他への移設が容易であること。

　FHLX-Ⅱ型カメラは上記条件をかなり満たしている。満たすために，可干渉距離の長い高輝度のArレーザを光源として使い，ホログラム記録に銀塩感材記録以外にサーモプラスチック記録も使用可能で，記録部に波長選択フィルターを取り付けることができる構造とし，またレーザビームを光学系に入れる前に自由に引き出せるようにしている。図5.3.12にFHLX-Ⅱ型カメラの外観およびカメラ本体内部光学系配置を示す。カメラのシステムは，ホログラフィカメラ本体，Arレーザ導入部，レーザ電源部，サーモプラスチック記録装置部，サーモプラスチック記録装置電源部より構成される。Arレーザは2W，4Wあるいは8W，場合によっては10Wのものを装備することができる。光学系は，①物体光学系，②参照光学系，③参照光位相変調光学系，④ストロボ照明導入光学系，⑤モニター光学系の5つの光学系の組み合わせで構成されている。産業計測では被写体も大きなものがあり，振動測定する場合の加振機の容量も大きく，これにともない加振時の反発も大きく，除振台も非常に大きなものを必要とするが，床面積7×3mを超え，重量100トンに近いものも使用されている。

(2)　非定常振動測定用ホログラフィーカメラ

　産業用機器の剛性解析においては，モデルの解析にとどまらず，実機の実用時の解析が必要となる。最も使われている自動車産業においてはとくにエンジンの動剛性の解析，車体振動の解析には実機によるホログラム記録が必要となりダブルパルスルビーレーザが使われる。
　ダブルパルスレーザは，前にも述べたようにパルス幅は0.1μS以下で，パルスセパレーションは2～1,000μSの間でデジタルプリセットすることができる。またレーザのダブルパルスをどこで発射するか，そのタイミングを制御するトリガ装置が用意されている。このようなレーザを用いれば，非常に短い過渡的現象も撮影することができる。図5.3.13にダブルパルスルビーレーザを内蔵したホログラフィーカメラFHP1002型の外観写真とカメラ本体内部光学系配置を示す。装置は，パルスルビーレーザヘッドを内蔵したホログラフィーカメラ本体，レーザ電源部，レーザクーリング装置，ホログラム記録装置，乾燥空気吹込み装置，エレベーション機構付き移動

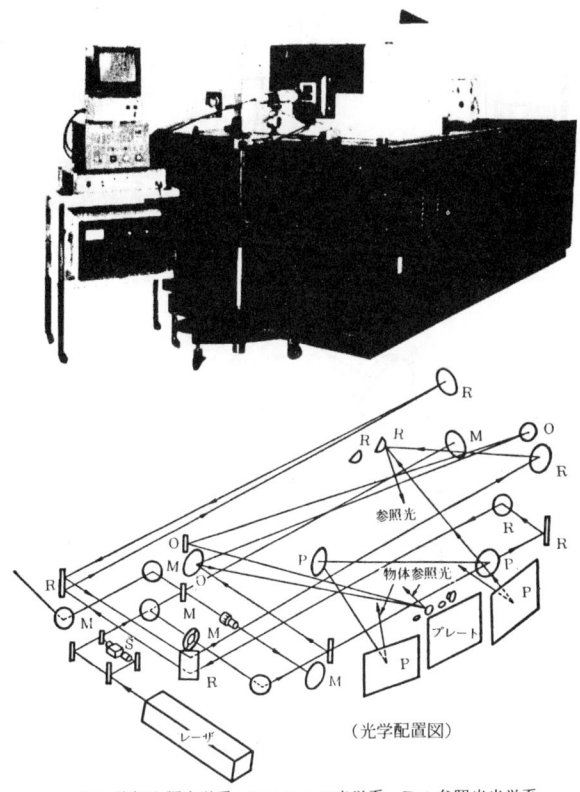

3 ホログラフィーによる三次元変形測定

（光学配置図）

P：位相変調光学系，M：モニタ光学系，R：参照光光学系，
O：物体光光学系，S：ストロボ照明光学系

図 5.3.12 連続波レーザホログラフィーカメラ

架台，トリガー装置，再生像観察用ビュアー，再生像記録用TV装置から構成されている。
　パルスルビーレーザは2J（0.7J/パルス）で，単一周波数発振させるためエタロンが内蔵されており，波長は694.3 nm，可干渉距離は約1 mである。光学系は，①物体光学系，②参照光学系，③パスマッチ光学系の3つの光学系の組み合わせで構成されている。

219

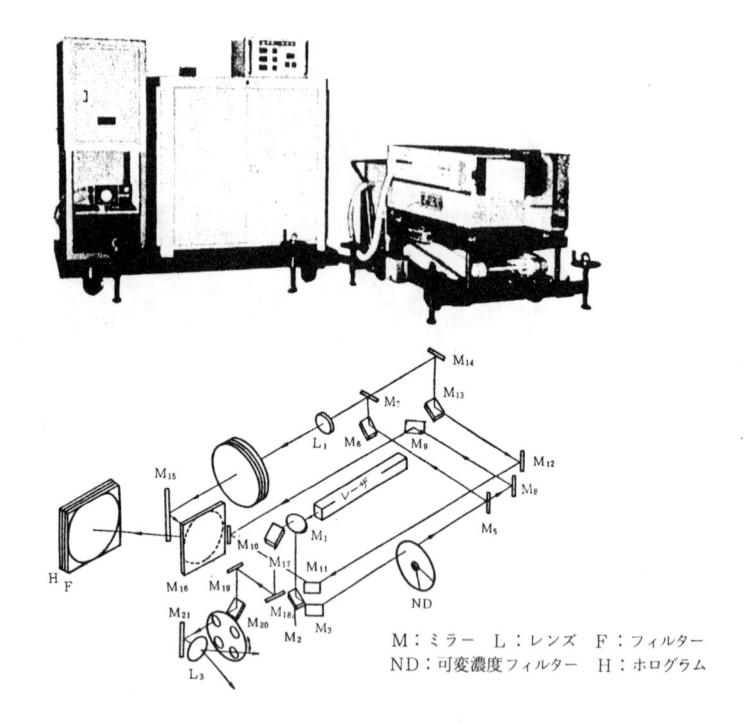

図 5.3.13　非定常振動測定用ホログラフィーカメラ

3.4　測定実例

代表的な測定実例を次に示す。

3.4.1　形状測定例

形状測定法が実用に供されているのは，光学部品加工における非球面計測分野であり，利用されている手法は，液浸法と計算機ホログラム法である。その実用例を示す。

図 5.3.14 に液浸法によって測定したレンズ表面の測定例を示す。使用波長は Ar レーザ 514.5 nm で実効波長は 0.45 mm である。液浸溶液は水と水にアルコールを溶かしてインデックス n を調整した。試料は非球面であるため X 方向と Y 方向の断面図が異なる。

図 5.3.15 に計算機ホログラム法に用いた計算機ホログラムと，測定干渉縞を示す。測定に用いた非球面は回転放物面鏡である。

3.4.2　変位測定例

変位測定は産業面で多くの分野で使われる。変位を与える作用因子として熱と静圧がある。そ

3 ホログラフィーによる三次元変形測定

れぞれについて代表的な実用例をあげる。

(1) 熱変位の例

図 5.3.16 は自転車用パイプの接続部分を加熱による熱変位によって非破壊検査する場合を示す。接着接合部に熱線を照射すると，接続用同軸パイプが入っている部分と入っていない部分では膨張が異なり，接続用パイプの長さ，挿入情況，接着状況がわかる。

図 5.3.17 に工作機械（ジグボーラ）の熱変位を二重露光法で写した写真と，解析図を示す。スピンドルの回転による発熱で，コラムが最も大きく変形していることがわかる。テーブル下に現われて

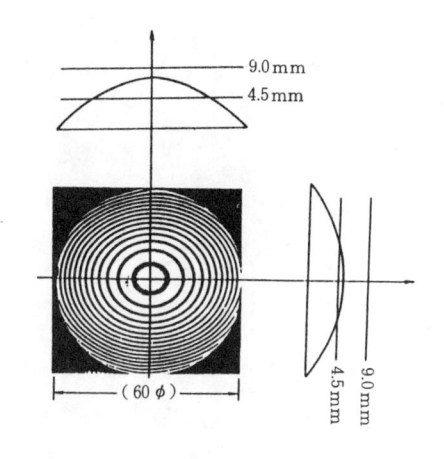

図 5.3.14 液浸法によるレンズ表面形状測定例

いる干渉縞は，電源盤にあるトランスの発熱による局所的なもので，構造全体の熱変位にはほとんど影響していない。解析図の Z 方向の変位は電気マイクロメーターの測定値である。解析の結果よりコラム頭が Z 方向にもち上がり，テーブルが Y 方向にせり出すことがわかり，また Y 方向から見て左右対称に全体が膨張していることもわかる。変位を生じさせる温度差は約 1℃ である。

機械加工においては，大なり小なり熱による変位は避けられない。機械のみならず，加工物，治工具の熱変位の測定には欠かせないものになってきている。

図 5.3.15 計算機ホログラム法による非球面形状測定例

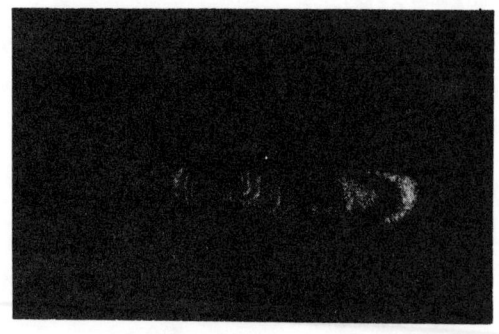

図 5.3.16 自転車用パイプ接続部熱変位測定例

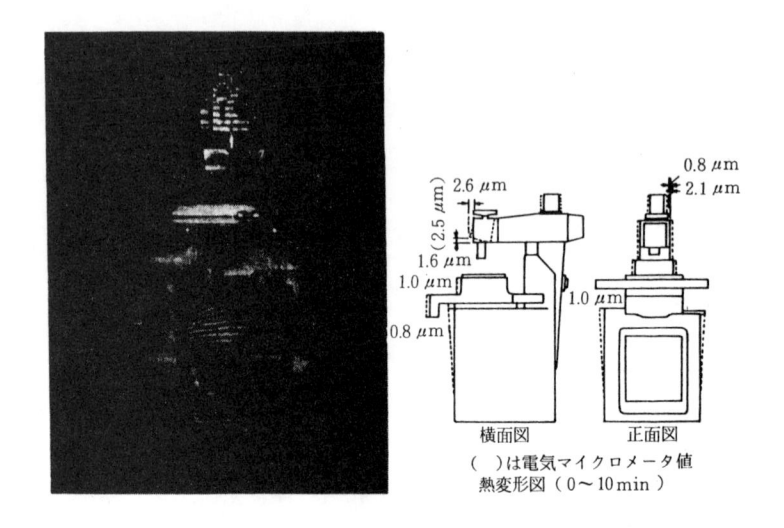

図 5.3.17　工作機械熱変位測定例

(2) 静変形の例

図 5.3.18 にバルブに加圧したときの変形を示す干渉縞写真と，その解析図を示す。バルブが液圧によって負荷されたとき，バルブの開閉が重くなることがある。この状況が解析結果によってよくわかる。

静圧をかける最も簡単な方法として重錘をのせる方法がある。この方法の一例としてポアソン比を測定する例を示す。

図 5.3.19 に示すように矩形断面をもつ，はり板を 4 点支持によって単純曲げを行うと，曲げによって表面が変化し，双曲線群干渉縞が得られる。この干渉縞の 2 本の漸近線の角度 2α を求めれば，ポアソン比は

$$r = \tan^2 \alpha$$

で計算することができる。図 5.3.20 に二重露光法で変位の干渉縞を記録した例を示す。この場合の 2α よりポアソン比 r を求める。

静圧を付加する方法としてはこれ以外にネジによる方法や電磁歪による方法などがある。

3.4.3　振動測定例

ホログラフィー干渉による振動測定は面全体の振動形態をパターンで捉えることができ，従来考えられなかった画期的な方法で，産業面で多くの分野で使われている。代表的な例をいくつか

3 ホログラフィーによる三次元変形測定

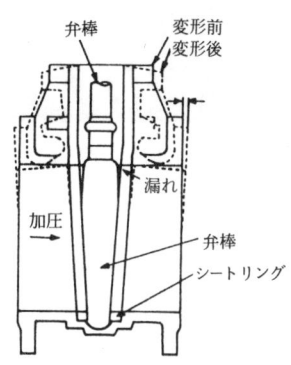

図 5.3.18 バルブ加圧静変形測定例

あげる。

図 5.3.21 にミシンの振動測定の例を示す。片持ち構造でミシン針取り付け位置近くに大きな振動が出ていることがわかる。このような場合には針が折損しやすいので構造を変更して，この部分に振動のないように改善を加えるための有力なデータとなっている。小型ジグボーラの振動測定にも利用し片持ち構造の動剛性の改善にも好結果をもたらした例もある。

図 5.3.22 に平板の振動モードの写真を示す。共振点における振動状況が明らかにパターン化されている。ジェットエンジン用のタービンブレードの測定にも利用し，分割共振が短時間に測定されており，タービンブレードの設計における有限要素法の計算の結果の確認になくてはならないものとなっている。

図 5.3.19 静変形応用 4 点曲げポアソン比測定原理図

図 5.3.23 に超音波洗浄機設計時における槽内液体の振動状況を示す。中央部に振動子が

第5章　レーザ加工周辺技術

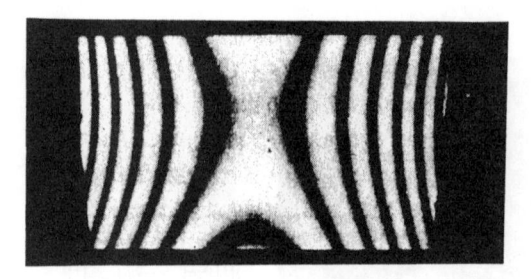

図5.3.20　静変形ポアソン比測定例

設置してあるが，右側は振動が大きく洗浄効果がよいことがわかる。

図5.3.24にスピーカの振動モード測定における参照光位相変調法を適用した例を示す。振動の姿態がよくわかり，また振動の位相を判定することができる。音響機器においては，共鳴板のモード，スピーカボックスの特性測定など利用面が多い。

図5.3.21　ミシン振動測定例（駆動はミシンのモータによる）

ホログラフィー干渉法の利用が最も進んでいるのは，自動車産業であるが，利用部位も，エキゾーストマニホールド，リアアクスルハウジング，オイルパン，エンジン，エンジン部品，冷却ファン，ブレーキシュー，動力伝達系，車体など全系にわたっている。特に振動測定は，有限要素法の確認手段として欠かせないものとなっている。図5.3.25にダブルパルス法で撮影した車体外板の振動計測例を示す。エンジンの振動によって車体外板がどのように振動するかがわか

図5.3.22　平板の振動測定例
（周波数 7,615 Hz　プレートサイズ　12H×30W×2t mm）

3 ホログラフィーによる三次元変形測定

る。これは車体騒音となる。

3.5 おわりに

レーザホログラフィーによる三次元干渉測定について記した。ホログラフィー干渉による測定は，パターン画像測定であり，パターン画像の測定は，

①画像として，面で測定でき，全体をマクロ的にパターンとしてとらえることができる。

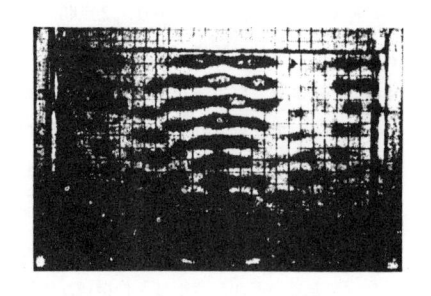

図 5.3.23　超音波洗浄機内液体振動測定例

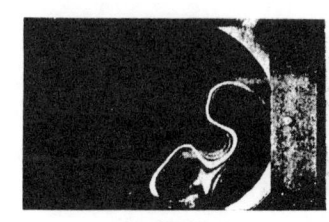

（a）時間平均法　　　　（b）参照光位相変調法

図 5.3.24　スピーカの振動測定例

図 5.3.25　車体外板の振動測定例
（パルスセパレーション　200 μS）

第5章 レーザ加工周辺技術

②画像から,平面的な広がり,2点間の距離,面積,体積など関連的なものの測定も行うことができ,さらに他の関連画像(たとえば,サーモグラム,歪計測分布,X線画像など)を複合させることにより,測定情報を豊かにすることができる。

③画像として記録されているので,時間的経過に関係なく測定できる。

④非接触測定であるので,物体の材質に影響されることなく測定できる。

などの特徴がある。また粗面について光波長オーダの精度の高い測定ができる点も大きな長所である。産業用の計測としては音響工業,自動車工業において有限要素法とともに欠かせないものとなってきているが,今後は工作機械,IC関連機器精密加工機器・治工具の精度向上などに利用されていくであろう。

文　　献

1) 鈴木正根,実践ホログラフィ技術,オプトロニクス社刊(1986)
2) 日本機械学会編,振動・騒音計測技術,朝倉書店刊(1985)
3) 辻内順平,固体物理,**7**,279(1972)
4) 中島俊典,応用物理,**41**,20(1972)
5) 斉藤弘義,日本機械学会誌,**78**,40(1975)
6) 山本鷹司,村田正義,三菱重工技報 **12** 16(1975)
7) 横田建文,日経メカニカル,34(1981)
8) 鈴木正根,金谷元徳,応用物理,**47**,234(1978)
9) 鈴木正根,光学技術コンタクト2,**3**,17,20(1983)
10) 鈴木正根,金谷元徳,中田正行,機械の研究 **2** 21(1983)

第6章　レーザ加工の将来

第6章 レーザ加工の将来

川澄博通[*]

1 はじめに

　レーザ加工は現在各分野で利用され出しているが、実際に現場で用いてみるとレーザ光の発生効率が電子ビームやその他の方法に比べて著しく低いために、非常に高価なエネルギーであることが判り、レーザ加工はその利点である任意の雰囲気（大気中も含む）中で加工でき、遠くまで伝送でき、しかも一番ビーム径が細く絞れるといったレーザ光の特長を活用できるレーザ切断とか、レーザトリミングといったものや、その優れた単色性で可能となった同位元素の分離濃縮や、UVレーザ光による生体細胞の無加熱切断といった、レーザ光でなければできないといった加工に限られているようである。

　したがって現在までのところではレーザ加工で成功するためには、レーザ加工でなければできないといったものを探す能力に重点を置かざるを得ないようである。最近発表されたレーザ加工の成功例は、日本たばこ産業のフィルタータバコのフィルターチップへの穴あけ[1]である。今までの機械的方法ではバリ等のために穴づまりがあったものを、非接触で任意の形状寸法の穴を高速で完全燃焼除去するレーザ加工によって初めて成功したものである。

　この装置は三菱電機製1kW CO_2 レーザを5台一組として長径0.06～0.40mmの長方形の穴を最高速度毎分300mで最大幅1,240（8セット）mmのチップペーパー原反へ加工するものであり、日本たばこ産業ではこの装置を10組設置したという。すなわち1kW CO_2 レーザ50台が一時に採用されたわけである（写真6.1.1）。

　今までに成功した加工例を調べてみることはレーザ加工の将来の展望の一助ともなると思われるので整理してみると表6.1.1[2]のようになろう。

　また今までの設置機械の使用分野[3]は図6.1.6～図6.1.3のようになろう。

　ただし、今までに発表されたデータを見る場合、レーザ加工はノウハウに属するものが非常に多く、かつ生産コストにじかに響くことが多いので、成功した企業はなかなかその実状を発表しないので、データを読む場合にはそのことを念頭において判断する必要があろう。

　前述のタバコフィルターチップへの穴あけ成功例は6～7年以前（コヒーレント社のアルミド

---

　[*] Hiromichi Kawasumi　中央大学　理工学部　精密機械工学科

第6章 レーザ加工の将来

写真 6.1.1 タバコチップへの穴あけ装置
(三菱電機提供)

ラム方式では10数年以前)に識者の間では話題となっていたものであり今までユーザー側の要望で非公開であったもので，ウランの濃縮等にも同様な傾向があるものと類推される。

使用分野図の中では特にジョブショップというのが目立っている。

レーザ加工は装置が高く，しかも高速加工であるため，装置をフル稼動させるだけの仕事量がない場合には宝の持ち腐れとなりかねないので，守秘義務が確保される場合には大企業でも加工を専門とする業者，すなわちジョブショップに発注するという傾向が明瞭になってきたわけである。

発振器メーカー等では関心のある企業の研究開発部門等に装置を賃貸することを行っている。

これと似た構想のレーザ応用工学センターというのを通産省工技院指導の下で第三セクター方式で設立しようという計画がなされつつあるが，研究室の賃貸料が高いので経済的にどうなるか議論されている。

現在国内のCO_2レーザ加工機の設置台数は約1,700台，YAGレーザの場合は約3,000台といわれているが前述の理由で明確ではない。

レーザ加工の発展状況を考える場合，次のように分けてみると判りやすいようである。

①レーザ発振器の発展
②レーザ加工技術の発展

1 はじめに

表 6.1.1 レーザ加工が使われている分野

	除去加工	溶接加工	表面加工	新加工
産業機械 工作機械 および工具	ダイヤモンド・ダイスの穴明け(YAG)		テーブル摺動面の焼入れ 針布の歯の焼入れ	アクリル板などの重切削
電子工業 IC関係	IC抵抗トリミング(米国1,000台以上) ICウェハのスクライビング マーキング	電子交換機のケースの溶接 リレーの接点の溶接 リチウム電池などのケースの溶接 Alパッケージの溶接	アニーリング 3次元IC用表面再結晶化	金属超薄膜(15μ)の溶接 フォトマスクの白点修正 酸化アルミナセラミックスなどへのレーザ複合化学加工 メッキ液ジェットとレーザ光照射による複合メッキ KrFレーザ光照射によるパターンエッチング(0.4μパターン) エキシマレーザ利用MOCVD法による単原子膜の蒸着(理研, 青柳)
電気工業 家電および 照明関連	水銀燈用石英管の切断 冷蔵庫用複合材料ケースのバリ取り 太陽電池のマスクパターニング			
精密機械 時計および VTR	ルビーの穴明け 時計用水晶振動子のトリミング(数千万個/年)	電池ケースの溶接		高速回転体のダイナミック・バランシング
輸送機工業 ボディ関連 エンジン関連	複合材料ボディ, バンパーのバリ取り プラスチック・メータパネルのバリ取り オートバイ・カウリングのバリ取り カムシャフトの穴明け タービンブレードの冷却穴明け(航空機) 防音パネルの穴あけ	アンダーボディの溶接 戦車の廃熱回収器の薄板の溶接 モータヨークの溶接 トルクコンバータの溶接 エアコンクラッチ板の溶接(2.8万個/日) ディファレンシャルギアの溶接	ステアリングギア・ハウジングの焼入れ(3万個/日) ピストンリング溝の焼入れ カムの焼入れ	Alの切断(4mmまで) 亜鉛コート鉄板製オイルタンクの溶接
金属関係	ステンレス鋼の光輝切断 アルミとその合金の切断	電磁鋼板の溶接(数十万t/年)	電磁鋼板の鉄損改善(数十万t/年) ミラー鋼板の製造(ダル加工)	ステンレスの着色 超硬合金粉末製造 超電導線材製造
鋼窯業	コンクリートの切断			均一微粒子ファインセラミックス粉末製造
紙および 木材産業	ダイボードの溝切り タバコフィルタへの穴明け(3×10^6個/分)			

(つづく)

第6章　レーザ加工の将来

	除去加工	溶接加工	表面加工	新加工
プラスチック	アクリル看板の製造 エアロゾール・バルブへの穴明け（600個/分） 農業用灌漑用チューブの穴明け（年間3億m以上）			
その他	スーツの裁断 型紙の裁断 ミンクの毛糸の製造 ポリイミド薄板への精密穴明け	ボールペン・カートリッジの溶接		Cu^+レーザによるU^{235}の濃縮 UVレーザ光による生物細胞切断 UVレーザ光による生物細胞核融合 ダイレーザによる腎臓結石破砕 ダイレーザによる皮膚痣除去 ダイレーザによる卵殻破砕

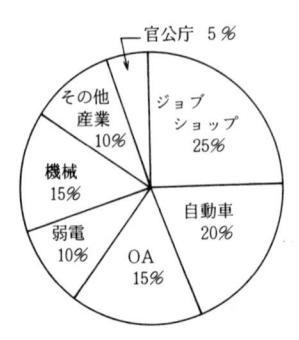

図6.1.1　CO_2レーザ加工機需要先別分類

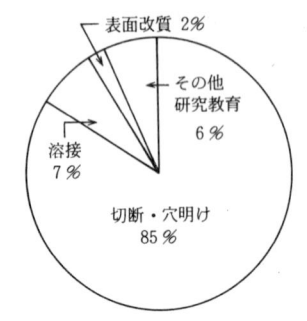

図6.1.2　CO_2レーザ加工機加工用途別分類

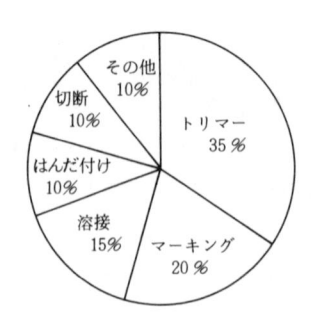

図6.1.3　YAGレーザ加工機加工用途別分類

2 レーザ発振器の発展

③加工装置の改良発展
④レーザ加工分野の拡大

2 レーザ発振器の発展

　レーザ発振器はCO_2レーザに関しては欧州のユーレカ計画で25 kW発振器を1単位としてそれらを多数組み合わせて200 kW[4]の出力を得ようとしているが現在は1単位の段階のようである。わが国でも低出力でシミュレーション実験に成功したとの報告[5]がある。この場合，多数のビームを合成するので，ビームモードの良いのを得ることが難しく，その恩恵は溶接，表面改質や合金化等ビームスポットの大きくて良い加工に限定されよう（図6.2.1）。

　この他に今までのレーザとは全く発振原理の異なった大出力の得られる自由電子レーザ[6]（FEL）というのが出現した。

　FELは，加速器や電子の蓄積リングなどを用いて加速した高速の電子ビームを，磁束の向きを交互に反転させた磁石の列（ウイグラー）の空間に磁石の列とは並行に，そして磁束の方向とは直角に入射させ，電子ビームの向きをジグザグに曲げ，電子ビームが曲がり角で出す強い放射光を相対する2つの反射鏡の中に存在するようにして，レーザ光を発生させるものである（図6.2.2）。

　発振波長は，磁石の間隔や加速器から出る電子ビームのエネルギーなどを加減することによって変えられ，LANLではすでに波長9～35 μmで6 kWの出力が得られており，米国ではSDI用の大出力レーザ発振器として注力しているという。将来の大出力加工用発振器として出現する

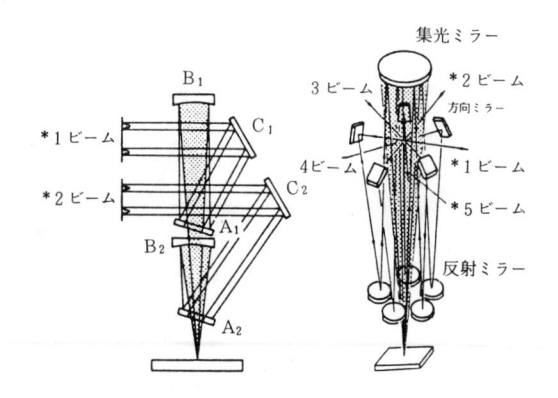

図6.2.1　出力合成型大出力CO_2レーザ装置の基本概要（荒田）

第6章 レーザ加工の将来

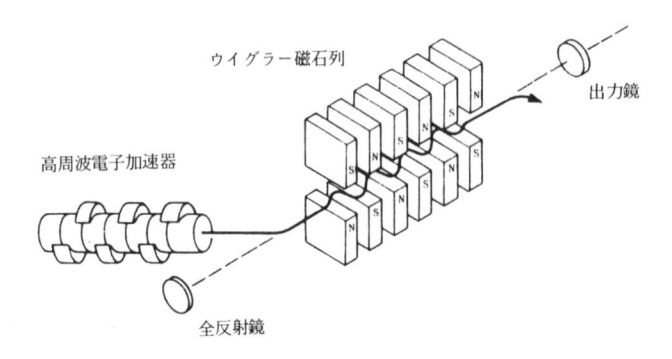

図6.2.2 自由電子レーザ（FEL）の基本構造

かも知れず注意する必要があろう。

　他方，短波長の発振器の方は出力の向上が著しい。1988年9月にC.F.Zahnow[7]によって1kWのエキシマレーザの発表が行われた。

　またYAGレーザ関係では日本電気[8]，東芝[9]（写真6.2.1），英国のルモニックス[10]らによってそれぞれ出力，1.4kW，1.5kWおよび2.3kWの装置が発表され，この中，日本電気のものは欧州の研究所で3台用いられているという。

　これらは出力が単体で400WクラスのYAGレーザ装置のロッドを直列多段接続として出力を向上させたものであるが，ビームの発散角が大きくモードが充分良くないといった問題があるが，現在種々の改良が設されているようである。

　以上のようにロッドの数を増加して出力を増大させるものに対し，スラブ型[11]の単一素子で

写真6.2.1 東芝製1.4kW YAGレーザ
（YAGレーザ4本直列配置式）

2 レーザ発振器の発展

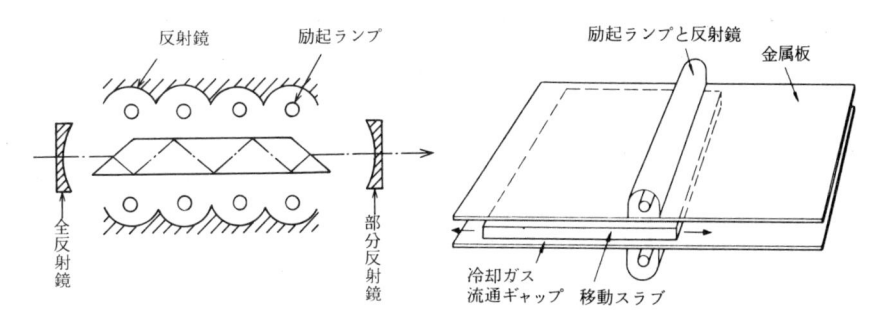

図6.2.3　スラブレーザ

図6.2.4　可動形スラブレーザ（Stanford 大，Buyer et al.）
〔機械的設計は，水を流して冷却するよりも伝導性ガスの薄層を通して冷却するので非常に簡単になる〕

出力を向上させたものが開発された。

これは平行平面の薄板の間を光が全反射しながら進行するようにして（図6.2.3），固体素子の発振器の場合の問題である冷却を容易にして大出力を得ようとしたものであり，わが国では富士電機[12]，住友金属鉱山[13]，HOYA[14]からそれぞれ630W（YAG），830W（GGG結晶）および300W[14]（移動型ガラススラブ）が発表されている。

HOYAの移動型スラブというのは図6.2.4[15]に示すように結晶の単位体積への単位時間当りの加熱入力量を減少させることによって出力向上を目指したもので，その将来が注目される。

これに対し，最近出力が向上してきた半導体レーザを励起源として固体レーザ素子（YAG等）を励起し，非常に効率良く固体素子を励起して大出力を得ようとする試みが発表[16]されてきた。

今までのクリプトンランプによる励起では，励起入力のたかだか3％くらいしか利用されず，ほかのエネルギは熱となってレーザロッドに蓄積され，その冷却が大問題となっていた。Nd:YAGロッドは，590，750，810nmに強い吸収帯[17]（図6.2.5）があり，最近，出力が向上した半導体レーザの$Al_xGa_{1-x}As$ではAlの含有量xを変えることにより，810nmの光のみを発振[18]させることができるようになった。

ソニー[19]で発売した半導体LDでは，常温で電圧2.5V，電流1.5Aで1Wの出力を得ており，Nd:YAGにこの光を照射すると，非常に高い効率でレーザ光を発光させることができる。したがって，YAGロッドなどの冷却の問題が軽減され，小出力では無冷却でCW発振をさせることができるようになった。

半導体レーザ光で励起する場合にはYAGの結晶の中心線方向から励起する端面励起方式と，YAGの結晶の側面から照射励起する側面励起とがある。図6.2.6[20]はその両方を用いたもの

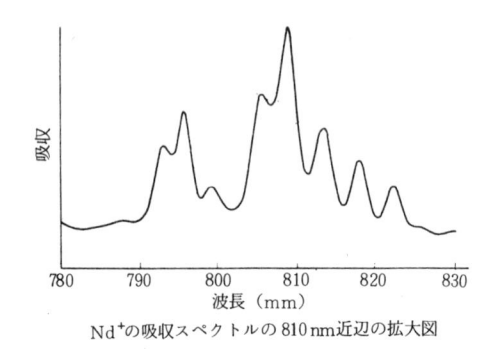

Nd⁺の吸収スペクトルの810 nm近辺の拡大図

図6.2.5　クリプトン・アークランプの代表的な発光スペクトル

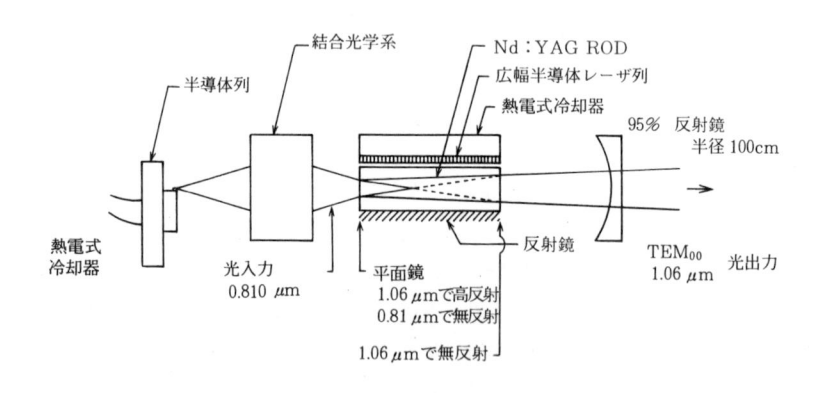

図6.2.6　端面励起と側面励起とを併用した半導体　YAGレーザ

である。一般には励起光が結晶の中を通過する距離の長い端面励起のほうが、効率がよいとされている。既に小出力のものは4〜5社から発表されているが、この方法の欠点は、半導体LDの発振波長が、温度によって0.35 nm/℃の割合で変動[21]することである。そのために、LDの温度をペルチェ素子などによって、一定に保ったレーザダイオードが発表[22]された（図6.2.7）。一方、励起吸収帯の幅が広く、励起源の波長の変動に対して寛容な Nd：YVO₄の結晶[23]を用いる

2 レーザ発振器の発展

こともみられている（図6.2.8）。

さらにいっそうの半導体LDの出力向上を実現するために，同一平面内の一直線上に多数の半導体LDを作り，破壊直前の出力が38Wというものが発表[24]された（図6.2.9）。

このように，半導体LD関係の出力の増大が著しいので，これらの石を多数用いてスラブ形固体レーザ素子を側面から励起すると，大出力の全固体素子製固体レーザ[25]ができることとなる。これは堅牢で小形，かつ冷却器も不要である（図6.2.10）。

最近，W.Streifer *et al.*[26]によって1cm幅の13列の半導体レーザによって準CW動作で800W出力のものが発表された（図6.2.11）。そして，これらの出力を光ファイバーを用いて端面励起用に円板状にまとめたりすることが行われ出している（図6.2.12）。

ただし，この方法の現在での欠点は，半導体LDの価格が，出力1Wのもので1個100万円と非常に高いことである。量産によってどの程度の価格に引き下げられるかが，この方法の実用化上の問題点となっている。

ソニーでは，この半導体を17個用いその出力を17本の光ファイバーで1カ所に集め，さらに集束光学系でスポット径が2mmになるようにした，出力15WのIC基板の端子用はんだ付け装置を制作した[27]。

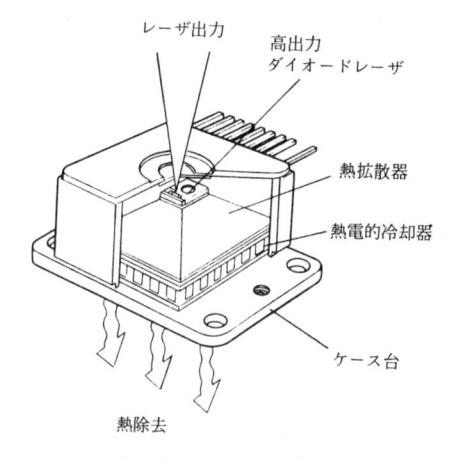

図6.2.7 冷却器付きのSD社製レーザダイオードの内部構造
（レーザダイオードは，基板上に取り付けられた熱電的冷却器に結合したピラミッド形熱拡散器の上にある。熱は基板から散逸し，光出力は上部から出る）

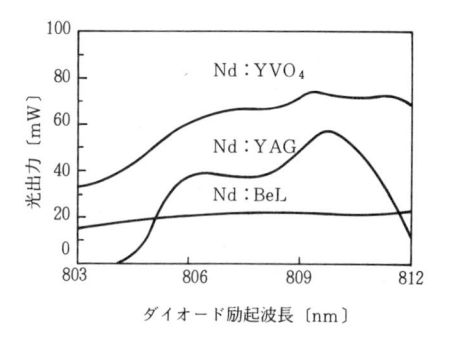

図6.2.8 ダイオード励起レーザ列の中心波長に対する固体レーザ出力の測定値
（光励起入力は167mWで一定にしてある）

この装置は，今までのNd：YAGのはんだ付け装置に比べ小形であるが，価格はそれの約70％くらいであるという。このように半導体LDを用いた装置は，価格の問題さえ解決されれば，いつわれわれの見近かに出現してもおかしくない状態であり，半導体LDの動向からは目を離せな

第6章 レーザ加工の将来

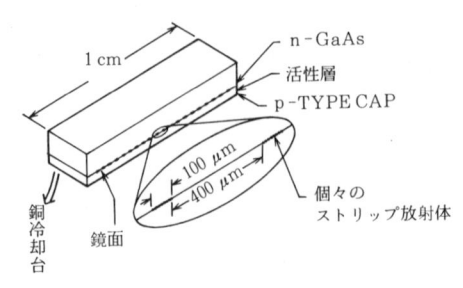

図6.2.9 多数の半導体レーザが同一平面内に並列に作られた高出力レーザの構造（出力38W）

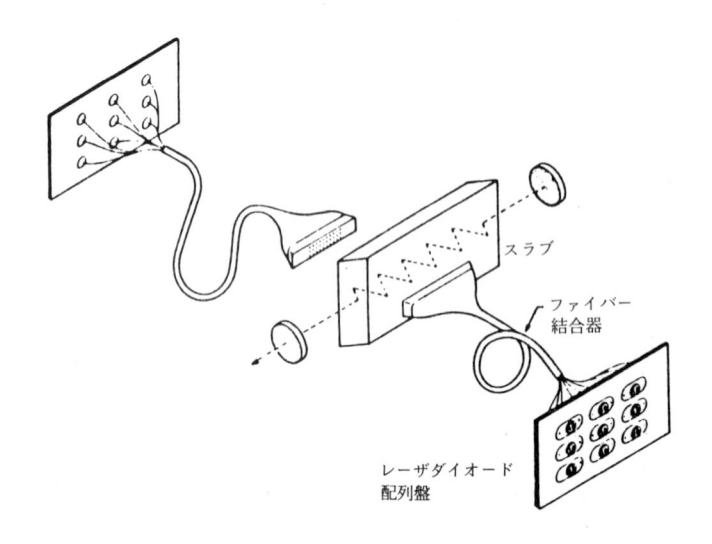

図6.2.10 ファイバーで結合された半導体励起スラブレーザ

い状況にある。

また，このレーザ光の伝送法に新しい技術が開発された。今までは1.06 μmの光は低吸収率の屈折率段差型のファイバーでしか伝送されていなかったが，須藤[28]によって屈折率徐変型の光ファイバーの使用が試みられ，特注のものであれば，準ガウスモード光が準CW出力で230Wまで伝送できることが確められた。このファイバーが安価に使えるようになると，YAGレーザ光

2 レーザ発振器の発展

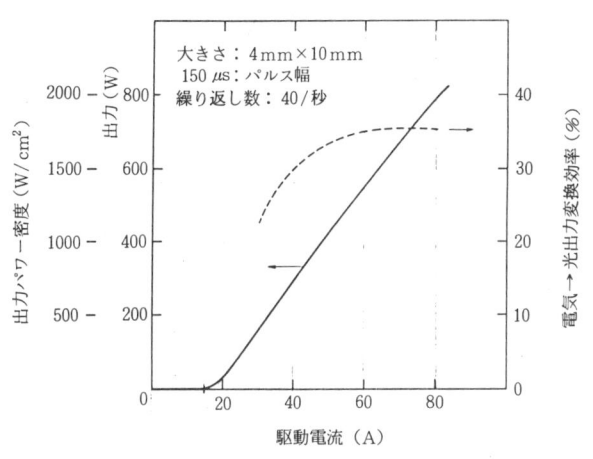

図 6.2.11 幅 1 cm の多重量子井戸レーザ列の 13 バーの準 CW 出力特性

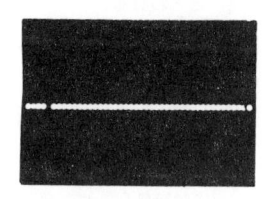

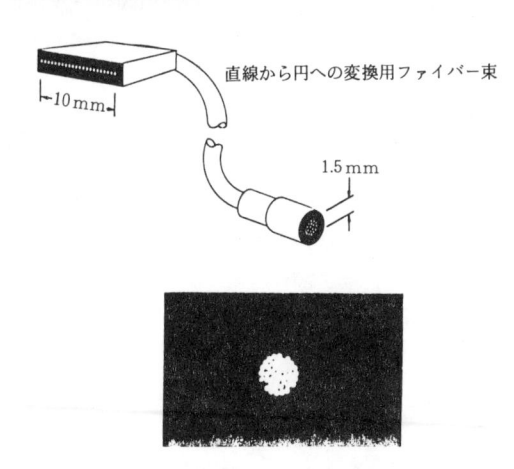

図 6.2.12 ファイバーの束の直線から円への変換

第6章　レーザ加工の将来

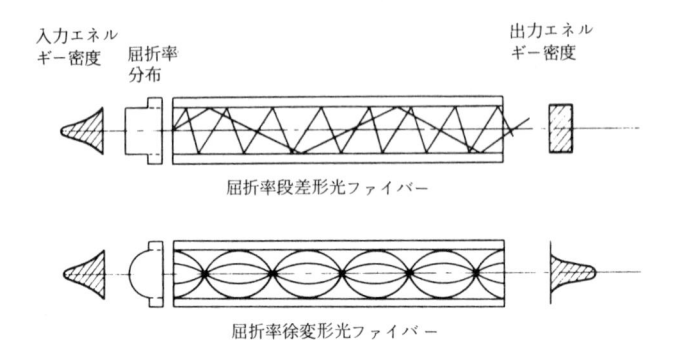

図6.2.13　光ファイバーの構造の相違による入力エネルギー密度分布と出力エネルギー密度分布との関係

による3次元切断加工などは，飛躍的に発展するものと思われる。

今までの屈折率段差形光ファイバーでは，入口では切断に最適といわれているガウスモードのビームであっても，出口ではエネルギー分布が平らな円形モードビーム[29]となって，切断能力が落ち，ファイバーの使える利点が激減した。このため，溶接，熱処理などに利用されるに止まっていた（図6.2.13）。

最近コヒーレント社からモードの非常に良い250WのYAGレーザが発表[30]された。

今までのYAGレーザは30W以上位になるとロッドの熱変形等によってモードが悪くなり微細加工には用いられていなかった。

この新型機の出力向上によって板厚10mm以上のステライト等に優れた穴あけ等が行われるようになった。

この他にCO$_2$レーザでは放電により電極が摩耗し，そのために放電管内のガスが汚染して性能が低下するのを防ぐために放電管外に電極を設置し，側面から高周波で励起し発振させる方法[31]も開発されている。

この他管内電極を多分割にして小型で大出力[32]（5kW）にしたものも発表されている。

3　レーザ加工技術の進歩

今までCO$_2$レーザ光の反射率が高く，かつ熱の良導体であるために，切断が困難とされていたアルミニウムとその合金が，きれいに切断されるようになった。これは，アシストガスにアル

3 ホログラフィーによる三次元変形測定

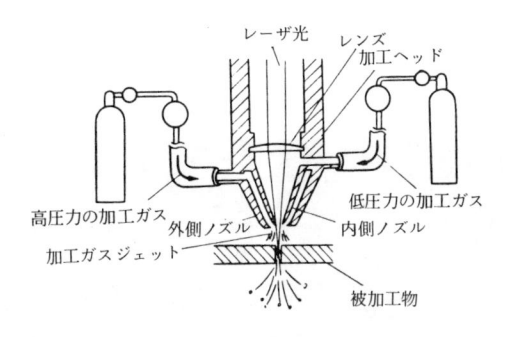

内部の加工用ガスヘッドの圧力は 低圧力 $1\sim 2\,\mathrm{kg/cm^2}$
外側の加工用ガスヘッドの圧力は 高圧力 $5\sim 20\,\mathrm{kg/cm^2}$
この構造では高圧力ガスはレンズ等に作用しないので，レンズの変形や破損を防ぐことができる。

図 6.3.1 アルミ切断用ノズルの内部構造

ゴンまたは窒素を用い，図 6.3.1[33]に示すようなノズルを用いて，今までの切断時の10倍くらいの高圧力で，ドロスを吹飛ばして切断することに成功したものである。

　三菱電機では，生産コストを低下させるために，高圧の空気を用いることを発表[34]しているが，板厚3mmまでは十分実用に耐えるとしている。この技術の実用化に当たっては，アルミニウムからの反射光によって発振器関係の部品が破損しないように，高速応答出力計と連動した出力制御装置が重要な役割りを果たしていた事は見落とせない。新しい技術の実用化にはこれまでの技術の集大成といった面もあるので，今までの技術を充分に理解した上で開発して行くことが望ましい。

　このほかに，ステンレス鋼の光輝切断[35]（無酸化切断）がある。ステンレス鋼は，すでに補助ガスに酸素を用いて切断されていたが，切断面が酸化して黒ずんでいた。

　ステンレス鋼は，厨房器具などに用いられることが多く，その場合，切断後に溶接加工などを必要とするために，切断面を後加工をする必要があった。しかし，アシストガスに不活性ガスや窒素などを用いることにより，酸化物のない光った切断面にすることに成功した。ただしこの場合，酸素による燃焼エネルギーを用いないので，切断速度が3分の1くらいに低下し，加工コストは高くなる（写真 6.3.1）。

　このほかに極薄板の溶接[36]やアクリル厚板の光輝切断[37]といったものも報告されている。これらの技術はいずれも産業界からの必要性によって開発されてきたものであり，必要は発明の母といった格言を身近に感じさせられる。したがって常に物を新しく見る訓練をしておく必要があ

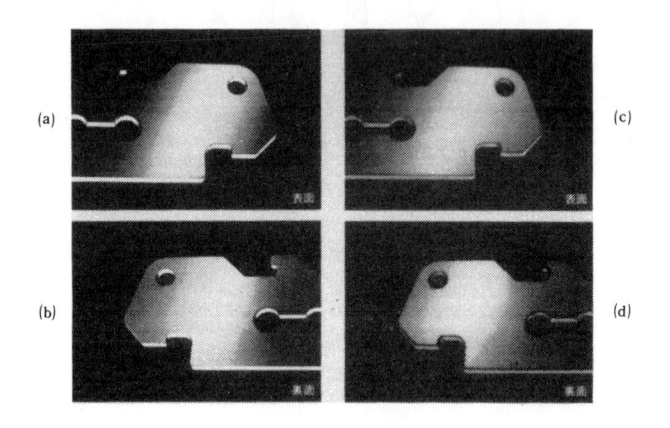

写真6.3.1　ステンレス鋼の光輝切断（アマダ提供）

材質 SUS 304，板厚 2 mm
（a，b）クリーンカット切断面，aは表面，bは裏面
（c，d）従来切断法による切断面，cは表面，dは裏面

クリーンカット　出力：900 W
　　　　　　　　パルス：700 Hz
　　　　　　　　Duty：80%
　　　　　　　　アシストガス：N_2
　　　　　　　　切断速度：1.5 m/min

従来切断法　出力：550 W
　　　　　　パルス：500 Hz
　　　　　　Duty：50%
　　　　　　アシストガス：O_2
　　　　　　切断速度：1.5 m/min

ろう。

レーザ加工機の普及によってさらに種々な新しい加工技術が生まれてくるものと思われる。

4　加工装置の性能向上

レーザ溶接では，レーザビームが細く絞れるために，溶融幅が狭く，熱影響の少ない高性能溶接ができるというのがうたい文句となっていた。ところがレーザ溶接では，レーザ光のビーム幅が狭いために，アーク溶接の場合よりも溶接部分を高い精度で合わせ，かつ，レーザービームの

4 加工装置の性能向上

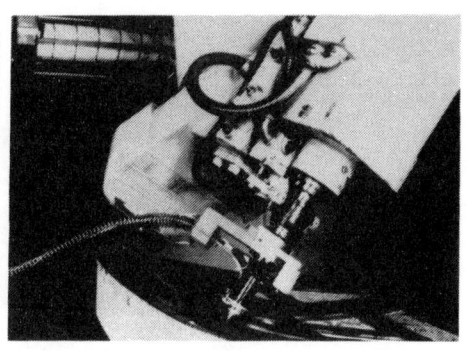

写真6.4.2 光ファイバーで200W YAGレーザ照射と機械加工するATC付3次元加工機（日産自動車提供）

写真6.4.1 ダウエス式ビーム回転式溶接法のヘッド部分

光軸合せも非常に正確に行わなくてはならなかった。

FMS等で要求される無人化されたレーザロボット溶接を行うには，もっと大きな隙間公差でないと，採用が困難である。この問題を解決する方法としてC.J.Dawes[38]は，ピントを合わせたビームを，溶接中心線に対して半径0.5～1.0mmで回転させるということを行い，この問題を解決した（写真6.4.1）。

この方法は，わが国でも実用化されつつある。この場合，ビームの回転は集光レンズの偏心取付け[39]による場合が多い。この他に溶接中にビームが溶接線からズレるのを自動的に検出したり，溶接が完全であるかどうかをAE[40]（音響放射）で検出する等，種々な方法が開発されている。

また，今まで正確な出力計がなかった大出力レーザ分野に新しい装置[41]が出現してきた。

つぎにレーザ加工装置の現場への導入成功例として，日産自動車で行ったATC付3次元加工機へのファイバー使用200W YAGレーザ複合加工機を示す[42]（写真6.4.2）。この複合加工機では，ドリルとかエンドミルとかいった今までの工具取付ヘッドとともに，YAGレーザ照射ヘッドが取り付けられており，薄板などの3次元曲線切断はYAGレーザで行い，穴明けなどはドリルで行って，高生産性を上げている。

この装置に，先に述べた屈折率徐変形のファイバーを用いるならば，その性能は飛躍的に増大す

第6章 レーザ加工の将来

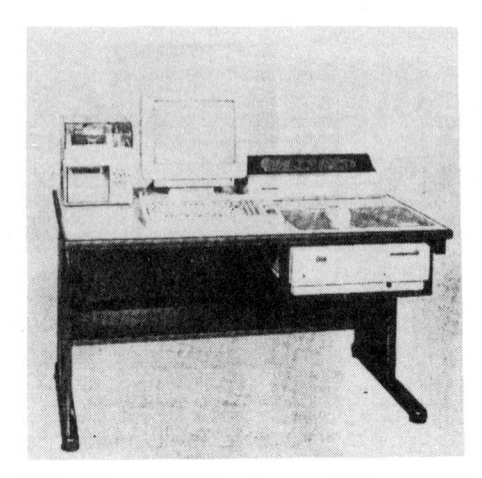

写真6.4.3　NC自動プログラミング装置，三菱電機製「LA 45」

るものと思われる。

さらにこれらの装置に熟練者のノウハウを組み込ませたCNCの自動プログラミング装置付きの加工機が出現してきた。素材，板厚，形状等を入力すると加工条件が自動設定されるという（写真6.4.3）。

5　新しい加工分野への進出

短波長レーザ加工分野における新しい成功例としては農林省の農業生物資源研究所と浜松ホトニクスによる生物染色体の切断[44]およびCandelaによる色素パルスレーザによる卵殻のみの砕砕除去法[45]がある（写真6.5.1）。

これは色素レーザ光の波長を，卵殻のみが吸収する波長に同調させて行った加工である。

この他にエキシマレーザ光を人間の毛髪へ照射し，光化学加工で焦目なくきれいに微細加工（写真6.5.2 [46]）したり，ポリイミドの薄板へ微細穴加工[47]を行ったりしている。

また真空槽内に置かれたGaAsの表面にAr$^+$レーザ光をTMG/TEG（トリメチルガリウム/トリエチルガリウム）の供給と同時に短時間照射し，その休止期間にAsH$_3$（アルシン）を供給するようにして単原子層を結晶成長させるという方法が青柳[48]によって開発された。

また，将来，短波長のX線レーザが出て来ると染色体の解析が容易になるものと思われる。

24〜44Åの波長領域では，X線は酸素に吸収されず炭素に吸収[49]されるので，生きたままの

5 新しい加工分野への進出

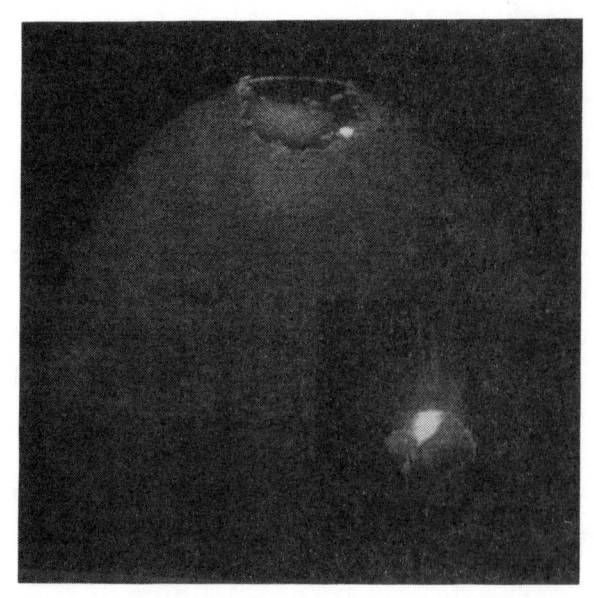

写真6.5.1 Candela社製MDL-1ダイレーザによる卵殻のみの破壊(内側の膜には全然問題なし)

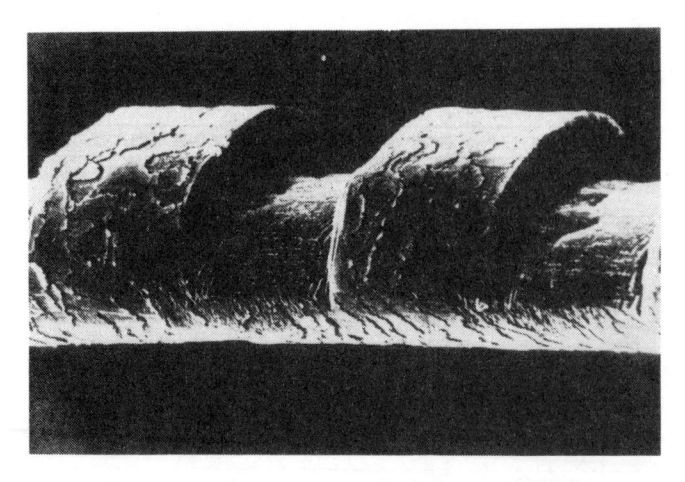

写真6.5.2 エキシマレーザによる人間の毛髪への精密加工

第6章 レーザ加工の将来

生物の観測に適している。

またX線の透過能の優れたことを利用した遮蔽物内の加工といったことも考えられている。

この他にレーザ光の波長の純粋さと高輝度を利用したパウダーの製造[50]といったことや,超電導薄膜の製造[51]といった報告が数多くなされている。

以上述べてきたレーザ加工がレーザ光のどの特徴を利用しているかといった点から整理してみると大体次のようになろう。

(A) レーザ光が集光系を用いることにより高エネルギー密度の微小スポットになることを利用したレーザ熱加工(高温プロセス)

(B) レーザ光の優れた単色性と材料の波長選択吸収特性とを組み合わせた精製分離加工

(C) 紫外レーザ光の大きな光量子エネルギーを利用した有機化合物の光解離を利用した光化学加工(低温プロセス)

(D) レーザ光の高い制御性と超短パルス発生能力を利用したマイクロ光化学加工

(E) 以上の特徴を相互に組み合わすか,または他の化学反応などと組み合わせて利用する複合加工とに分類されよう。

以上のうち(D)の特徴を利用したものはいまだ表われていないようである。またレーザ加工全体としては初期のころの熱加工から加工素材を昇温させない光化学加工の方に移りつつあるようである。

今までの熱化学加工とマイクロレーザ光化学加工とを比較してみると表6.5.1のようになろう。

表6.5.1 レーザ光化学加工と在来の熱化学加工との相違

加工法 項目	レーザ光化学加工	熱化学	備考(レーザ光化学加工の特長)
エネルギー密度	$\sim 10^8$ W/cm^2	低 い	励起種を高密度に生成,新しい反応の可能性大
光量子エネルギー値	~ 8 eV	低 い	炭素化合物の化学結合を加熱せず直接切断
エネルギー分解能(単色性)	2×10^{-5} eV(KrFレーザ光でFWHM 0.005 nm)	極めて悪い	特定の分子を特定のレベルに選択的に励起可能,かつエネルギー分布が狭いので副反応の制御可能
時間分解能	10^{-14} 秒以上	〃	望ましくないエネルギー移動の前に反応の完結が可能で希望する反応のみの利用が可能
空間分解能	0.5×10^{-3} mm 以上,使用波長の大きさ位まで	〃	光の波長程度にまで絞れるので局部的反応に利用可能
加工温度	低温	〃	タンパク質への加工が可能である。
単位エネルギー当りのコスト	きわめて高い	極めて安い	レーザ光化学加工の最大の欠点 加工の要求精度によっていずれかの選択が決められる

(注) 以上の項目は同時に達成されるものではない。

6 おわりに

以上に見てきたようにレーザ加工技術は新しい発振器の出現，在来機種の改良，新しい加工装置の開発，および担当者の創意工夫に加え全く新しい分野への進出によってその進歩は止まるところを知らない状態である。もっとも生産技術となっているレーザ熱加工では，他の生産技術とのコスト競争に勝たねばならず，レーザ熱加工は一般の予想とはうらはらにそのきびしさを増している。

今までレーザ加工で成功した例を見てみると，レーザでなければできない加工をしたものが殆どであり，レーザ加工の利用を考える場合，この点に留意して将来の方向を考えることが必要である。

他の加工法も非常な進歩をとげている現在，新しい分野へ突進する勇気も必要だが経済的な基盤を固めながら進めないと計画倒れになりかねない。一時ほど，レーザ加工と言えば何でも加工出来るといった妄想をいだく人はなくなったが，先にも述べた通り，レーザ光は非常に高価なエネルギーであるのでその点を充分に考えて行動しないと，実験室内で成功し，新聞紙上等は賑わすが，結局は生産現場に導入されなかったり，他の方法に取って代られるといったことになりかねないことに注意しなくてはならない。

したがって，レーザ熱加工等では現場に採用された時点までを考えた計画を立てなければならなくなっていると思われる。

一方，研究開発分野の問題にしても，レーザでなければできないといったものを探すことが成功の鍵となろう。そうすることによってレーザ利用の果実を確実に入手することができるであろう。

文　献

1) 三菱電機資料
2) 川澄博通：自動化技術，Vol.19, No.11 (1987) 18
3) 日刊工業新聞：1988. 5. 26
4) Lasers & Optronics, Vol.6, No.12 (1987. 12) 40
5) Y. Arata et al.：LAMP'87 (May 1987, Osaka)
6) B. E. Newman：Proc. SPIE, Vol.622 (1986) 84
7) C. F. Zahnow：Proc. SPIE, Vol.1023 (Sept. 1988)

第6章 レーザ加工の将来

8) 渡部修一他：レーザ協会会報, Vol. 12, No. 3 (1987. 6) 6
9) T. Yamada et al.：CLEO '88, Advance Program. WL 4 (Apr. 1988. Anaheim)
10) G. Burrows et al.：Proc. SPIE, Vol. 1021 (Sept. 1988)
11) J. M. Eggleston et al.：IEEE, J. Q. E., Vol. Q. E. 20 (Mar. 1984) 289
12) 新妻正行：レーザ協会会報, Vol. 12, No. 5, 6 (1987. 12) 1
13) Y. Fuji：CLEO '88, ThV 3 (1988)
14) H. Sekiguchi et al.：CLEO '88, ThV 2 (1988)
15) S. Basu et al.：IEEE, J.Q.E., Vol. QE-22, No. 10 (Oct. 1986) 2052
16) Laser Focus：Jan. 1987
17) 秋葉稔光編著：「レーザ技術読本」日刊工業新聞社 (1985. 10) 62
18) 須山庄宏他：レーザ協会会報, Vol. 13, No. 4 (1988. 8) 1
19) 渡辺誠一：レーザ協会会報, Vol. 12, No. 2 (1987. 4) 7
20) J. Berger et al.：Appl. Phys. Lett., Vol. 53, No. 4 (25 July 1988), 268
21) 19)と同じ
22) G. T. Forrest：Laser Focus, Vol. 24, No. 8 (Aug. 1988) 59
23) R. A. Fields et al.：CLEO '87, Digest of Technical Paper, FL 4 (Apr. 1987, Baltimore)
24) S. Sakamoto et al.：Appl. Phys. Lett., Vol. 52, No. 26 (27 June. 1988) 2220
25) Tso, Y. Fan and R. L. Byer：IEEE J. Q. E., Vol. 24, No. 6 (June 1988) 895
26) W. Streifer et al.：IEEE, J. Q. E., Vol. 24, No. 6 (1988) 883
27) ソニー資料
28) 数藤和義：マシニスト (1988. 6) 1
29) 28)と同じ
30) 今岡洋, 他：レーザ協会会報, Vol. 13, No. 6 (1988. 12)
31) ファナック資料, 東芝資料
32) J. E. Harry et al.：IEEE J. Q. E., Vol. 24, No. 3 (Mar. 1988) 504
33) 金原好秀他：特公昭 62-58835, レーザ加工ヘッド
34) 三菱電機資料
35) ましん：Vol. 12, No. 5 (1988, 5) 2
36) A. C. Lingenfelter：Proc. Int. Conf. Laser Advanced Materials Processing (Osaka. 1987)
37) 中央大学川澄研究室資料
38) C. J. Dawes：Proc. ICALEO' 85 (Nov. 1985, San Francisco) 73
39) コヒーレント社資料
40) 三菱電機資料
41) 遠藤道幸, 本田辰篤：電気学会論文集C, Vol. 108, No. 8 (昭63) 611
42) 森 清和：日産技報, Vol. 23, 別刷CAE特集 (昭63-3) 84
43) 三菱電機資料
44) 日経産業新聞, 1988. 3. 14
45) D. Bua and K. Wester：Lasers & Applications (Apr. 1987) 69
46) Lambda Physik 社カタログ

文　献

47) R. Srinivasan *et al.* : *J. Appl. Phys.*, Vol. 61, No. 1, (1 Jan. 1987) 372
48) 青柳克信：精密工学会誌, Vol. 54, No. 4 (1988. 4) 674
49) 富江敏尚：電気学会誌, Vol. 107, No. 11, (1987) 1161
50) 奥富 衛：セラミックス超高温利用技術, シーエムシー, (1985. 11) 53
51) 岡 一宏：レーザ協会会報, Vol. 13, No. 6 (1988, 12)

《CMC テクニカルライブラリー》発行にあたって

シーエムシーは、1961年創立以来、多くの技術レポートを発行してまいりました。これらの多くは、その時代の最先端情報を企業や研究機関などの法人に提供することを目的としたもので、価格も一般の理工書に比べて遙かに高価なものでした。

一方、ある時代に最先端であった技術も、実用化され、応用展開されるにあたって普及期、成熟期を迎えていきます。ところが、最先端の時代に一流の研究者によって書かれたレポートの内容は、時代を経ても当該技術を学ぶ技術書、理工書としていささかも遜色のないことを、多くの方々が指摘されています。

弊社では過去に発行した技術レポートを個人向けの廉価な普及版《CMC テクニカルライブラリー》として発行することとしました。このシリーズが、21世紀の科学技術の発展にいささかでも貢献できれば幸いです。

2000年12月

㈱シーエムシー　出版部

レーザ加工技術　(B605)

1989年 5月22日 初 版 第1刷発行
2001年 2月10日 普及版 第1刷発行

監修者　　川澄博通　　　　　　　　Printed in Japan
発行者　　島 健太郎
発行所　　株式会社　シーエムシー
　　　　　東京都千代田区内神田 1-4-2（コジマビル）
　　　　　電話 03（3293）2061

定価は表紙に表示してあります。　　　Ⓒ H.Kawasumi, 2001
落丁・乱丁本はお取替えいたします。

ISBN4-88231-712-5 C3054

☆本書の無断転載・複写複製（コピー）による配布は、著者および出版社の権利の侵害になりますので、小社あて事前に承諾を求めて下さい。

CMCテクニカルライブラリー のご案内

自動車用塗料の技術
ISBN4-88231-099-6　　　　　　　　B596
A5 判・340 頁　本体 3,800 円＋税（〒380 円）
初版 1989 年 5 月　普及版 2000 年 12 月

構成および内容：〈総論〉自動車塗装における技術開発〈自動車に対するニーズ〉〈各素材の動向と前処理技術〉〈コーティング材料開発の動向〉防錆対策用コーティング材料〈コーティングエンジニアリング〉塗装装置／乾燥装置〈周辺技術〉コーティング材料管理　他
◆執筆者：桐生春雄／鳥羽山満／井出正／岡襄二　他 19 名

クロミック材料の開発
監修／市村　國宏
ISBN4-88231-094-5　　　　　　　　B591
A5 判・301 頁　本体 3,000 円＋税（〒380 円）
初版 1989 年 6 月　普及版 2000 年 11 月

構成および内容：〈材料編〉フォトクロミック材料／エレクトロクロミック材料／サーモクロミック材料／ピエゾクロミック金属錯体〈応用編〉エレクトロクロミックディスプレイ／液晶表示とクロミック材料／フォトクロミックメモリメディア／調光フィルム　他
◆執筆者：市村國宏／入江正浩／川西祐司　他 25 名

コンポジット材料の製造と応用
ISBN4-88231-093-7　　　　　　　　B590
A5 判・278 頁　本体 3,300 円＋税（〒380 円）
初版 1990 年 5 月　普及版 2000 年 10 月

構成および内容：〈コンポジットの現状と展望〉〈コンポジットの製造〉微粒子の複合化／マトリックスと強化材の接着／汎用繊維強化プラスチック（FRP）の製造と成形〈コンポジットの応用〉プラスチック複合材料の自動車への応用／鉄道関係／航空・宇宙関係　他
◆執筆者：浅井治海／小石眞純／中尾富士夫　他 21 名

機能性エマルジョンの基礎と応用
監修／本山　卓彦
ISBN4-88231-092-9　　　　　　　　B589
A5 判・198 頁　本体 2,400 円＋税（〒380 円）
初版 1993 年 11 月　普及版 2000 年 10 月

構成および内容：〈業界動向〉国内のエマルジョン工業の動向／海外の技術動向／環境問題とエマルジョン／エマルジョンの試験方法と規格〈新材料開発の動向〉最近の大粒径エマルジョンの製法と用途／超微粒子ポリマーラテックス〈分野別の最近応用動向〉塗料分野／接着剤分野　他
◆執筆者：本山卓彦／葛西壽一／滝沢稔　他 11 名

無機高分子の基礎と応用
監修／梶原　鳴雪
ISBN4-88231-091-0　　　　　　　　B588
A5 判・272 頁　本体 3,200 円＋税（〒380 円）
初版 1993 年 10 月　普及版 2000 年 11 月

構成および内容：〈基礎編〉前駆体オリゴマー、ポリマーから酸素ポリマーの合成／ポリマーから非酸化物ポリマーの合成／無機－有機ハイブリッドポリマーの合成／無機高分子化合物とバイオリアクター〈応用編〉無機高分子繊維およびフィルム／接着剤／光・電子材料　他
◆執筆者：木村良晴／乙咩重男／阿部芳首　他 14 名

食品加工の新技術
監修／木村　進・亀和田光男
ISBN4-88231-090-2　　　　　　　　B587
A5 判・288 頁　本体 3,200 円＋税（〒380 円）
初版 1990 年 6 月　普及版 2000 年 11 月

構成および内容：'90 年代における食品加工技術の課題と展望／バイオテクノロジーの応用とその展望／21 世紀に向けてのバイオリアクター関連技術と装置／食品における乾燥技術の動向／マイクロカプセル製造および利用技術／微粉砕技術／高圧による食品の物性と微生物の制御　他
◆執筆者：木村進／貝沼圭二／播磨幹夫　他 20 名

高分子の光安定化技術
著者／大澤　善次郎
ISBN4-88231-089-9　　　　　　　　B586
A5 判・303 頁　本体 3,800 円＋税（〒380 円）
初版 1986 年 12 月　普及版 2000 年 10 月

構成および内容：序／劣化概論／光化学の基礎／高分子の光劣化／光劣化の試験方法／光劣化の評価方法／高分子の光安定化／劣化防止概説／各論－ポリオレフィン、ポリ塩化ビニル、ポリスチレン、ポリウレタン他／光劣化の応用／光崩壊性高分子／高分子の光機能化／耐放射線高分子　他

ホットメルト接着剤の実際技術
ISBN4-88231-088-0　　　　　　　　B585
A5 判・259 頁　本体 3,200 円＋税（〒380 円）
初版 1991 年 8 月　普及版 2000 年 8 月

構成および内容：〈ホットメルト接着剤の市場動向〉〈HMA 材料〉EVA 系ホットメルト接着剤／ポリオレフィン系／ポリエステル系〈機能性ホットメルト接着剤〉〈ホットメルト接着剤の応用〉〈ホットメルトアプリケーター〉〈海外における HMA の開発動向〉　他
◆執筆者：永田宏二／宮本禮次／佐藤勝亮　他 19 名

CMCテクニカルライブラリー のご案内

バイオ検査薬の開発
監修／山本 重夫
ISBN4-88231-085-6　　　　　　　　B583
A5判・217頁　本体3,000円＋税（〒380円）
初版 1992年4月　普及版 2000年9月

◆構成および内容：〈総論〉臨床検査薬の技術／臨床検査機器の技術〈検査薬と検査機器〉バイオ検査薬用の素材／測定系の最近の進歩／検出系と機器
◆執筆者：片山善章／星野忠／河野均也／稲荘和子／藤巻道男／小栗豊子／猪狩淳／渡辺文夫／磯部和正／中井利昭／高橋豊三／中島憲一郎／長谷川明／舟橋真一　他9名

紙薬品と紙用機能材料の開発
監修／稲垣 寛
ISBN4-88231-086-4　　　　　　　　B582
A5判・274頁　本体3,400円＋税（〒380円）
初版 1988年12月　普及版 2000年9月

◆構成および内容：〈紙用機能材料と薬品の進歩〉紙用材料と薬品の分類／機能材料と薬品の性能と用途〈抄紙用薬品〉パルプ化から抄紙工程までの添加薬品／パルプ段階での添加薬品〈紙の2次加工薬品〉加工紙の現状と加工薬品／加工用薬品〈加工技術の進歩〉他
◆執筆者：稲垣寛／尾鍋史彦／西尾信之／平岡誠　他20名

機能性ガラスの応用
ISBN4-88231-084-8　　　　　　　　B581
A5判・251頁　本体2,800円＋税（〒380円）
初版 1990年2月　普及版 2000年8月

◆構成および内容：〈光学的機能ガラスの応用〉光集積回路とニューガラス／光ファイバー〈電気・電子的機能ガラスの応用〉電気用ガラス／ホーロー回路基盤〈熱的・機械的機能ガラスの応用〉〈化学的・生体機能ガラスの応用〉〈用途開発展開中のガラス〉　他
◆執筆者：作花済夫／栖原敏明／高橋志郎　他26名

超精密洗浄技術の開発
監修／角田 光雄
ISBN4-88231-083-X　　　　　　　　B580
A5判・247頁　本体3,200円＋税（〒380円）
初版 1992年3月　普及版 2000年8月

◆構成および内容：〈精密洗浄の技術動向〉精密洗浄技術／洗浄メカニズム／洗浄評価技術〈超精密洗浄技術〉ウェハ洗浄技術／洗浄用薬品〈CFC-113と1,1,1-トリクロロエタンの規制動向と規制対応状況〉国際法による規制スケジュール／各国国内法による規制スケジュール　他
◆執筆者：角田光雄／斉木篤／山本芳彦／大部一夫他10名

機能性フィラーの開発技術
ISBN4-88231-082-1　　　　　　　　B579
A5判・324頁　本体3,800円＋税（〒380円）
初版 1990年1月　普及版 2000年7月

◆構成および内容：序／機能性フィラーの分類と役割／フィラーの機能制御／力学的機能／電気・磁気的機能／熱的機能／光・色機能／その他機能／表面処理と複合化／複合材料の成形・加工技術／機能性フィラーへの期待と将来展望
◆執筆者：村上謙吉／由井浩／小石真純／山田英夫他24名

高分子材料の長寿命化と環境対策
監修／大澤 善次郎
ISBN4-88231-081-3　　　　　　　　B578
A5判・318頁　本体3,800円＋税（〒380円）
初版 1990年5月　普及版 2000年7月

◆構成および内容：プラスチックの劣化と安定性／ゴムの劣化と安定性／繊維の構造と劣化、安定化／紙・パルプの劣化と安定化／写真材料の劣化と安定化／塗膜の劣化と安定化／染料の退色／エンジニアリングプラスチックの劣化と安定化／複合材料の劣化と安定化　他
◆執筆者：大澤善次郎／河本圭司／酒井英紀　他16名

吸油性材料の開発
ISBN4-88231-080-5　　　　　　　　B577
A5判・178頁　本体2,700円＋税（〒380円）
初版 1991年5月　普及版 2000年7月

◆構成および内容：〈吸油（非水溶液）の原理とその構造〉ポリマーの架橋構造／一次架橋構造とその物性に関する最近の研究〈吸油性材料の開発〉無機系／天然系吸油性材料／有機系吸油性材料〈吸油性材料の応用と製品〉吸油性材料／不織布系吸油性材料／固化型油吸着材　他
◆執筆者：村上謙吉／佐藤悌治／岡部潔　他8名

消泡剤の応用
監修／佐々木 恒孝
ISBN4-88231-079-1　　　　　　　　B576
A5判・218頁　本体2,900円＋税（〒380円）
初版 1991年5月　普及版 2000年7月

◆構成および内容：泡・その発生・安定化・破壊／消泡理論の最近の展開／シリコーン消泡剤／バイオプロセスへの応用／食品製造への応用／パルプ製造工程への応用／抄紙工程への応用／繊維加工への応用／塗料、インキへの応用／高分子ラテックスへの応用　他
◆執筆者：佐々木恒孝／高橋葉子／角田淳　他14名

CMCテクニカルライブラリー のご案内

粘着製品の応用技術
ISBN4-88231-078-3　　　　　　　B575
A5判・253頁　本体3,000円+税（〒380円）
初版1989年1月　普及版2000年7月

◆構成および内容：〈材料開発の動向〉粘着製品の材料／粘着剤／下塗剤〈塗布技術の最近の進歩〉水系エマルジョンの特徴およびその塗工装置／最近の製品製造システムとその概説〈粘着製品の応用〉電気・電子関連用粘着製品／自動車用粘着製品／医療用粘着製品　他
◆執筆者：福沢敬司／西田幸平／宮崎正常　他16名

複合糖質の化学
監修／小倉　治夫
ISBN4-88231-077-5　　　　　　　B574
A5判・275頁　本体3,100円+税（〒380円）
初版1989年6月　普及版2000年8月

◆構成および内容：KDOの化学とその応用／含硫シアル酸アナログの化学と応用／シアル酸誘導体の生物活性とその応用／ガングリオシドの化学と応用／セレブロシドの化学と応用／糖脂質糖鎖の多様性／糖タンパク質鎖の癌性変化／シクリトール類の化学と応用　他
◆執筆者：山川民夫／阿知波一雄／池田潔　他15名

プラスチックリサイクル技術
ISBN4-88231-076-7　　　　　　　B573
A5判・250頁　本体3,000円+税（〒380円）
初版1992年1月　普及版2000年7月

◆構成および内容：廃棄プラスチックとリサイクル促進／わが国のプラスチックリサイクルの現状／リサイクル技術と回収システムの開発／資源・環境保全製品の設計／産業別プラスチックリサイクル開発の現状／樹脂別形態別リサイクリング技術／企業・業界の研究開発動向他
◆執筆者：本多淳祐／遠藤秀夫／柳澤孝成／石倉豊他14名

分解性プラスチックの開発
監修／土肥　義治
ISBN4-88231-075-9　　　　　　　B572
A5判・276頁　本体3,500円+税（〒380円）
初版1990年9月　普及版2000年6月

◆構成および内容：〈廃棄プラスチックによる環境汚染と規制の動向〉〈廃棄プラスチック処理の現状と課題〉〈分解性プラスチックスの開発技術〉生分解性プラスチックス／光分解性プラスチックス〈分解性の評価技術〉〈研究開発動向〉〈分解性プラスチックの代替可能性と実用化展望〉他
◆執筆者：土肥義治／山中唯義／久保直紀／柳澤孝成他9名

ポリマーブレンドの開発
編集／浅井　治海
ISBN4-88231-074-0　　　　　　　B571
A5判・242頁　本体3,000円+税（〒380円）
初版1988年6月　普及版2000年7月

◆構成および内容：〈ポリマーブレンドの構造〉物理的方法／化学的方法〈ポリマーブレンドの性質と応用〉汎用ポリマーどうしのポリマーブレンド／エンジニアリングプラスチックどうしのポリマーブレンド〈各工業におけるポリマーブレンド〉ゴム工業におけるポリマーブレンド　他
◆執筆者：浅井治海／大久保政芳／井上公雄　他25名

自動車用高分子材料の開発
監修／大庭　敏之
ISBN4-88231-073-2　　　　　　　B570
A5判・274頁　本体3,400円+税（〒380円）
初版1989年12月　普及版2000年7月

◆構成および内容：〈外板、塗装材料〉自動車用SMCの技術動向と課題、RIM材料〈内装材料〉シート表皮材料、シートパッド〈構造用樹脂〉繊維強化先進複合材料、GFRP板ばね〈エラストマー材料〉防振ゴム、自動車用ホース〈塗装・接着材料〉鋼板用塗料、樹脂用塗料、構造用接着剤他
◆執筆者：大庭敏之／黒川滋樹／村田佳生／中村胖他23名

不織布の製造と応用
編集／中村　義男
ISBN4-88231-072-4　　　　　　　B569
A5判・253頁　本体3,200円+税（〒380円）
初版1989年6月　普及版2000年4月

◆構成および内容：〈原料編〉有機系・無機系・金属系繊維、バインダー、添加剤〈製法編〉エアレイパルプ法、湿式法、スパンレース法、メルトブロー法、スパンボンド法、フラッシュ紡糸法〈応用編〉衣料、生活、医療、自動車、土木・建築、ろ過関連、電気・電磁波関連、人工皮革他
◆執筆者：北村孝雄／萩原勝男／久保栄一／大垣豊他15名

オリゴマーの合成と応用
ISBN4-88231-071-6　　　　　　　B568
A5判・222頁　本体2,800円+税（〒380円）
初版1990年8月　普及版2000年6月

◆構成および内容：〈オリゴマーの最新合成法〉〈オリゴマー応用技術の新展開〉ポリエステルオリゴマーの可塑剤／接着剤・シーリング材／粘着剤／化粧品／医薬品／歯科用材料／凝集・沈殿剤／コピー用トナーバインダー他
◆執筆者：大河原信／塩谷啓一／廣瀬拓治／大橋徹也／大月裕／大見賀広芳／土岐宏俊／松原次男／富田健一他7名

CMCテクニカルライブラリー のご案内

DNAプローブの開発技術
著者／髙橋　豊三
ISBN4-88231-070-8　　　　　　　　B567
A5判・398頁　本体4,600円＋税（〒380円）
初版1990年4月　普及版2000年5月

◆構成および内容：〈核酸ハイブリダイゼーション技術の応用〉研究分野、遺伝病診断、感染症、法医学、がん研究・診断他への応用〈試料DNAの調製〉濃縮・精製の効率化他〈プローブの作成と分離〉〈プローブの標識〉放射性、非放射性標識他〈新しいハイブリダイゼーションのストラテジー〉〈診断用DNAプローブと臨床微生物検査〉他

ハイブリッド回路用厚膜材料の開発
著者／英　一太
ISBN4-88231-069-4　　　　　　　　B566
A5判・274頁　本体3,400円＋税（〒380円）
初版1988年5月　普及版2000年5月

◆構成および内容：〈サーメット系厚膜回路用材料〉〈厚膜回路におけるエレクトロマイグレーション〉〈厚膜ペーストのスクリーン印刷技術〉〈ハイブリッドマイクロ回路の設計と信頼性〉〈ポリマー厚膜材料のプリント回路への応用〉〈導電性接着剤、塗料への応用〉ダイアタッチ用接着剤／導電性エポキシ樹脂接着剤によるSMT他

植物細胞培養と有用物質
監修／駒嶺　穆
ISBN4-88231-068-6　　　　　　　　B565
A5判・243頁　本体2,800円＋税（〒380円）
初版1990年3月　普及版2000年5月

◆構成および内容：有用物質生産のための大量培養－遺伝子操作による物質生産／トランスジェニック植物による物質生産／ストレスを利用した二次代謝物質の生産／各種有用物質の生産－抗腫瘍物質／ビンカアルカロイド／ベルベリン／ビオチン／シコニン／アルブチン／チクル／色素他
◆執筆者：高山眞策／作田正明／西荒介／岡崎光雄他21名

高機能繊維の開発
監修／渡辺　正元
ISBN4-88231-066-X　　　　　　　　B563
A5判・244頁　本体3,200円＋税（〒380円）
初版1988年8月　普及版2000年4月

◆構成および内容：〈高強度・高耐熱〉ポリアセタール〈無機系〉アルミナ／耐熱セラミック〈導電性・制電性〉芳香族系／有機系〈バイオ繊維〉医療用繊維／人工皮膚／生体筋と人工筋〈吸水・撥水・防汚繊維〉フッ素加工〈高風合繊維〉超高収縮・高密度素材／超極細繊維他
◆執筆者：酒井紘／小松民郎／大田康雄／飯塚登志他24名

導電性樹脂の実際技術
監修／赤松　清
ISBN4-88231-065-1　　　　　　　　B562
A5判・206頁　本体2,400円＋税（〒380円）
初版1988年3月　普及版2000年4月

◆構成および内容：染色加工技術による導電性の付与／透明導電膜／導電性プラスチック／導電性塗料／導電性ゴム／面発熱体／低比重高導電プラスチック／繊維の帯電防止／エレクトロニクスにおける遮蔽技術／プラスチックハウジングの電磁遮蔽／微生物と導電性／他
◆執筆者：奥田昌宏／南忠男／三谷雄二／斉藤信夫他8名

形状記憶ポリマーの材料開発
監修／入江　正浩
ISBN4-88231-064-3　　　　　　　　B561
A5判・207頁　本体2,800円＋税（〒380円）
初版1989年10月　普及版2000年3月

◆構成および内容：〈材料開発編〉ポリイソプレイン系／スチレン・ブタジエン共重合体／光・電気誘起形状記憶ポリマー／セラミックスの形状記憶現象〈応用編〉血管外科的分野への応用／歯科用材料／電子配線の被覆／自己制御型ヒーター／特許・実用新案他
◆執筆者：石井正雄／唐牛正夫／上野桂二／宮崎修一他

光機能性高分子の開発
監修／市村　國宏
ISBN4-88231-063-5　　　　　　　　B560
A5判・324頁　本体3,400円＋税（〒380円）
初版1988年2月　普及版2000年3月

◆構成および内容：光機能性包接錯体／高耐久性有機フォトロミック材料／有機DRAW記録体／フォトクロミックメモリ／PHB材料／ダイレクト製版材料／CEL材料／光化学治療用光増剤／生体触媒の光固定化他
◆執筆者：松田実／清水茂樹／小関健一／城田靖彦／松井文雄／安藤栄司／岸井典之／米沢輝彦他17名

DNAプローブの応用技術
著者／髙橋　豊三
ISBN4-88231-062-7　　　　　　　　B559
A5判・407頁　本体4,600円＋税（〒380円）
初版1988年2月　普及版2000年3月

◆構成および内容：〈感染症の診断〉細菌感染症／ウイルス感染症／寄生虫感染症〈ヒトの遺伝子診断〉出生前の診断／遺伝病の治療〈ガン診断の可能性〉リンパ系新生物のDNA再編成〈諸技術〉フローサイトメトリーの利用／酵素的増幅法を利用した特異的塩基配列の遺伝子解析〈合成オリゴヌクレオチド〉他

CMCテクニカルライブラリー のご案内

多孔性セラミックスの開発
監修／服部 信・山中 昭司
ISBN4-88231-059-7　　　　　B556
A5判・322頁　本体3,400円＋税（〒380円）
初版1991年9月　普及版2000年3月

◆構成および内容：多孔性セラミックスの基礎／素材の合成（ハニカム・ゲル・ミクロポーラス・多孔質ガラス）／機能（耐火物・断熱材・センサ・触媒）／新しい多孔体の開発（バルーン・マイクロサーム他）
◆執筆者：直野博光／後藤誠史／牧島亮男／作花済夫／荒井弘通／中原佳子／守屋善郎／細野秀雄他31名

エレクトロニクス用機能メッキ技術
著者／英 一太
ISBN4-88231-058-9　　　　　B555
A5判・242頁　本体2,800円＋税（〒380円）
初版1989年5月　普及版2000年2月

◆構成および内容：連続ストリップメッキラインと選択メッキ技術／高スローイングパワーはんだメッキ／酸性硫酸銅浴の有機添加剤のコント／無電解金メッキ〈応用〉プリント配線板／コネクター／電子部品および材料／電磁波シールド／磁気記録材料／使用済み無電解メッキ浴の廃水・排水処理他

機能性化粧品の開発
監修／高橋 雅夫
ISBN4-88231-057-0　　　　　B554
A5判・342頁　本体3,800円＋税（〒380円）
初版1990年8月　普及版2000年2月

◆構成および内容：Ⅱアイテム別機能の評価・測定／Ⅲ機能性化粧品の効果を高める研究／Ⅳ生体の新しい評価と技術／Ⅴ新しい原料、微生物代謝産物、角質細胞間脂質、ナイロンパウダー、シリコーン誘導体他
◆執筆者：尾沢達也／高野勝弘／大郷保治／福田英憲／赤堀敏之／萬秀憲／梅田達也／吉田酵他35名

フッ素系生理活性物質の開発と応用
監修／石川 延男
ISBN4-88231-054-6　　　　　B552
A5判・191頁　本体2,600円＋税（〒380円）
初版1990年7月　普及版1999年12月

◆構成および内容：〈合成〉ビルディングブロック／フッ素化／〈フッ素系医薬〉合成抗菌薬／降圧薬／高脂血症薬／中枢神経系用薬／〈フッ素系農薬〉除草剤／殺虫剤／殺菌剤／他
◆執筆者：田口武夫／梅本照雄／米田徳彦／熊井清作／沢田英夫／中山雅陽／大高博／塚本悟郎／芳賀隆弘

マイクロマシンと材料技術
監修／林 輝
ISBN4-88231-053-8　　　　　B551
A5判・228頁　本体2,800円＋税（〒380円）
初版1991年3月　普及版1999年12月

◆構成および内容：マイクロ圧力センサー／細胞およびDNAのマニュピュレーション／Si-Si接合技術と応用製品／セラミックアクチュエーター／ph変化形アクチュエーター／STM・応用加工他
◆執筆者：佐藤洋一／生田幸士／杉山進／鷲津正夫／中村哲郎／高橋貞行／川崎修／大西一正他16名

UV・EB硬化技術の展開
監修／田畑 米穂　編集／ラドテック研究会
ISBN4-88231-052-X　　　　　B549
A5判・335頁　本体3,400円＋税（〒380円）
初版1989年9月　普及版1999年12月

◆構成および内容：〈材料開発の動向〉〈硬化装置の最近の進歩〉紫外線硬化装置／電子硬化装置／エキシマレーザー照射装置〈最近の応用開発の動向〉自動車部品／電気・電子部品／光学／印刷／建材／歯科材料他
◆執筆者：大井吉贍／実松徹司／柴田譲治／中村茂／大庭敏夫／西久保忠臣／滝本靖之／伊達宏和他22名

特殊機能インキの実際技術

ISBN4-88231-051-1　　　　　B548
A5判・194頁　本体2,300円＋税（〒380円）
初版1990年8月　普及版1999年11月

◆構成および内容：ジェットインキ／静電トナー／転写インキ／表示機能性インキ／装飾機能インキ／熱転写／導電性／磁性／蛍光・蓄光／減感／フォトクロミック／スクラッチ／ポリマー厚膜材料他
◆執筆者：木下晃男／岩田靖久／小林邦昌／寺山道男／相原次郎／笠置一彦／小浜信行／高尾道生他13名

プリンター材料の開発
監修／高橋 恭介・入江 正浩
ISBN4-88231-050-3　　　　　B547
A5判・257頁　本体3,000円＋税（〒380円）
初版1995年8月　普及版1999年11月

◆構成および内容：〈プリンター編〉感熱転写／バブルジェット／ピエゾインクジェット／ソリッドインクジェット／静電プリンター・プロッター／マグネトグラフィ〈記録材料・ケミカルス編〉他
◆執筆者：坂本康治／大西勝／橋本憲一郎／碓井稔／福田隆／小鍛治徳雄／中沢亨／杉崎裕他11名

══ CMCテクニカルライブラリー のご案内 ══

機能性脂質の開発
監修／佐藤　清隆・山根　恒夫
　　　岩橋　槇夫・森　　弘之
ISBN4-88231-049-X　　　　　　　　B546
A5判・357頁　本体3,600円＋税（〒380円）
初版1992年3月　普及版1999年11月

◆構成および内容：工業的バイオテクノロジーによる機能性油脂の生産／微生物反応・酵素反応／脂肪酸と高級アルコール／混酸型油脂／機能型食用油／改質油／リポソーム用リン脂質／界面活性剤／記録材料／分子認識場としての脂質膜／バイオセンサ構成素子他
◆執筆者：菅野道廣／原健次／山口道広他30名

電気粘性(ER)流体の開発
監修／小山　清人
ISBN4-88231-048-1　　　　　　　　B545
A5判・288頁　本体3,200円＋税（〒380円）
初版1994年7月　普及版1999年11月

◆構成および内容：〈材料編〉含水系粒子分散型／非含水系粒子分散型／均一系／EMR流体〈応用編〉ERアクティブダンパーと振動抑制／エンジンマウント／空気圧アクチュエーター／インクジェット他
◆執筆者：滝本淳一／土井正男／大坪泰文／浅子佳延／伊ケ崎文和／志賀亨／赤塚孝寿／石野裕一他17名

有機ケイ素ポリマーの開発
監修／櫻井　英樹
ISBN4-88231-045-7　　　　　　　　B543
A5判・262頁　本体2,800円＋税（〒380円）
初版1989年11月　普及版1999年10月

◆構成および内容：ポリシランの物性と機能／ポリゲルマンの現状と展望／工業的製造と応用／光関連材料への応用／セラミックス原料への応用／導電材料への応用／その他の含ケイ素ポリマーの開発動向他
◆執筆者：熊田誠／坂本健吉／吉良満夫／松本信雄／加部義夫／持田邦夫／大中恒明／直井威威他8名

有機磁性材料の基礎
監修／岩村　秀
ISBN4-88231-043-0　　　　　　　　B541
A5判・169頁　本体2,100円＋税（〒380円）
初版1991年10月　普及版1999年10月

◆構成および内容：高スピン有機分子からのアプローチ／分子性フェリ磁性体の設計／有機ラジカル／高分子ラジカル／金属錯体／グラファイト化途上炭素材料／分子性・有機磁性体の応用展望他
◆執筆者：富田哲郎／熊谷正志／米原祥友／梅原英樹／飯島誠一郎／溝上恵彬／工位武治

高純度シリカの製造と応用
監修／加賀美　敏郎・林　瑛
ISBN4-88231-042-2　　　　　　　　B540
A5判・313頁　本体3,600円＋税（〒380円）
初版1991年3月　普及版1999年9月

◆構成および内容：〈総論〉形態と物性・機能／現状と展望／〈応用〉水晶／シリカガラス／シリカゾル／シリカゲル／微粉末シリカ／IC封止用シリカフィラー／多孔質シリカ他
◆執筆者：川副博司／永井邦彦／石井正／田中映治／森本幸裕／京藤倫久／滝田正俊／中村哲之他16名

最新二次電池材料の技術
監修／小久見　善八
ISBN4-88231-041-4　　　　　　　　B539
A5版・248頁　本体3,600円＋税（〒380円）
初版1997年3月　普及版1999年9月

◆構成および内容：〈リチウム二次電池〉正極・負極材料／セパレーター材料／電解質／〈ニッケル・金属水素化物電池〉正極と電解液／〈電気二重層キャパシタ〉EDLCの基本構成と動作原理／〈二次電池の安全性〉
◆執筆者：菅野了次／脇原將孝／逢坂哲彌／稲葉稔／豊口吉徳／丹治明司／森田昌行／井土秀一他12名

機能性ゼオライトの合成と応用
監修／辰巳　敬
ISBN4-88231-040-6　　　　　　　　B538
A5判・283頁　本体3,200円＋税（〒380円）
初版1995年12月　普及版1999年6月

◆構成および内容：合成の新動向／メソポーラスモレキュラーシーブ／ゼオライト膜／接触分解触媒／芳香族化触媒／環境触媒／フロン吸着／建材への応用／抗菌性ゼオライト他
◆執筆者：板橋慶治／松方正彦／増田立男／木下二郎／関沢和彦／小川政英／水野光一他

ポリウレタン応用技術
ISBN4-88231-037-6　　　　　　　　B536
A5判・259頁　本体2,800円＋税（〒380円）
初版1993年11月　普及版1999年6月

◆構成および内容：〈原材料編〉イソシアネート／ポリオール／副資材／〈加工技術編〉エラストマー／RIM／スパンデックス／〈応用編〉自動車／電子・電気／OA機器／電気絶縁／建築・土木／接着剤／衣料／他
◆執筆者：高柳弘／岡部憲昭／奥園修一他

CMCテクニカルライブラリーのご案内

ポリマーコンパウンドの技術展開
ISBN4-88231-036-8　　　　　　　　B535
A5判・250頁　本体2,800円＋税（〒380円）
初版1993年5月　普及版1999年5月

◆構成および内容：市場と技術トレンド／汎用ポリマーのコンパウンド（金属繊維充填、耐衝撃性樹脂、耐燃焼性、イオン交換膜、多成分系ポリマーアロイ）／エンプラのコンパウンド／熱硬化性樹脂のコンパウンド／エラストマーのコンパウンド／他
◆執筆者：浅井治海／菊池巧／小林俊昭／中條澄他23名

プラスチックの相溶化剤と開発技術
－分類・評価・リサイクル－
編集／秋山　三郎
ISBN4-88231-035-X　　　　　　　　B534
A5判・192頁　本体2,600円＋税（〒380円）
初版1992年12月　普及版1999年5月

◆構成および内容：優れたポリマーアロイを作る鍵である相溶化剤の「技術的課題と展望」「開発と実際展開」「評価技術」「リサイクル」「市場」「海外動向」等を詳述。
◆執筆者：浅井治海／上田明／川上雄資／山下晋三／大村博／山本隆／大前忠行／山口登／森田英夫／相部博史／矢崎文彦／雪岡聡／他

水溶性高分子の開発技術
ISBN4-88231-034-1　　　　　　　　B533
A5判・376頁　本体3,800円＋税（〒380円）
初版1996年3月　普及版1999年5月

◆構成および内容：医薬品／トイレタリー工業／食品工業における水溶性ポリマー／塗料工業／水溶性接着剤／印刷インキ用水性樹脂／用廃水処理用水溶性高分子／飼料工業／水溶性フィルム工業／土木工業／建材建築工業／他
◆執筆者：堀内照夫他15名

機能性高分子ゲルの開発技術
監修／長田　義仁・王　林
ISBN4-88231-031-7　　　　　　　　B531
A5判・324頁　本体3,500円＋税（〒380円）
初版1995年10月　普及版1999年3月

◆構成および内容：ゲル研究一最近の動向／高分子ゲルの製造と構造／高分子ゲルの基本特性と機能／機能性高分子ゲルの応用展開／特許からみた高分子ゲルの研究開発の現状と今後の動向
◆執筆者：田中穣／長田義仁／小川悦代／原一広他

熱可塑性エラストマーの開発技術
編著／浅井　治海
ISBN4-88231-033-3　　　　　　　　B532
A5判・170頁　本体2,400円＋税（〒380円）
初版1992年6月　普及版1999年3月

◆構成および内容：経済性、リサイクル性などを生かして高付加価値製品を生みだすことと既存の加硫ゴム製品の熱可塑性ポリマー製品との代替が成長の鍵となっているTPEの市場／メーカー動向／なぜ成長が期待されるのか／技術開発動向／用途展開／海外動向／他

シリコーンの応用展開
編集／黛　哲也
ISBN4-88231-026-0　　　　　　　　B527
A5判・288頁　本体3,000円＋税（〒380円）
初版1991年11月　普及版1998年11月

◆構成および内容：概要／電気・電子／輸送機／土木、建築／化学／化粧品／医療／紙・繊維／食品／成形技術／レジャー用品関連／美術工芸へのシリコーン応用技術を詳述。
◆執筆者：田中正喜／福田健／吉田武男／藤木弘直／反町正美／福永憲朋／飯塚徹／他

コンクリート混和剤の開発技術
ISBN4-88231-027-9　　　　　　　　B526
A5判・308頁　本体3,400円＋税（〒380円）
初版1995年9月　普及版1998年9月

◆構成および内容：序論／コンクリート用混和剤各論／AE剤／減水剤・AE減水剤／流動化剤／高性能AE減水剤／分離低減剤／起泡剤・発泡剤他／コンクリート用混和剤各論／膨張材他／コンクリート関連ケミカルスを詳述。◆執筆者：友澤史紀／他21名

機能性界面活性剤の開発技術
著者／堀内　照夫ほか
ISBN4-88231-024-4　　　　　　　　B525
A5判・384頁　本体3,800円＋税（〒380円）
初版1994年12月　普及版1998年7月

◆構成および内容：新しい機能性界面活性剤の開発と応用／界面活性剤の利用技術／界面活性剤との相互作用／界面活性剤の応用展開／医薬品／農薬／食品／化粧品／トイレタリー／合成ゴム・合成樹脂／繊維加工／脱墨剤／高性能AE減水剤／防錆剤／塗料他を詳述